信息科学技术学术著作丛书

张量投票方法及其在机器视觉中的应用

邵晓芳　孙即祥　田素芬　著

科学出版社

北　京

内 容 简 介

本书从张量投票方法的基础开始,系统介绍算法的原理、流程、应用和改进,内容包括六章。第一章是引言;第二章介绍一些与张量投票相关的数学知识;第三章是对张量投票方法的全面描述,是全书的中心和后续章节的基石;第四章和第五章分别是该方法在图像处理和机器视觉领域的应用,从而加强对该方法的理解和运用;第六章展现一些基础性的改进工作;最后是后记,包含对张量投票的哲学思考。

本书可供从事图像处理或机器视觉相关学科专业的本科生、研究生等学习,也可供相关科研工作者和工程技术人员等参考。

图书在版编目(CIP)数据

张量投票方法及其在机器视觉中的应用/邵晓芳,孙即祥,田素芬著. —北京:科学出版社,2016

(信息科学技术学术著作丛书)

ISBN 978-7-03-047684-5

Ⅰ.张… Ⅱ.①邵…②孙…③田… Ⅲ.张量分析-应用-计算机视觉

Ⅳ.TP302.7

中国版本图书馆 CIP 数据核字(2016)第 049521 号

责任编辑:魏英杰/ 责任校对:郭瑞芝
责任印制:张 倩/ 封面设计:陈 敬

科 学 出 版 社 出版

北京东黄城根北街 16 号
邮政编码:100717
http://www.sciencep.com

文林印务有限公司 印刷
科学出版社发行 各地新华书店经销

*

2016 年 4 月第 一 版   开本:720×1000 1/16
2016 年 4 月第一次印刷   印张:17 1/2
字数:352 000

定价:120.00 元
(如有印装质量问题,我社负责调换)

《信息科学技术学术著作丛书》序

21世纪是信息科学技术发生深刻变革的时代,一场以网络科学、高性能计算和仿真、智能科学、计算思维为特征的信息科学革命正在兴起。信息科学技术正在逐步融入各个应用领域并与生物、纳米、认知等交织在一起,悄然改变着我们的生活方式。信息科学技术已经成为人类社会进步过程中发展最快、交叉渗透性最强、应用面最广的关键技术。

如何进一步推动我国信息科学技术的研究与发展;如何将信息技术发展的新理论、新方法与研究成果转化为社会发展的新动力;如何抓住信息技术深刻发展变革的机遇,提升我国自主创新和可持续发展的能力? 这些问题的解答都离不开我国科技工作者和工程技术人员的求索和艰辛付出。为这些科技工作者和工程技术人员提供一个良好的出版环境和平台,将这些科技成就迅速转化为智力成果,将对我国信息科学技术的发展起到重要的推动作用。

《信息科学技术学术著作丛书》是科学出版社在广泛征求专家意见的基础上,经过长期考察、反复论证之后组织出版的。这套丛书旨在传播网络科学和未来网络技术,微电子、光电子和量子信息技术、超级计算机、软件和信息存储技术,数据知识化和基于知识处理的未来信息服务业,低成本信息化和用信息技术提升传统产业,智能与认知科学、生物信息学、社会信息学等前沿交叉科学,信息科学基础理论,信息安全等几个未来信息科学技术重点发展领域的优秀科研成果。丛书力争起点高、内容新、导向性强,具有一定的原创性;体现出科学出版社"高层次、高质量、高水平"的特色和"严肃、严密、严格"的优良作风。

希望这套丛书的出版,能为我国信息科学技术的发展、创新和突破带来一些启迪和帮助。同时,欢迎广大读者提出好的建议,以促进和完善丛书的出版工作。

中国工程院院士

原中国科学院计算技术研究所所长

序

应用人类视觉的感知组织规律进行视觉特征提取无疑是一个颇具挑战性的研究工作。感知组织规律之间具有相互联系和相互贯通的特点,如何衡量各个规律的优先度与重要性是认知科学领域长期以来力求解决的难题之一。国内外已经涌现出许多视觉感知组织方法,这些方法大多以感知组织中的 Gestalt 定律为理论依据进行建模,而张量投票方法是其中一种较为突出和有效的方法。张量投票方法从点、曲线、边界、区域等构成任何类型图像的基本结构特征出发,有效地将客观世界中的约束条件转化为机器视觉处理过程中的可计算特征,通过数据间的非线性投票方式获取相关数据的整体联系,将复杂的视觉认知原理寓于简单计算之中。该方法已在许多应用领域大展身手。

该书是邵晓芳博士和她的导师孙即祥教授等合作,历时七年完成的。该书将张量投票方法的哲学思想、算法原理和实际应用较为系统地呈现在了读者面前。针对机器视觉的某一计算方法进行如此深入系统的研究尚属少见,这一做法本身就值得推崇。同时,书中介绍的相关知识和较新的视觉信息处理技术也为广大读者提供了广泛的解决实际问题的思路和方法。

相信该书必成为机器视觉的相关科研和教学工作不可多得的一本参考书,对机器视觉的研究与发展起到重要的推动作用。

感动于作者写作此书的严谨和执著,是为序。

2015 年 3 月于中南大学

前　言

当我们致力于解决许多机器视觉问题的时候,经常会面对这样的问题:从含噪数据集中识别出显著的或结构化的信息。随着机器视觉向实际应用发展,对鲁棒性强的显著结构特征提取算法的需求也日益迫切。张量投票方法正是针对这一需求提出的,依据张量分析、矩阵论、几何学知识和视觉心理学中的部分 Gestalt 定律,通过数据之间非线性投票的方式获取相关数据的整体联系,对图像数据点进行编译、几何阐释,进而完成特征提取。虽然这一算法最初是为了曲线、曲面检测,但是张量投票算法的可扩展性使这一算法在不断发展的过程中具有强大的生命力。目前,该算法已经成为一种可以应用于许多特征提取问题的普适性计算框架,将复杂的视觉认知原理寓于简单计算之中。

本书的完成历时七年,具体内容从算法的基础讲起,系统介绍算法的原理和流程,再过渡到算法的应用和改进。希望有助于读者应用这一方法处理一些实际问题,并起到抛砖引玉的作用。

在此,衷心感谢为我提供过无私帮助的人。感谢我的母亲,数十年的操劳,为我付出巨大的艰辛;感谢我的导师孙即祥教授,孙老师对我谆谆教导和关怀;感谢我的丈夫和女儿,是他们让我对人生有了新的认识和感悟;感谢曾一起读书的兄弟姐妹们,和他们在一起度过的学习时光,是人生中美好的回忆;感谢苏州的刘刚工程师,是他在我毕业之际发过来的第一封有关张量投票算法的咨询邮件,促使我没有间断对博士课题的进一步研究,并在算法的应用方面给我很大启发;感谢 Gerard Medioni 教授和 Chi Keung Tang 教授对笔者邮件的耐心回复,帮助我理解一些关键性问题;感谢 Gerard Medioni　Mi Suen Lee, Chi Keung Tang,他们合著的 *A Computation Framework for Segmentation and Grouping*,对我更全面理解张量投票方法帮助很大。在本书写作过程中,参考了大量相关书籍和文献,在此向这些作者一并致谢。

限于作者水平,书中不足之处在所难免,敬请广大读者批评指正!

作　者
2015 年 5 月于青岛

目　　录

符 号 表

P 点

$\boldsymbol{g}$ 梯度矢量

v 矢量

$\boldsymbol{n}$ 法矢量

$\boldsymbol{V}$ 矢量空间

$\boldsymbol{T}$ 张量

t 张量分量或时间

λ 矩阵特征值

e 矩阵特征矢量

σ 尺度参数

κ 曲率

$f(\boldsymbol{x})$ 定义在 n 维欧氏空间上的实函数

DF   张量投票强度衰减函数

EF   张量投票的投票域矩阵

TV   张量投票计算

·   矩阵或矢量点乘

＊   卷积

第1章 概 述

1.1 引 言

在人工智能领域,研发并实现一个完整的人工视觉系统是一个非常有挑战性的课题。尽管视觉研究和计算机技术在过去的几十年都取得了很大的进步,但机器视觉的应用仍然非常有限。自动化视觉感知过程之所以如此艰难,主要有以下方面的原因。

① 从数学角度而言,二维图像由三维场景投影而成,在成像过程中,丢失大量三维信息,由于从二维图像到三维景物之间的逆变换是一对多的,使得问题具有不适定性。另外,在投影过程中,遮挡是很常见的现象,会造成信息缺失。

② 从物理角度而言,成像受多种因素影响,像物体表面材料性质、大气条件、光源角度、背景光照、摄像机角度和特性等,而所有这些因素都归结到一个测量值,即像素的灰度或颜色值。因此,要确定各种因素对像素值的作用影响是很困难的,何况成像过程还有大量未知的降质因素和随机噪声使得从传感器获取的二维图像受到不同程度污化。

③ 从图像信息处理的角度而言,目前尚无一种底层预处理方法能克服这些因素的影响,这种底层处理的局限性无疑会影响后续处理工作的难度和效率。

上述因素综合到一起,使得实际应用中要处理的图像目标,是多元的、形变的、被遮挡的、残缺不全的和定位不准确的。这些情况对于人类视觉来讲通常能感知辨识,但按通常采用的数学、物理方法却很难识别处理。换句话说,机器视觉的研究者是在努力逆向求解一个多解的非线性方程[1]。

尽管对于单个像素而言,其像素值是由场景特性和传感器特点共同决定,但物质本身的整体一致性还是为恢复那些特性和特点提供了一个强有力的约束条件。一般而言,像素值在一个局部邻域里的变化比较小,像素值的突变往往对应实际场景中的不连续点,图像和场景中的这种对应关系从一开始就是视觉计算的前提。对于这种在视觉认知过程中体现的规律,Gestalt 研究者提出的 Gestalt 定律进行了比较全面的概括。Gestalt 定律自 19 世纪 20 年代被提出以来,已经成为机器视觉领域进行感知组织的指导性规则。这些指导性规则,可以说是一些可施加的约束条件,既可以单独施加,也可以整体施加。正如 Koffka 等的完形理论所述:"知觉是按照一定规律形式组织起来的,图形知觉不是图形各部分简单的相加,而是由各部分有机组成的。一个图形作为一个整体被感知,其中各部分之间又具有一定的关系。"但是,如何将这些视觉认知规律转化为图像处理过程中的可计算规则仍然是一个难题。

张量投票方法是一种以 Gestalt 定律中的连续律为基本约束条件,通过数据点之间非线性投票的方式建立局部数据之间的整体联系,用于从含噪数据集中识别出显著的或结构化信息的方法。张量投票方法的创立者 Gérard Medioni 等认为,一个比较好的结构化特征的显著性估计方法应该能够在含噪的、非结构化的数据中同时处理多种结构特征及结构特征之间的关系,而且具有鲁棒性、可扩展性和高计算效率。于是他和 Guy 联合提出了这一方法[2],采用局部表示方式对曲线、曲面、区域和交汇点等整体特征分层编码,并引入显著性(saliency)来表征感知的重要性程度。虽然他们提出这一算法最初的目的是从二维图像中提出曲线、不连续点和进行曲线修复,但是张量投票算法的可扩展性使得这一算法在不断发展的过程中获得了强大的生命力。目前,这一算法已经逐步发展成一种可以应用于许多特征提取问题的普适性计算框架,可以同时从二维和三维图像中提取出角点、曲线、区域和曲面等结构特征。与以往的研究工作相比,张量投票方法无需迭代、数据表示方式更加丰富,而且不同结构类型可以在张量投票的计算框架下进行一体化的处理。

1.2　张量投票方法的历史沿革

在机器视觉的理论研究方面,早期的研究工作力图找到一种从图像恢复目标形状信息的统一方法,以 Marr 提出的理论框架[3]为代表。实际上,Marr 提出的表示框架的核心被称作 2.5 维骨架的中层表示,这是以观察者为中心对可见表面的一种描述,为三维重建、形状恢复或图像目标的空间重组奠定了基础。这一理论框架不仅是对早期工作研究方向的总结,而且已经成为解决机器视觉问题的指导思想。在这一思想的指导下,研究者使用传统的分治-合并策略,设计的算法大都采用模块化的结构,将匹配、插值、去噪等问题独立处理。这种简化的表示法加上模块化结构看似为机器视觉的问题提供了解决方案,但在实际应用中却经常遇到问题[1],分析其原因,正如 Gestalt 理论的观点之一——"整体大于部分之和"指出的那样,事物的整体性约束是不容忽视的,人类视觉正是利用了这一点才表现出卓越的识别能力。

通过分析现有方法的性能,研究者认为需要做一些调整。特别是,分治-合并策略往往只能解决部分问题,而且合并的代价很高,没有通用的解法。从另一个角度来说,视觉问题不能通过把所有相关问题独立处理来解决,分解不仅没有很好地解决问题,反而增加了解决曲线/曲面提取等问题的难度,忽略了视觉信息处理体现出的整合效应。张量投票方法的提出者认为理想的解决方案应该既施加感知组织中的连续性约束,又施加唯一性约束,因此具有视点不变性的表示方法对于恰当实现这两个约束是非常重要的。相应地,理想的中层表示应该是以观察对象为中心,采用分层的方法,描述其中的典型特征,如图 1.2.1 所示。这种表示方法近来受到研究者的重视,尤其是在图像序列分析方面[4~9]。

　　上述分析说明的就是张量投票方法的研究目的,即针对从含噪图像数据中提取有意义的曲线/曲面这一问题提出一个鲁棒性强、有一定通用性的高效计算方法。

　　Gérard Medioni 是张量投票方法的创始人,现在是南加州大学计算机与工程学院教授,1995 年他与学生 Gideon Guy 一起提出张量投票的雏形。目前张量投票方法的数学模型已经成熟,而且在机器视觉的众多领域都有应用。Gérard Medioni 在张量投票方面已经出版了 *Tensor Voting*、*Emerging Topics in Computer Vision*、*A Computational Framework for Segmentation and Grouping*。

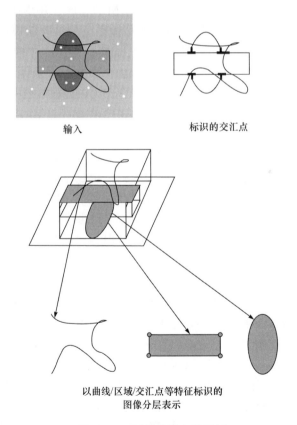

输入　　　　　　　　　　标识的交汇点

以曲线/区域/交汇点等特征标识的
图像分层表示

图 1.2.1　图像分层表示示例

1.3　相关工作

根据输入的数据类型,我们可将以往有关曲线、区域和三维表面等特征提取的研究工作分为正则化方法(regularization)、松弛标记法(relaxation labeling)、鲁棒性方法(robust methods)、水平集方法(level set methods)、聚类(clustering)方法、基于结构显著性(structural saliency)的方法、基于视觉竞争合作机制的组织(grouping with cooperative and inhibitive fields)方法和用于图像修复的一些方法等。

正则化方法将机器视觉的相关问题看做是逆向的和病态的[10],因此需要添加一些约束来保证解的唯一性和鲁棒性。文献[11]提出正则化理论,文献[12]提供了一些确定约束条件参数的技术,以保证优化解的唯一性和收敛性。在解决一些早期视觉问题时,也可引入一些变分的方法来协助完成优化求解过程[13],还有一类正则化方法被称为随机性正则方法,主要特征是应用贝叶斯模型将约束条件以先验模型的形式加入,比较典型的是文献[14]的研究工作。目前,正则化方法主要应用于图像分割[15]和光流场估计[16],这类方法在添加约束条件,可以将问题转化为优化问题,但目标函数的选择是一个难题,不连续点也很难被考虑到优化求解的过程中去。另外,这类方法的迭代非常复杂,主要的难点包括收敛性、数值计算的稳定性,以及参数的初始化。

Zucker 和 Hummel[17]针对从点的聚类关系进行区域分割的问题做了最早的工作。他们提出一种通过迭代方式实现的松弛标记技术,将问题转化为对权标进行标记,并在迭代过程中移除违反约束条件的标记缩小搜索空间,具体实现方式有离散[18,19]、连续[20]、随机[21]等形式。这种方法需要迭代,因此也存在与迭代有关的初始化及更新解、终止求解条件的设置问题,但相对而言,这种方法有利于处理图像中的不连续点。

在某些可以得到目标形状初始估计的情况下,可以采用基于准确数据统计的鲁棒性技术[22]。这类方法包括一些确定性方法,如最大期望估计、最小均方估计,还有随机采样协同等方法。如果我们事先已知模型由一个表面组成,就可以采用 Poggio 和 Girosi[23]的神经网络方法。此外,Fua 和 Sander[24]提出一种用一组点集描述表面的算法;Hoppe 等[25]和 Boissonnat[26]引入计算几何解决这一问题,将输入数据作为图的节点,然后根据邻域特征构建图的边,这一方法比较适用于无噪声干扰的情况;另一种被称为 α 形法[27]的计算几何方法,引起了很多研究者的注意,α 形可以看做是点集的凸壳的扩展,最粗糙的 α 形就是凸壳本身,可以用一个较大的 α 值获得,随着 α 值的减小,凸壳开始缩小,并可能出现空洞。这类方法的优点是抗噪能力较强,不足之处是只适用于少数先验模型已知的情况。

近年来，一种被称为水平集的算法取得了很好的效果并吸引研究者的注意。水平集方法将曲线演化用隐式方程表示，将运动曲线嵌入到一个曲面，借曲面的演化实现曲线的演化，使演化曲线成为引进曲面的零水平集。这样看似把问题复杂化了，实际上将拓扑结构变化的问题迎刃而解。水平集方法的不足受初始化结果的影响较大，并且需要迭代。在三维表面重建领域，Zhao 等[28]提出一种基于水平集的算法，但是这一方法由于引入距离函数，易受离群点的影响。

Sha'ashua 和 Ullman[29]是率先提出用显著性指引感知组织过程的，他们根据输入的二维图像计算出一幅与图像中各像素点被感知的重要性①程度相关的图，并采用增量优化技术控制计算复杂度。但是，他们的方法无法处理轮廓缺口、易受曲线的错误分割影响，而且需要迭代计算。

聚类方法根据亲合度对数据进行分组或分割，其亲合度可用图来编码；然后通过图分割的方式对数据进行分割[30]，使类间关联性最小。在聚类方法中，结构显著性是一种结构的整体属性，单独的组成部分不具有显著性。这种方法的不足是将显著性定义为一个标量，因此无法表示复杂特征。

此外，还有一类方法通过竞争合作域进行组织。典型代表有 Grossberg 和 Mingolla 等提出的边界轮廓系统和特征轮廓系统[31]；Heitger 提出的神经系统轮廓提取的计算模型[32]；Williams 和 Jacobs 提出的随机修复场模型[33]。它们与张量投票的相似点是各像素点对其邻域点的作用随着距离和曲率的增大而衰减；采用高斯衰减模型和八邻域；采用圆弧作为权标之间的光滑路径。

图像修复就是对图像上信息缺损区域进行信息填充的过程。在图像修复方面，基于几何图像模型的变分修补方法与张量投票方法的思想比较接近，该类方法的主要思路是模仿修补师的手工修复图像的过程，即通过建立图像的先验模型和数据模型，将修补问题转化为一个泛函求极值的变分问题。这类算法主要包括全变分(total variation，TV) 模型[34]、Euler's elastica 模型[35]、Mumford-Shah 模型[36]、Mumford-Shah-Euler 模型[37]等，其中 Euler's elastica 与张量投票方法最为接近，这是针对曲线建立的模型，将修复曲线计算过程与曲线的长度和曲率的积分建立起联系。

分析现有的方法，可以发现他们有一个共同点：数值解法都需要初始化和迭代。此外，为了同时处理多个问题，经常需要将多个优化准则进行组合。现有的方法有两种组合方法：一种是将不同的准则组合成一个优化函数；另一种是根据每一准则进行独立优化，然后以迭代方式解决问题。这两种组合方法都需要对不同的准则赋以权重，而这些权重参数很难直接设定，因此这两种组合方法均使解决方法的实际效果依赖于参数设置。

---

① 重要性指像平滑性、长度、曲率不变性等特性。

参 考 文 献

［1］Lee M S. Tensor voting for salient feature inference in computer vision. U. S. Southern California: Southern California University (PhD thesis), 1998: 15-45.

［2］Guy G. Inference of multiple curves and surfaces from sparse data. U. S. Southern California: USCIRIS (Technical Report), 1996.

［3］Marr D, Shimon Ullman, Tomaso Poggio. Vision: A Computational Investigation into the Human Representation and Processing of Visual Information. San Francisco: MIT Press, 1982.

［4］Ahuja N, Tuceryan M. Extraction of early perceptual structure in dot vision, patterns: integrating region, boundary, and component Gestalt. Computer Graphics and Image Processing, 1989, 48(1): 304-356.

［5］Medioni G, Lee M S, Tang C K. A Computational Framework for Feature Extraction and Segmentation(2nd). The Netherlands: Elsevier Science, 2002.

［6］Pagendarm H G, Birgit Walter. Feature detection from vector quantities in a numerically simulated hypersonic flow field in combination with experimental flow visualization//Proceedings of IEEE Vision Conference, 1994: 117-123.

［7］Hsu S, Anandan P, Peleg S. Accurate computation of optical flow by using layered motion representations. pattern recognition// Proceedings of the 12th International Conference on Computer Vision & Image Processing, 1994: 743-746.

［8］Wang J Y, Adelson E H. Representing moving images with layers. IEEE Transactions on Image Processing, 1994, 3(5): 625-638.

［9］Weiss Y. Smoothness in layers: motion segmentation using nonparametric mixture estimation//Proc. IEEE Conference on Computer Vision Pattern Recognization, 1997: 520-526.

［10］Poggio T A, Torre V, Koch C. Computational vision and regularization theory. Nature, 1985, 317(1): 314-319.

［11］Tikhonov A N. Solution of incorrectly formulated problems and the regularization method. Soviet Math. Dokl. , 1963, 4(1): 1035-1038.

［12］Wahba G. Ill-posed problems: Numerical and statistical methods for moderately and severely ill-posed problems with noisy data. Madison: University of Wisconsin (Technical Report #595), 1980.

［13］Terzopoulos D. Regularization of inverse visual problems involving discontinuities. IEEE Transaction Pattern Analysis and Machine Intelligence, 1986, 8 (4): 413-242.

［14］Leclerc Y G. Constructing simple stable descriptions for image partitioning. International Journal of Computer Vision, 1989, 3(1): 73-102.

［15］Morel J M, Solimini S. Variational Methods in Image Segmentation: with seven image processing experiments//Progress in Nonlinear Differential Equations and Their Applications, 1995: 55-76.

[16] Beauchemin S S, Barron J L. The computation of optical-flow. ACM Surveys, 1995, 27 (3): 433-467.

[17] Zucker S W, Hummel R A. Toward a low-level description of dot clusters: labeling edge, interior, and noise points. Computer Vision, Graphics, and Image Processing, 1979, 9 (3): 213-234.

[18] Haralick R M, Shapiro L G. The consistent labeling problem: Part I. IEEE Transaction Pattern Analysis And Machine Intelligence, 1979, 1(2): 173-184.

[19] Haralick R M, Shapiro L G. The consistent labeling problem: Part II. IEEE Transaction Pattern Analysis and Machine Intelligence, 1980, 2(3): 193-203.

[20] Faugeras O D, Berthod M. Improving consistency and reducing ambiguity in stochastic labeling: an optimization approach. IEEE Transaction Pattern Analysis and Machine Intelligence, 1981, 3(4): 412-424.

[21] Geman S, Geman D. Stochastic relaxation, gibbs distributions, and the bayesian restoration of images. IEEE Transaction Pattern Analysis and Machine Intelligence, 1984, 6(6): 721-741.

[22] Zhang Z. Parameter Estimation techniques: a tutorial with application to conic fitting. Image and Vision Computing Journal, 1997, 15(1): 59-76.

[23] Poggio T, Girosi F. A theory of networks for learning. Science, 1990, 247(1): 978-982.

[24] Fua P, Sander P. Segmenting Unstructured 3D Points into surfaces// European Conference on Computer Vision. 1992: 676-680.

[25] Hoppe H, DeRose T, Duchamp T, et al. Surface reconstruction from unorganized points. Computer Graphics, 1992, 26(1): 71-78.

[26] Boissonnat J D. Representation of objects by triangulating points in 3-D space // International Conference on Pattern Recognition. 1982: 830-832.

[27] Edelsbrunner H, Mücke E. Three-dimensional alpha shapes. ACM Transactions on Graphics, 1994, 3 (4): 266-286.

[28] Zhao H K, Osher S, Merriman B, et al. Implicit, Nonparametric shape reconstruction from unorganized points using a variational level set method. Computer Vision and Image Understanding, 2000, 80(3): 295-314.

[29] Sha'ashua A, Ullman S. Structural Saliency: the detection of globally salient structures using a locally connected network// Proc. International Conference on Computer Vision. 1988: 321-327.

[30] Shi J, Malik J. Normalized cuts and image segmentation//Proceeding of Computer Vision and Pattern Recognition,1997: 731-737.

[31] Grossberg S, McLoughlin N P. Cortical dynamics of three-dimensional surface perception: binocular and half-occluded scenic images. Neural Networks, 1997, 10 (9) : 1583-1605.

[32] Friedrich Heitger. A computation model of neural contour processing: figure-ground segregation and illusory contours //Proceeding of 4th International Conference on Computer Vi-

sion, 1994: 32-40.

[33] Thornber K, Williams L R. Analytic solution of stochastic completion fields. BioCyber, 1996, 75(1): 141-151.

[34] Chan T F, Shen J H. Mathematical models for local non-texture inpainting. SIAM Journal of Applied Mathematics, 2001, 62 (3) : 1019-1043.

[35] Chan T F, Kang S H, Shen J H. Euler's elastica and curvature based inpainting. SIAM Journal of Applied Mathematics, 2002, 63 (2) : 564-592.

[36] Tsai A, Yezzi J A, Willsky A S. Curve evolution implementation of the Mumford-Shah functional for image segmentation, denoising, interpolation and magnification. IEEE Transactions on Image Processing, 2001, 10 (8) : 1169-1186.

[37] Esedoglu S, Shen J H. Digital inpainting based on the Mumford-Shah-Euler image model. European Journal on Applied Mathematics, 2002, 13 (4) : 353-370.

第 2 章　张量相关知识

2.1　引　　言

　　自然界的运动规律及新出现的几何或物理量与坐标系无关,在处理具体问题时,总得引进一个较为方便的坐标系。这样一来,由于被研究的对象要加上一个偶然选择的坐标系,因此得到的解析结果不仅反映那些我们想要的东西,而且也附带了一些我们不想要的东西,这在理论研究中有时会引起不必要的复杂化。于是,研究者开始寻求一种与坐标系无关的数学分析方法。

　　张量(Tensor)的引入解决了这一难题,使推导简化,而且能充分反映事物的属性,它在力学、几何学、电磁场和相对论等方面有着广泛的应用。近年来,图像处理和机器视觉的研究中也经常遇到张量形式的数据。例如,灰度图像可表示成二阶张量,彩色图像和步态序列可引入三阶张量。为了处理的需要,数据常被人为组装成张量模式,像环境监控中的数据可视为以时间、位置和类型组合而成的三阶张量;网络图挖掘、网络辩论及人脸识别中也用到张量形式的数据。矩阵与张量已成为三维机器视觉的基本数学工具[1]。

　　在张量投票方法中,同样采用张量表示数据,因此本章简要陈述张量的由来和一些基本概念,以加深读者对张量投票的理解,并消除一些对张量的“陌生”和“敬畏”,由于协变张量、逆变张量起源于电动力学中关于电磁场协变理论的研究,其应用也主要集中于物理的电磁分析领域,此处略。此外,为突出重点,对于矢量代数部分,如纯量(标量)与矢量的概念、矢量加法的平行四边形法则、矢量的纯量积、矢量积、三重积、对偶基矢量等不加赘述。

2.2　张量的基本概念和性质

　　张量是与标量和矢量相对来说的,在许多数学教科书中,张量被处理成矢量(向量)的自然推广。在历史上,张量概念几乎与矢量概念同时产生,张量分析也是与矢量分析几乎同步地发展起来的[2]。张量的概念最初被 Tullio Levi-Civita 和 Gregorio Ricci-Curbastro 提出,而“tensor”这个单词则是 1846 年被 William Rowan Hamilton 正式提出[2]。19 世纪高斯、黎曼、克里斯托夫等将张量概念引入到微分几何的研究过程中,后由李奇和他的学生发展为张量分析,1915 年由于爱因斯坦在相对论中的应用而受到广泛关注(广义相对论就是完全用张量的语言描述的)。现在张量已经渗透和应用于许多科学与技术领域,张量不仅是数学和物理学科的重要专业基础知识,而且是工程技术研究的重要工具。

下面从张量的定义开始介绍张量的相关数学知识。

2.2.1　张量投票中的张量定义

下面首先明确实矢量空间及其对偶空间的定义,然后给出张量的定义。

定义 2.1　令 V 表示 n 维实矢量空间,则将 V 中矢量映射到实数空间 $\mathbf{R}$ 中某一元素的线性函数 $L(\mathbf{V}, \mathbf{R})$ 构成的空间与 V 维数相等且同构,通常我们称这一空间为 V 的对偶空间,用 V^* 表示。

张量投票方法的提出者对于张量的定义如下[3]。

定义 2.2(张量)　如果 $\{V_1, V_2, \cdots, V_s\}$ 是矢量空间 V 中元素的集合,而一个 s 阶线性函数 A 构成如下映射,即

$$A: V_1 \times V_2 \times \cdots \times V_s \rightarrow \mathbf{R} \tag{2-2-1}$$

且映射 A 满足如下条件,即

$$A(V_1, V_2, \cdots, a_1^i V_i^1, a_2^i V_i^2, \cdots, V_s) = a_1^i A(V_1, V_2, \cdots, V_i^1, \cdots, V_s) + a_2^i A(V_1, V_2, \cdots, V_i^2, \cdots, V_s)$$

$$\forall a_1^i, a_2^i \in \mathbf{R}, \quad \forall V_1^i, V_2^i \in V_i, \quad i = 1, 2, \cdots, s \tag{2-2-2}$$

则称 A 为 s 阶线性函数。

进一步,如果 $V_1, V_2, \cdots, V_s$ 与 V 或是 V^* 相同,则我们称 A 为 V 上的一个张量,更一般地,V 上一个 (p, q) 阶张量($p \geqslant 0, q \geqslant 0$)是一个 $(p+q)$ 阶线性函数,即

$$A: \underbrace{V^* \times \cdots \times V^*}_{p} \times \underbrace{V \times \cdots \times V}_{q} \rightarrow \mathbf{R} \tag{2-2-3}$$

下面对 p 和 q 进行讨论。

当 $p = q = 0$ 时,$(0, 0)$ 型张量即为 $\mathbf{R}$ 中一个数量。

当 $p > 0, q = 0$ 时,$(p, 0)$ 型张量即为 p 阶逆变张量。

当 $p = 0, q > 0$ 时,$(0, q)$ 型张量即为 q 阶协变张量。

当 $p > 0, q > 0$ 时,(p, q) 型张量即为 $p + q$ 阶混合张量。

根据上述定义,一个一阶张量是将矢量映射为一个标量的线性函数,矢量之间的点积(内积)是一个一阶张量,而矢量到矢量的映射形成一个二阶张量。例如,给定 V 空间的两个矢量 a 和 b,可定义函数 f 为

$$a^{\mathrm{T}} b v = a(b v), \quad \forall v \in V \tag{2-2-4}$$

其中,f 是一个将任意矢量 v 映射为一个平行于 a 的矢量,而且根据映射的线性,f 的线性组合可构成更高阶的张量;反之,任何一个张量可用 f 的线性组合来表示。

张量的定义方法有若干种,这些定义方法尽管表面看起来有所区别,实际上则是使用不同的语言在不同层次上对同一几何概念的抽象。目前主要有两种定义方

式,即多维数组的形式和多维线性变换的形式。张量投票方法采用的是多维线性变换的形式。比较张量投票中对张量的定义和数学上张量定义的差别可以发现,数学上对张量的定义更强调张量在坐标变换中体现的不变性,而张量投票的提出者们更关心如何将矢量转换为张量。

2.2.2　张量的性质

1. 与张量运算有关的定律

张量与矢量相似,同样遵守相等律、结合律、数乘律和交换律。

(1) 相等律

两张量 T_1 和 T_2 被认为是相等的或者等价的,当且仅当他们与同一矢量的点积相等,即

$$T_1 \cdot v = T_2 \cdot v, \quad \forall v \in V \tag{2-2-5}$$

其中,v 为 V 空间的任意矢量,$\cdot$ 表示点乘。

(2) 分配律

两张量 T_1 和 T_2 与矢量 v 的运算满足分配律可表示为

$$(T_1 + T_2) \cdot v = T_1 \cdot v + T_2 \cdot v \tag{2-2-6}$$

(3) 数乘律

张量 T 与矢量 v 点乘及与实数 c 的乘法运算遵循以下规律,即

$$(cT) \cdot v = c(T \cdot v), \quad c \in \mathbf{R} \tag{2-2-7}$$

(4) 结合律

两张量 T_1 和 T_2 与矢量 v 的点乘运算满足结合律,即

$$(T_1 \cdot T_2) \cdot v = T_1 \cdot (T_2 \cdot v) = T_1 \cdot T_2 \cdot v, \quad \forall v \in V \tag{2-2-8}$$

2. 张量的微分

张量微分与普通微分之间的最明显的区别是张量微分的结果与微分次序有关,以张量 T 为例,其微分为

$$\frac{\partial T(x_1 \cdots x_k)}{\partial (x_1 \cdots x_k)} = \frac{\partial T}{\partial x_1} \frac{\partial T}{\partial x_2} \cdots \frac{\partial T}{\partial x_k} \tag{2-2-9}$$

3. 张量的主方向

张量所对应的矩阵进行对角化后,对角元素中的最大值为张量的主值;最大值所对应的特征矢量所在的方向为张量的主方向。二阶张量矩阵的特征值称为张量的主值,相应的特征矢量所指的方向称为张量的主方向,其所在的直线称为主轴。按定义,求解如下方程,即

$$Tv = \lambda v \tag{2-2-10}$$

其中,T 为矩阵;v 为特征矢量;λ 为特征值。

该方程组有非零解的条件是,其方程组的系数行列式等于零。

对于三维二阶张量

$$T = \begin{vmatrix} t_{11} & t_{12} & t_{13} \\ t_{21} & t_{22} & t_{23} \\ t_{31} & t_{32} & t_{33} \end{vmatrix} \tag{2-2-11}$$

其特征方程为

$$\begin{vmatrix} t_{11} - \lambda & t_{12} & t_{13} \\ t_{21} & t_{22} - \lambda & t_{23} \\ t_{31} & t_{32} & t_{33} - \lambda \end{vmatrix} = 0 \tag{2-2-12}$$

求解上式是关于特征值 λ 的 3 次方程。

对其进行对角化后可得如下结果,即

$$T = [e_1, e_2, e_3] \begin{bmatrix} \lambda_1 & 0 & 0 \\ 0 & \lambda_2 & 0 \\ 0 & 0 & \lambda_3 \end{bmatrix} \begin{bmatrix} e_1^T \\ e_2^T \\ e_3^T \end{bmatrix} \tag{2-2-13}$$

假定 λ_1 为对角元素的最大值,则 e_1 所在的方向即为张量 T 的主方向。

4. 张量的不变量

设 ϕ 是关于 n 维矢量 x 的函数,如果对于坐标变换 $x \to \overline{x}$,设 $\overline{\phi}$ 是 ϕ 在新坐标系里的函数值,如果有 $\phi = \overline{\phi}$,则称 ϕ 为不变量或纯量。

黎曼把高斯的非欧几何与凯莱等的 n 维线性空间理论综合起来,提出了 n 维弯曲空间的观念,并按照微分几何学的思路,认为只要构造出空间的度量形式,就可以确定空间的相关量,如长度、角度、曲率等。很明显,这些都是不变量。另外,在张量矩阵中,张量的主值与坐标选取无关,是基本不变量。常说的迹不变量是特征值 $\lambda_1, \lambda_2, \lambda_3$ 的对称函数,包括特征值之和、特征值平方和、特征值立方和等。由于方程的根与坐标系无关,由韦达定理关于根和方程系数的关系,可得如下不变量,即

$$\begin{aligned} I_1 &= \lambda_1 + \lambda_2 + \lambda_3 \\ I_2 &= \lambda_1\lambda_2 + \lambda_2\lambda_3 + \lambda_3\lambda_1 \\ I_3 &= \lambda_1\lambda_2\lambda_3 \end{aligned} \tag{2-2-14}$$

2.2.3　张量的矩阵表示

张量一般用矩阵标记,虽然张量本身与坐标的选择无关,但在不同坐标系中张

量有不同矩阵。张量的特征值和特征矢量的计算被转化为矩阵的特征值和特征矢量的计算。具体来说,二阶张量可以表示成矩阵的形式,但矩阵并不一定是二阶张量。例如,

$$\begin{bmatrix} y^2 & -xy \\ -xy & y^2 \end{bmatrix}, \quad \begin{bmatrix} -xy & x^2 \\ -y^2 & xy \end{bmatrix} \tag{2-2-15}$$

$$\begin{bmatrix} y^2 & xy \\ xy & x^2 \end{bmatrix}, \quad \begin{bmatrix} xy & y^2 \\ x^2 & -xy \end{bmatrix} \tag{2-2-16}$$

上述例子中,式(2-2-15)列举的矩阵是张量;式(2-2-16)中的矩阵不是张量。

一般地,令 $\{e_i\}$,$i=1,2,\cdots,n$ 是 V 空间的一组正交基,基于张量的线性,一个张量可以由这组基的变换完全描述,则张量可描述为

$$\boldsymbol{T} = \{t_{ij} \quad \boldsymbol{e}_i \quad \boldsymbol{e}_j\} \tag{2-2-17}$$

其中,$e_i e_j$ 称为并矢基。

例如,当 $n=3$ 时,并矢基共有 9 个,t_{ij} 为相应分量的系数,有些文献也将此称为张量的分解。

$$\begin{matrix} \boldsymbol{e}_1\boldsymbol{e}_1 & \boldsymbol{e}_1\boldsymbol{e}_2 & \boldsymbol{e}_1\boldsymbol{e}_3 \\ \boldsymbol{e}_2\boldsymbol{e}_1 & \boldsymbol{e}_2\boldsymbol{e}_2 & \boldsymbol{e}_2\boldsymbol{e}_3 \\ \boldsymbol{e}_3\boldsymbol{e}_1 & \boldsymbol{e}_2\boldsymbol{e}_3 & \boldsymbol{e}_3\boldsymbol{e}_3 \end{matrix} \tag{2-2-18}$$

张量矩阵即为 $\boldsymbol{T} = \{t_{ij}\}$。

2.3　张量投票中的数学知识

在张量投票方法中,主要用到张量的基本定义、张量的性质、张量的矩阵表示、对称张量和特征值计算。下面具体介绍对称张量及其特征值表示在张量投票中的应用。

张量采用矩阵标记后,对于张量的分析就可以转换为对矩阵的分析,而在张量投票方法中应用最多就是对矩阵进行特征值分解。以一个三阶张量 $\boldsymbol{T}$ 为例,其矩阵可以表示为

$$\boldsymbol{T} = \begin{bmatrix} t_{11} & t_{12} & t_{13} \\ t_{21} & t_{22} & t_{23} \\ t_{31} & t_{32} & t_{33} \end{bmatrix} \tag{2-3-1}$$

其中

$$t_{ij} = \boldsymbol{e}_i \cdot \boldsymbol{T} \cdot \boldsymbol{e}_j \tag{2-3-2}$$

反过来

$$\boldsymbol{T} = \{t_{ij} \quad \boldsymbol{e}_i \quad \boldsymbol{e}_j\} \tag{2-3-3}$$

定义某一标量 λ 被称为张量矩阵 $\boldsymbol{T}$ 的特征值,当且仅当

$$\exists v \in V, \text{ s.t. } \boldsymbol{T} \cdot v = \lambda \cdot v \tag{2-3-4}$$

如果某一矢量对应的特征值 $\lambda = 0$，则 $\boldsymbol{T}$ 的矩阵被称为奇异矩阵，张量 $\boldsymbol{T}$ 被称为奇点；只有特征值均不为零的张量矩阵存在逆矩阵 $\boldsymbol{T}^{-1}$，即

$$\boldsymbol{T} \cdot \boldsymbol{T}^{-1} = \boldsymbol{T}^{-1} \cdot \boldsymbol{T} = \boldsymbol{I} \tag{2-3-5}$$

例如，对于单位矢量 $e = (1, 0)$，由 $e^{\mathrm{T}} \cdot e$ 形成的张量，其特征值分别为 $\lambda_1 = 1$，$\lambda_2 = 0$，这两个特征值构成的矢量平行于 $e = (1, 0)$。

同理，对于 3 阶对称张量 $\boldsymbol{T}_3 (t_{ij} = t_{ji})$，这个张量会具备 3 个实特征值($\lambda_1, \lambda_2, \lambda_3$)和三个相互正交的特征矢量($e_1, e_2, e_3$)，则 $\boldsymbol{T}_3$ 可以表示为

$$\boldsymbol{T}_3 = \lambda_1 e_1^{\mathrm{T}} e_1 + \lambda_2 e_2^{\mathrm{T}} e_2 + \lambda_3 e_3^{\mathrm{T}} e_3 \tag{2-3-6}$$

如果对上式进行变换，可进一步得到张量 $\boldsymbol{T}_3$ 的另一表达式，即

$$\boldsymbol{T}_3 = (\lambda_1 - \lambda_2) e_1 e_1^{\mathrm{T}} + (\lambda_2 - \lambda_3)(e_1 e_1^{\mathrm{T}} + e_2 e_2^{\mathrm{T}}) + \lambda_3 (e_1 e_1^{\mathrm{T}} + e_2 e_2^{\mathrm{T}} + e_3 e_3^{\mathrm{T}}) \tag{2-3-7}$$

在这一表达式下，可定义下述三种张量。

① 棒形张量(stick tensor)，$e_1 e_1^{\mathrm{T}}$。

② 碟形张量(plate tensor)，$(e_1 e_1^{\mathrm{T}} + e_2 e_2^{\mathrm{T}})$。

③ 球形张量(ball tensor)，$(e_1 e_1^{\mathrm{T}} + e_2 e_2^{\mathrm{T}} + e_3 e_3^{\mathrm{T}})$。

我们将在后续章节中看到，将张量分解为棒形、碟形、球形张量可以作一些形状和几何性质的推导，而且使得同时从数据的张量表示中推导曲线、曲面和交汇点等结构特征成为可能。

2.4 本章小结

张量之所以适用于图像处理中的曲线/曲面提取，与其发展中的一个重要环节密切相关：张量与坐标变换的无关性源于不变量理论的研究。不变量理论自然也是张量分析的源泉之一，不同的是建立张量分析必需的不变量理论不再是代数形式的不变量，而要求研究微分形式的不变量，因为张量分析解决的是曲线坐标系（坐标轴是弯曲的）中的微分运算问题，这是与矢量分析的最大区别。

本章主要介绍了张量的基本概念，主要是张量的定义；张量的主要性质，主要是相等律、交换律、结合律、数乘律、张量的微分、张量的主方向和张量分析中的一些不变量等；张量的矩阵表示及一些特殊张量；张量投票中用到的数学知识。

这里有两个方面的问题值得注意。

一方面，对于张量投票本身而言，用到的张量代数知识很少，只是应用了张量来表征输入数据，进而运用张量的特征值和特征矢量进行数据分析和解释。在特征提取的过程中，又用到张量的主方向和不变量的概念。本章对这些相关知识作了适当介绍。可以说，张量投票中用到的张量分析方面的数学知识，只是张量数学知识中很少的一部分。如果能在张量投票方法中应用更多的数学知识，无疑会对

这一方法的改进和提高大有裨益。

　　另一方面,张量理论本身并不完善。张量的表示和运算并不像矢量与矩阵那样自然,这在一定程度上阻碍了张量理论的应用,因此寻求统一简洁的张量表示与运算方法对工程应用是极为重要的。张量投票方法在这方面提供了一个成功的范例。从目前研究现状来看,基于张量的图像处理算法已取得了一定的研究成果,但总体看来其理论和算法远未成熟,应用研究尚待进一步探索。

参 考 文 献

[1] Aja-Fernández S, de Luis Garcia R, Tao D, et al. Tensors in Image Processing and Computer Vision. London：Springer-Verlag, 2009.

[2] 黄勇. 张量概念的形成与张量分析的建立. 太原：山西大学博士学位论文, 2008.

[3] Gerard Medioni, Mi Suen Lee, Chi Keung Tang. A Computational Framework for Feature Extraction and Segmentation. The Netherlands：Elsevier Science, 2000.

第 3 章 张量投票方法

从绪论对一般视觉问题的讨论可知,研究鲁棒性强的特征提取方法,有两个问题需要解决[1],即特征的表示和特征的计算。

具体来说,由于张量投票方法的最初设计是为了检测曲线/曲面,我们先假定待提取特征为曲线/曲面。显然,第一个问题与曲线/曲面的通用表示法有关,理想的表示方法最好具有层次清晰的结构,不仅可以表示曲线/曲面及其不连续点,而且可以计算其隶属某特征的程度。第二个问题与算法有关,目标就是从图像中推导出曲线/曲面的分层表示。张量投票方法最初是为检测曲线/曲面而设计,却因其鲁棒性和可扩展性获得了广泛的研究和应用,这一方法已经成为解决很多图像处理和机器视觉问题的具有一定普适性的计算框架。

3.1 引　　言

与前面对特征提取方法概括的两个问题相对应,张量投票方法的主要思想可以概括为两个方面。一方面是数据的张量表示,张量的特征值的大小和相对关系构成了特征的分层表示;另一方面是特征的计算,曲线和曲面的检测和插值都可以通过收集局部邻域及其方向信息来实现,不连续点和边界也可以通过对邻域方向信息的一致性度量来检测。张量投票方法的创新性在于采用投票(矢量或张量叠加)的方式来增强待提取特征,然后用张量矩阵的特征值分解来解释投票结果。

在实践中,邻域空间常被数字化为离散元,如二维空间或三维空间中的像素点,然后输入编码为一个张量,张量中的元素通过投票进行通信达到显著性推断的目的,投票的接受者收集对其投票并叠加为新的张量,如此在整个投票域就生成一个显著性程度图(简称显著图),一些显著度高的结构就可以被提取出来。这里涉及显著性的概念,显著性的主要涵义是能够迅速引起观察者视觉上注意的一种"突出性";从可能性理论或概率角度来看,对表示图像数据的张量而言,其具有某一特征的显著性度量可以理解为该张量具有这种特征的置信度。利用张量投票的这一特性,可以将图像中的像素进行编码作为输入,以投票的形式得出图像中每一像素的特征显著度。

张量投票方法的计算流程如图 3.1.1 所示,概括来说包括三大步骤[1]。

Step 1,将输入数据转化为张量的表示形式。

Step 2,每一张量在其邻域内传播其信息,并收集传播到其本身的信息,计算流程包含两次张量投票,其中第一次被称为稀疏投票,一般是选择球形投票域,只在输入的数据点之间进行,投票结果会形成新的张量表示;这些新的张量再选择合适的投票域进行第二次张量投票,由于这一次是向图像中的所有像素点投票,也被称为稠密投票,投票结果形成特征显著图。

　　Step 3,根据数据的特征显著度对投票结果进行特征提取,计算流程中包含基于矩阵特征值计算的投票解释和基于极值搜索的特征提取。

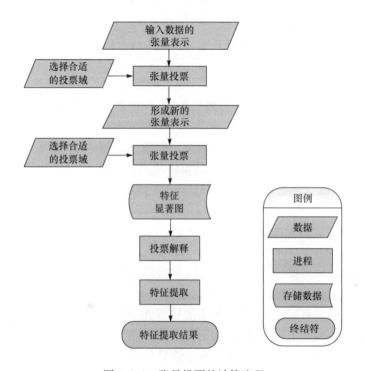

图 3.1.1　张量投票的计算流程

　　从算法实现的角度讲,张量投票方法的输入是可能包含曲线、曲面、区域、交汇点等特征的数据集,经过取向估计后得到各点的取向信息,输出是目标特征的集成表示。下面对该方法涉及的主要计算步骤具体描述。

3.2　底 层 处 理

　　取向是很重要的图像局部特征,利用它可以改善某些图像处理算法的性能。取向估计的主要任务是计算出图像等多维信号的取向信息,在边缘提取、图像分割、纹理分析、自适应滤波、立体视差估计、图像增强和运动分析中都有直接应用,对位移和光流场的计算也需要对信号在三维空间进行取向估计。如果把视觉分为底层视觉、中层视觉和高层视觉,那么底层视觉的主要任务就是提取不同尺度下的边缘及其取向信息。

张量投票方法是一种要求输入数据中包含取向信息的方法,从图 3.1.1 可以看出,张量投票方法在具体实现过程中进行了两次投票运算,其中第一次投票主要为获取输入数据的方向信息,即进行取向估计,具体步骤是先将输入的数据转化为球形张量(具体可参见 3.3 节——数据的张量表示),然后通过一次投票计算出图像中所有的数据点共同作用后各点的取向。鉴于两次投票的计算过程是一样的,本节不对张量投票方法自带的这种取向估计方法进行描述,而从取向的定义和取向估计的原理出发,重点介绍一些其他的取向估计方法,并给出基于张量的取向估计方法的计算框架。我们对取向估计方法进行了比较系统的研究,给出了取向的数学定义;完善了取向估计的原理分析;在总结分析现有取向估计方法的基础上,提出了基于张量的取向估计方法的理论模型,使得各种基于张量的取向估计方法可以统一到这一理论模型之下。

需要指出的是,在取向估计前一般要对图像进行预处理。待处理的图像可以是灰度的或彩色的。对于灰度图像,只需将灰度或亮度归一化处理;对于彩色图像,一般选择 HIS 空间处理,即用色调(hue)、色饱和度(saturation)和亮度(intensity)来描述色彩,然后将色度值进行归一化。

3.2.1　取向的定义和表示方法

首先明确取向的概念。一般情况下,多维信号用矢量表示,矢量带有方向性,这种方向性成为区分多维信号和一维信号的基本特征之一。多维信号具有的方向性与矢量的方向性有所区别:对于多维信号而言,通常认为两个夹角为 π 的矢量表示的多维信号在方向上是一致的;对于矢量而言,两个夹角为 π 的矢量是不同的矢量,其方向是相反的。因此,我们将多维信号具有的方向性定义为取向(orientation)。取向和方向(direction)的主要区别在于方向存在反方向,且属于不同方向,而取向没有这种区别。举例说来,在二维情况下,一条直线有其特定的取向,但是没有唯一确定的方向,矢量具有唯一确定的方向,其取向与该方向上朝两端延伸的直线一致;在三维空间中的平面也是只有唯一确定的取向,而没有唯一确定的方向。下面在线性对称性的基础上给出取向的定义。

定义 3.1(线性对称性)　设 E_n 为 n 维欧氏空间,$f(x)$ 为定义在 E_n 上的实函数,如果 $f(x)$ 在整个定义域内或者在定义域上某一点 x_0 的任意小邻域 ε 内,其等值线由平行线或相互平行的 $(n-1)$ 维超平面组成,即

$$f(x) = l(p^{\mathrm{T}} x), \quad x \to x_0 \qquad (3\text{-}2\text{-}1)$$

则称 $f(x)$ 在其定义域范围内或者在 $(x_0 - \varepsilon, x_0 + \varepsilon)$ 上是**线性对称**的。其中,l 为线性映射函数,p 是常矢量。

定义 3. 2(取向) 如果 $f(x)$ 在整个定义域内或者在定义域上某些点处(这些点的集合记作 $\{x_0\}$)满足线性对称性,那么 $f(x)$ 在整个定义域范围内或者 $\{x_0\}$ 中的点处具有一定取向,且存在单位矢量 k_0,满足

$$k_0 = \underset{k}{\arg\max}(\parallel k^{\mathrm{T}} f(x) \parallel), \quad x \in \{x_0\} \qquad (3\text{-}2\text{-}2)$$

我们称 k_0 为 $f(x)$ 的取向特征的矢量表示,且 k_0 和 $-k_0$ 表示同一取向。

取向主要有三种表示方法。

① 角度表示法。可以用角度 θ 来表示,这里称之为取向角。如果限定 $\theta \in [0, \pi)$,则取向角和取向之间具有一一对应关系。

② 矢量表示法。取向角 θ 的取向信息可以用矢量 $(\cos\theta, \sin\theta)^{\mathrm{T}}$ 来表示,不过与角度表示法一样,矢量表示法也有歧义性,夹角为 π 的矢量表示同一取向。本书称之为取向矢量。

③ 张量表示法。取向角为 θ 的取向信息还可以用张量表示,即

$$T = \begin{bmatrix} \cos^2\theta & \cos\theta\sin\theta \\ \cos\theta\sin\theta & \sin^2\theta \end{bmatrix} \qquad (3\text{-}2\text{-}3)$$

张量表示法无歧义,不同的取向对应不同的张量,我们称之为取向张量。

3.2.2 取向估计原理

在取向估计的相关文献中,只有文献[2]讨论了在频域中取向估计的原理,但没有给出相应证明,公式推导也不明确,本节可以看作是对文献[2]原理分析的扩展和补充。

对于二维图像,取向估计主要是计算出图像中各边缘点的取向信息,至于图像中的等灰度区域内部的点,由于各向同性可视为无取向信息。因此,无论是直接对灰度图像处理,还是对边缘提取后的图像进行处理,取向估计方法都与图像梯度具有天然的联系。现有的取向估计方法都直接或间接地涉及图像梯度的计算。

取向与图像梯度之间的关系也可以从另一个角度来理解,大多数信号都可以分解为泰勒级数,即

$$f(x) = f(x_0) + (\nabla f)^{\mathrm{T}}(x - x_0) + \frac{1}{2}(x - x_0)^{\mathrm{T}} H(x - x_0) + O(\parallel (x - x_0) \parallel^3)$$

$$(3\text{-}2\text{-}4)$$

其中,$x = (x_1, x_2, \cdots, x_n)^{\mathrm{T}}$。

$$\nabla f = \begin{bmatrix} f_{x_1}(x_0) \\ \vdots \\ f_{x_n}(x_0) \end{bmatrix}$$

$$\boldsymbol{H} = \begin{bmatrix} f_{x_1 x_1}(\boldsymbol{x}_0) & \cdots & f_{x_1 x_n}(\boldsymbol{x}_0) \\ \vdots & & \vdots \\ f_{x_n x_1}(\boldsymbol{x}_0) & \cdots & f_{x_n x_n}(\boldsymbol{x}_0) \end{bmatrix} \tag{3-2-5}$$

式(3-2-4)所示的泰勒展开式包含信号的主要信息,其取向信息也包含其中,起主要作用的是前两项,第二项包含图像的梯度信息。

无论是在空域中计算,还是变换到频域,取向估计问题都可以转化为寻优问题,下面进行具体说明。

1. 空域中的取向估计原理

空域中进行取向估计原理以引理 3.1 为依据。

引理 3.1　设信号的梯度为 $\boldsymbol{g}(\boldsymbol{x})$,其相关矩阵为 $\boldsymbol{C}_g$,则取向矢量为梯度相关矩阵最小特征值对应的特征矢量。

证明　令信号梯度 $\boldsymbol{g}(\boldsymbol{x})$ 简记为 $\boldsymbol{g}$,则其相关矩阵 $\boldsymbol{C}_g$ 为

$$\boldsymbol{C}_g = \mathrm{Cov}[\boldsymbol{g}] = E[\boldsymbol{g}\boldsymbol{g}^{\mathrm{T}}] \tag{3-2-6}$$

所要估计的取向 $\boldsymbol{k}_0$ 是与该点梯度方向相垂直的方向,将问题转化为有约束的优化问题,约束条件是 $\|\boldsymbol{k}_0\| = 1$,根据 $\boldsymbol{g}^{\mathrm{T}}\boldsymbol{k}_0 = \|\boldsymbol{g}\|\cos\varphi$($\varphi$ 为矢量 $\boldsymbol{k}_0$ 与 $\boldsymbol{g}$ 之间的夹角),有

$$E[|\boldsymbol{g}^{\mathrm{T}}\boldsymbol{k}_0|^2] \to \min \tag{3-2-7}$$

$$\Rightarrow E[\boldsymbol{k}_0^{\mathrm{T}}\boldsymbol{g}\boldsymbol{g}^{\mathrm{T}}\boldsymbol{k}_0] \to \min$$

$$\Rightarrow \boldsymbol{k}_0^{\mathrm{T}}\boldsymbol{C}_g\boldsymbol{k}_0 \to \min \tag{3-2-8}$$

令 $J_F = \dfrac{\boldsymbol{k}_0^{\mathrm{T}}\boldsymbol{C}_g\boldsymbol{k}_0}{\boldsymbol{k}_0^{\mathrm{T}}\boldsymbol{k}_0}$,利用商式的微分及二次型关于矢量微分的公式可得

$$\frac{\partial J_F}{\partial \boldsymbol{k}_0} = \frac{\partial}{\partial \boldsymbol{k}_0}\left[\frac{\boldsymbol{k}_0^{\mathrm{T}}\boldsymbol{C}_g\boldsymbol{k}_0}{\boldsymbol{k}_0^{\mathrm{T}}\boldsymbol{k}_0}\right] = \frac{2\boldsymbol{C}_g\boldsymbol{k}_0(\boldsymbol{k}_0^{\mathrm{T}}\boldsymbol{k}_0) - 2(\boldsymbol{k}_0^{\mathrm{T}}\boldsymbol{C}_g\boldsymbol{k}_0)\boldsymbol{k}_0}{(\boldsymbol{k}_0^{\mathrm{T}}\boldsymbol{k}_0)^2} \tag{3-2-9}$$

令 $\lambda = \boldsymbol{k}_0^{\mathrm{T}}\boldsymbol{C}_g\boldsymbol{k}_0$ 且 $\dfrac{\partial J_F}{\partial \boldsymbol{k}_0} = 0$,可得

$$\boldsymbol{C}_g\boldsymbol{k}_0 = \lambda\boldsymbol{k}_0 \tag{3-2-10}$$

还可由目标函数和约束方程,写出拉格朗日函数,即

$$\boldsymbol{L} = \boldsymbol{k}_0^{\mathrm{T}}\boldsymbol{C}_g\boldsymbol{k}_0 - \lambda(\boldsymbol{k}_0^{\mathrm{T}}\boldsymbol{k}_0 - 1)$$

上式对矢量 $\boldsymbol{k}_0$ 求导并令结果为零,利用二次型关于矢量微分公式可得

$$\frac{\partial \boldsymbol{L}}{\partial \boldsymbol{k}_0} = 2\boldsymbol{C}_g\boldsymbol{k}_0 - 2\lambda\boldsymbol{k}_0 = 0$$

显然,结论与式(3-2-10)相同。

可见,$\boldsymbol{k}_0$ 为相关矩阵 $\boldsymbol{C}_g$ 的特征值 λ 对应的特征矢量。欲使估计值最小化,则取最小特征值对应的特征矢量。

由引理 3.1 可知,空域中的取向估计可以转化为对梯度相关矩阵的计算和分解。

2. 频域中的取向估计原理

除了在空域中直接进行取向估计之外,也可以将信号变换到频域估计取向,下证引理 3.2[2]。

引理 3.2　设 $F(\boldsymbol{\omega})$ 为具有线性对称性的图像 $f(\boldsymbol{x})$ 的 Fourier 变换,则 $F(\boldsymbol{\omega})$ 的能量将集中在通过原点的一条线上,即

$$F(\boldsymbol{\omega}) = L(\boldsymbol{\omega}^{\mathrm{T}}\boldsymbol{k}_0)\delta(\boldsymbol{\omega}^{\mathrm{T}}\boldsymbol{u}_1)\delta(\boldsymbol{\omega}^{\mathrm{T}}\boldsymbol{u}_2)\cdots\delta(\boldsymbol{\omega}^{\mathrm{T}}\boldsymbol{u}_{n-1}) \tag{3-2-11}$$

其中,$\boldsymbol{k}_0,\boldsymbol{u}_1,\cdots,\boldsymbol{u}_{n-1}$ 是正交的单位矢量;δ 为 Dirac 函数;L 为式(3-2-1)中 l 的一维 Fourier 变换。

证明　考虑 Fourier 变换,即

$$F(\boldsymbol{\omega}) = \int f(\boldsymbol{x})\mathrm{e}^{-\mathrm{i}\boldsymbol{\omega}^{\mathrm{T}}x}\mathrm{d}\boldsymbol{x} \tag{3-2-12}$$

其中,$\mathrm{d}\boldsymbol{x} = \mathrm{d}x_1\mathrm{d}x_2\mathrm{d}x_3\cdots\mathrm{d}x_n$。

令 $\boldsymbol{k}_0 = (k_{01}, k_{02}, \cdots, k_{0n})$,$\boldsymbol{u}_1 = (u_{11}, u_{12}, \cdots, u_{1n})$,$\cdots$,$\boldsymbol{u}_{n-1} = (u_{n-1,1}, u_{n-1,2}, \cdots, u_{n-1,n})$,$x'_1 = \sum_{j=1}^{n} k_{0j}x_j$,$x'_2 = \sum_{j=1}^{n} u_{1j}x_j$,$\cdots$,$x'_n = \sum_{j=1}^{n} u_{n-1,j}x_j$,上述变换的矩阵表示为

$$\begin{bmatrix} x'_1 \\ x'_2 \\ \vdots \\ x'_n \end{bmatrix} = \begin{bmatrix} k_{01} & k_{02} & \cdots & k_{0n} \\ u_{11} & u_{12} & \cdots & u_{1n} \\ \vdots & \vdots & & \vdots \\ u_{n-1,1} & u_{n-1,2} & \cdots & u_{n-1,n} \end{bmatrix} \begin{bmatrix} x_1 \\ x_2 \\ \vdots \\ x_n \end{bmatrix} \tag{3-2-13}$$

记

$$\boldsymbol{H} = \begin{bmatrix} k_{01} & k_{02} & \cdots & k_{0n} \\ u_{11} & u_{12} & \cdots & u_{1n} \\ \vdots & \vdots & & \vdots \\ u_{n-1,1} & u_{n-1,2} & \cdots & u_{n-1,n} \end{bmatrix}$$

即 $\boldsymbol{x}' = \boldsymbol{H}\boldsymbol{x}$,由于 $\boldsymbol{k}_0,\boldsymbol{u}_1,\cdots,\boldsymbol{u}_{n-1}$ 是正交单位矢量,$\boldsymbol{H}^{\mathrm{T}}\boldsymbol{H} = \boldsymbol{I}$,$\boldsymbol{H}^{\mathrm{T}}$ 表示 $\boldsymbol{H}$ 的转置矩阵。于是,$\boldsymbol{x} = \boldsymbol{H}^{-1}\boldsymbol{x}' = \boldsymbol{H}^{\mathrm{T}}\boldsymbol{x}'$,则式(3-2-12)可以化成

$$F(\boldsymbol{\omega}) = \|\boldsymbol{J}\| \int l(\boldsymbol{x}')\mathrm{e}^{-\mathrm{i}\boldsymbol{\omega}^{\mathrm{T}}\boldsymbol{H}^{-1}\boldsymbol{x}'}\mathrm{d}\boldsymbol{x}' \tag{3-2-14}$$

其中

$$\boldsymbol{J} = \begin{bmatrix} \dfrac{\partial x_1}{\partial x_1'} & \dfrac{\partial x_1}{\partial x_2'} & \cdots & \dfrac{\partial x_1}{\partial x_n'} \\ \dfrac{\partial x_2}{\partial x_1'} & \dfrac{\partial x_2}{\partial x_2'} & \cdots & \dfrac{\partial x_2}{\partial x_n'} \\ \vdots & \vdots & & \vdots \\ \dfrac{\partial x_n}{\partial x_1'} & \dfrac{\partial x_n}{\partial x_2'} & \cdots & \dfrac{\partial x_n}{\partial x_n'} \end{bmatrix} = \boldsymbol{H}^{-1}$$

于是,有

$$\begin{aligned} F(\boldsymbol{\omega}) &= \parallel \boldsymbol{J} \parallel \int l(\boldsymbol{x}') \mathrm{e}^{-\mathrm{i}\boldsymbol{\omega}^{\mathrm{T}} \boldsymbol{H}^{\mathrm{T}} \boldsymbol{x}'} \, \mathrm{d}\boldsymbol{x}' \\ &= \parallel \boldsymbol{J} \parallel \int l(\boldsymbol{x}') \mathrm{e}^{-\mathrm{i}(\boldsymbol{H}\boldsymbol{\omega})^{\mathrm{T}} \boldsymbol{x}'} \, \mathrm{d}\boldsymbol{x}' \\ &= \parallel \boldsymbol{J} \parallel \int l(\boldsymbol{x}') \mathrm{e}^{-\mathrm{i}(\boldsymbol{k}_0^{\mathrm{T}} \boldsymbol{\omega}) x_1'} \, \mathrm{d}\boldsymbol{x}'_1 \cdot \int \mathrm{e}^{-\mathrm{i}(\boldsymbol{u}_1^{\mathrm{T}} \boldsymbol{\omega}) x_2'} \, \mathrm{d}\boldsymbol{x}'_2 \cdots \int \mathrm{e}^{-\mathrm{i}(\boldsymbol{u}_{n-1}^{\mathrm{T}} \boldsymbol{\omega}) x_n'} \, \mathrm{d}\boldsymbol{x}'_n \\ &= L(\boldsymbol{k}_0^{\mathrm{T}} \boldsymbol{\omega}) \delta(\boldsymbol{u}_1^{\mathrm{T}} \boldsymbol{\omega}) \delta(\boldsymbol{u}_2^{\mathrm{T}} \boldsymbol{\omega}) \cdots \delta(\boldsymbol{u}_{n-1}^{\mathrm{T}} \boldsymbol{\omega}) \end{aligned}$$

引理 3.2 说明对于满足线性对称性的邻域,其 Fourier 变换有一个很重要的特点,就是其频域能量集中于一个狭长区域内(或者说近似为一个线冲击),这个局部变化越小,线冲击的近似程度越高。检测线性对称性在频域中等效为检测是否存在一条能量集中的直线。

可以给出引理 3.2 的一个简单示例,设二维空间中的某一条直线在二维图像平面上可以用方程(3-2-15)来表示,即

$$\mathrm{line}(x, y) = \delta(\alpha x - y + \beta) \tag{3-2-15}$$

其中,(x, y) 表示直线上点的坐标;α 和 β 分别为直线的斜率和截距。

先假设该直线在整个图像平面 $N \times N$ 范围内都有值,即取值范围只受图像大小的限制,则该直线在频域将变换为

$$L(\omega_1, \omega_2) = F[\mathrm{line}(x, y)] = \sum_{x=1}^{N} \sum_{y=1}^{N} \delta(\alpha x - y + \beta) W_N^{-x\omega_1} W_N^{-y\omega_2} \tag{3-2-16}$$

其中,$W_N = \mathrm{e}^{\mathrm{i}\frac{2\pi}{N}}$。

$$L(\omega_1, \omega_2) = N \cdot \delta(\omega_1 - \alpha\omega_2) \cdot \mathrm{e}^{-\mathrm{i}\frac{2\pi}{N}\beta} \tag{3-2-17}$$

由式(3-2-17)可以看出,一条直线的 Fourier 变换是将该直线在频域中旋转 $90°$,因此频域的取向与空域的取向呈相互垂直的关系。

由引理 3.2,一幅具有线性对称性的图像 $f(\boldsymbol{x})$,其 Fourier 变换的能量将集中到通过原点的一条线上(图 3.2.1),设这一直线为 l,因此对图像 $f(\boldsymbol{x})$ 的取向估计问题在频域中转化为对 $\boldsymbol{k}_l$ 的估计问题,如图 3.2.2 所示。

一般情况下,$F(\boldsymbol{\omega})$ 是连续的,因此可以定义估计误差函数[2]为

(a) 水平线及其Fourier变换

(b) 50°直线及其Fourier变换

图 3.2.1　直线及其 Fourier 变换的能量分布图

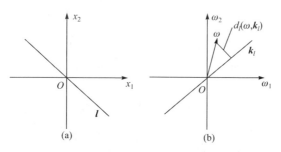

(a) 空域中的直线*l*　　　(b) 直线*l*在频域中的取向估计

图 3.2.2　频域中的取向估计原理

$$\min_{\|\boldsymbol{k}_l\|=1} \varepsilon_l(\boldsymbol{k}_l) = \int d_l^2(\boldsymbol{\omega}, \boldsymbol{k}_l) \parallel F(\boldsymbol{\omega}) \parallel^2 \mathrm{d}\boldsymbol{\omega} \tag{3-2-18}$$

其中，$\mathrm{d}\boldsymbol{\omega}=\mathrm{d}\omega_1\mathrm{d}\omega_2\cdots\mathrm{d}\omega_n$。

$$d_l^2(\boldsymbol{\omega}, \boldsymbol{k}_l) = \parallel \boldsymbol{\omega} - (\boldsymbol{\omega}^{\mathrm{T}}\boldsymbol{k}_l)\boldsymbol{k}_l \parallel^2 = (\boldsymbol{\omega} - (\boldsymbol{\omega}^{\mathrm{T}}\boldsymbol{k}_l)\boldsymbol{k}_l)^{\mathrm{T}}(\boldsymbol{\omega} - (\boldsymbol{\omega}^{\mathrm{T}}\boldsymbol{k}_l)\boldsymbol{k}_l)$$

$$\tag{3-2-19}$$

归一化 $\boldsymbol{k}_l$，使 $\parallel \boldsymbol{k}_l \parallel = \boldsymbol{k}_l^{\mathrm{T}}\boldsymbol{k}_l=1$，式(3-2-19)可以化简为

$$d_l^2(\boldsymbol{\omega}, \boldsymbol{k}_l) = \boldsymbol{k}_l^{\mathrm{T}}(\boldsymbol{I}\boldsymbol{\omega}^{\mathrm{T}}\boldsymbol{\omega} - \boldsymbol{\omega}\boldsymbol{\omega}^{\mathrm{T}})\boldsymbol{k}_l \tag{3-2-20}$$

由式(3-2-20)可得式(3-2-19)的化简形式，即

$$\varepsilon_l(\boldsymbol{k}_l) = \boldsymbol{k}_l^{\mathrm{T}}\boldsymbol{M}\boldsymbol{k}_l \tag{3-2-21}$$

其中

$$M = \begin{bmatrix} m_{11} & -m_{12} & \cdots & -m_{1n} \\ -m_{21} & m_{22} & \cdots & -m_{2n} \\ \vdots & \vdots & & \vdots \\ -m_{n1} & -m_{n1} & \cdots & m_{rn} \end{bmatrix} \tag{3-2-22}$$

$$m_{ii} = \int \sum_{j \neq i} \omega_j^2 \parallel F(\boldsymbol{\omega}) \parallel^2 \mathrm{d}\boldsymbol{\omega} \tag{3-2-23}$$

$$m_{ij} = \int \sum_{j \neq i} \omega_i \omega_j \parallel F(\boldsymbol{\omega}) \parallel^2 \mathrm{d}\boldsymbol{\omega} \tag{3-2-24}$$

与空域中的最小估计问题同理,式(3-2-18)的解也是求得对应矩阵 M 的最小特征值对应的特征矢量 $\boldsymbol{k}_l$,最优解 $\boldsymbol{k}_l$ 可以根据矩阵 M 的最小均方误差准则求得。

当且仅当 $f(\boldsymbol{x})$ 线性对称时,$\varepsilon_l(\boldsymbol{k}_l)=0$;如果矩阵 M 的最小特征值的阶数为 1,则 $\boldsymbol{k}_l$ 是唯一的;如果矩阵 M 的最小特征值的阶数大于 1,则 $\boldsymbol{k}_l$ 不唯一。此时,图像 $f(\boldsymbol{x})$ 不具有线性对称性。$\varepsilon_l(\boldsymbol{k}_l)$ 在物理意义上可以理解为估计的取向矢量相对于 $\boldsymbol{k}_l$ 轴的惯量。

我们还可以从信号逼近的角度考虑这一问题,假设用一超平面逼近 $F(\omega)$,该平面的单位法矢量为 $\boldsymbol{k}_p$,问题转化为最小化问题[2],即

$$\min_{\parallel \boldsymbol{k}_p \parallel = 1} \varepsilon_p(\boldsymbol{k}_p) = \int d_p^2(\boldsymbol{\omega}, \boldsymbol{k}_p) \parallel F(\boldsymbol{\omega}) \parallel^2 \mathrm{d}\boldsymbol{\omega} \tag{3-2-25}$$

此处,距离函数 $d_p^2(\boldsymbol{\omega}, \boldsymbol{k}_p)$ 的几何含义为点 $\boldsymbol{\omega}$ 到平面的垂直距离,即

$$d_p^2(\boldsymbol{\omega}, \boldsymbol{k}_p) = (\boldsymbol{\omega}^{\mathrm{T}} \boldsymbol{k}_p)^2 = \boldsymbol{k}_p^{\mathrm{T}} \boldsymbol{\omega} \boldsymbol{\omega}^{\mathrm{T}} \boldsymbol{k}_p \tag{3-2-26}$$

式(3-2-25)可以简化为

$$\varepsilon_p(\boldsymbol{k}_p) = \boldsymbol{k}_p^{\mathrm{T}} \boldsymbol{A} \boldsymbol{k}_p \tag{3-2-27}$$

其中,矩阵 $\boldsymbol{A} = \{A_{ij}\}_{n \times n}$,且

$$A_{ij} = \int \omega_i \omega_j \parallel F(\boldsymbol{\omega}) \parallel^2 \mathrm{d}\boldsymbol{\omega} \tag{3-2-28}$$

比较式(3-2-26)、式(3-2-23)和式(3-2-24),可得,

$$M = \mathrm{tr}(\boldsymbol{A}) \boldsymbol{I} - \boldsymbol{A} \tag{3-2-29}$$

根据上式可知 M 和 A 的特征矢量是相同的,即

$$M\boldsymbol{u} = \lambda' \boldsymbol{u} \Leftrightarrow A\boldsymbol{u} = \lambda \boldsymbol{u} \tag{3-2-30}$$

其中,$\boldsymbol{u}$ 表示特征矢量,

$$\lambda' = \mathrm{Trace}(\boldsymbol{A}) - \lambda \tag{3-2-31}$$

上述分析表明,无论在空域还是在频域进行取向估计,都是以最小二乘估计为基础的。

3.2.3　现有方法

根据取向估计方法对取向表示方法不同,将现有方法分为基于通道表示的方

法、基于自相关函数的方法和基于张量的方法。

1. 基于通道表示的方法

基于通道表示的方法[3]实际上是选择适当的核函数对信号在不同尺度下梯度分别作一个映射，然后通过对特定核函数的编解码过程来完成取向估计。

2. 基于自相关函数的方法

基于自相关函数的方法[4]直接计算信号的自相关函数，然后用抛物线拟合自相关函数小邻域范围内的中心值，最后根据所得抛物线的主曲率推导出所要估计的取向。

3. 基于张量的方法

基于张量的方法[5~20]用二阶张量表示取向，通过构造取向张量来计算取向信息，这类算法简单有效，是目前应用最广泛的方法。

根据计算方法的差异，基于张量的取向估计方法可以进一步细分为梯度张量法[5~13]、多项式张量法[14]和正交张量法[15~20]。

（1）梯度张量法

梯度张量法与以往一些文献中提到的结构张量（Structure Tensor）的计算方法相同，主要是采用某种微分算子计算图像灰度的梯度，然后根据梯度矢量构造张量。具体计算公式如下[7]，即

$$\boldsymbol{T}_g = \int w(|\boldsymbol{x}|) \, \nabla f(\boldsymbol{x}) \, \overline{\nabla f(\boldsymbol{x})}^{\mathrm{T}} \mathrm{d}\boldsymbol{x} \qquad (3\text{-}2\text{-}32)$$

其中，$\boldsymbol{x}$ 为矢量空间点坐标；$w(\boldsymbol{x})$ 为该点的高斯加权值；$\nabla f(\boldsymbol{x})$ 为点处 $\boldsymbol{x}$ 的 $f(\boldsymbol{x})$ 的梯度；$\overline{\nabla f(\boldsymbol{x})}$ 为 $\nabla f(\boldsymbol{x})$ 的共轭；$\boldsymbol{T}_g$ 实际上是由矢量相乘构成的二阶张量。

在二维情况下

$$\nabla f(\boldsymbol{x}) = (\nabla_{x_1} f(\boldsymbol{x}), \nabla_{x_2} f(\boldsymbol{x}))^{\mathrm{T}} \qquad (3\text{-}2\text{-}33)$$

这类方法的主要缺点是对噪声的鲁棒性较差，往往需要整体上的平滑，而这一平滑过程使得取向估计的局部特征受到全局特征的干扰。基于梯度张量的方法中，Zhou 等[5]加入均值滤波平滑噪声；Ratha[6] 和 Maltoni[7] 采用计算二倍角的方法克服正切变换在 90 度附近的不连续性和三角函数周期性的影响。此外，Ratha[6]还根据图像点 64 邻域的梯度值提出一种更有效的取向角计算方法；Feng 等[8]引入主元分析与多分辨率 Kalman 滤波提高估计结果的精度和鲁棒性；Stuke 等[9]主要讨论多取向估计的问题；Da Costa[10] 和 Le Pouliquen[11] 对梯度算子进行了改进，改善一些轮廓关键点的取向估计结果；Zhou 等先采用梯度张量进行粗略估计，然后通过多项式模型优化取向估计结果[12]；Boomgaard 等[13]在最小均方准

则意义下通过迭代优化减小估计误差。

（2）多项式张量法

基于多项式张量的方法[14]是采用正则化卷积（normalized convolution）的信号分析方法。正则化卷积方法最初由 Knutsson 和 Westin[21~23] 提出，其几何解释将信号及其邻域信号投影到一个由信号分析函数张成的子空间。其投影过程等同于一个加权最小均方问题，其权值由信号的不确定性和分析函数决定，而每一点的卷积结果对应于分析函数的展开系数。在取向估计中，正则化卷积方法综合考虑信号的不确定性和信号分析函数，首先选择一组信号分析函数构成一组基，然后通过正则化卷积获得这组基的系数，这组系数与信号的泰勒展开式对应，最后采用多项式近似构造取向张量。

基于多项式张量的方法对信号建立了一个多项式近似模型，即

$$f_m(\boldsymbol{x}) \sim \boldsymbol{x}^{\mathrm{T}}\boldsymbol{A}\boldsymbol{x} + \boldsymbol{x}^{\mathrm{T}}\boldsymbol{b} + c \tag{3-2-34}$$

其中，$\boldsymbol{x}$ 为待估计信号的空间坐标矢量；$\boldsymbol{A}, \boldsymbol{b}, c$ 为 $f_m(\boldsymbol{x})$ 的展开式系数，基于多项式张量的方法就是针对这一信号模型通过正则化卷积进行取向估计。

多项式张量方法通过多项式近似模型的参数构造张量[7]，即

$$\boldsymbol{T}_p = \boldsymbol{A}\boldsymbol{A}^{\mathrm{T}} + \gamma \boldsymbol{b}\boldsymbol{b}^{\mathrm{T}} \tag{3-2-35}$$

其中，γ 为奇偶滤波器之间的加权系数。

如果令 f_m 表示信号模型，f 表示信号，w_a 表示加权系数，σ 表示邻域尺度，则 $[\boldsymbol{A}, \boldsymbol{b}, c] = \mathrm{argmin} \parallel f_m - f \parallel_{w_a}^2$，$\boldsymbol{A}$ 和 $\boldsymbol{b}$ 的计算公式分别为

$$\boldsymbol{A}(\boldsymbol{x}) = \left[\frac{1}{2\sigma^4}\boldsymbol{x}\boldsymbol{x}^{\mathrm{T}}w_a(\boldsymbol{x}) - \frac{1}{2\sigma^2}\boldsymbol{I} \cdot w_a(\boldsymbol{x}) \right] * f(\boldsymbol{x}) \tag{3-2-36}$$

$$\boldsymbol{b}(\boldsymbol{x}) = \left[-\frac{1}{2\sigma^2}\boldsymbol{x}\, w_a(\boldsymbol{x}) \right] * f(\boldsymbol{x}) \tag{3-2-37}$$

其中，$w_a(\boldsymbol{x})$ 为归一化的高斯加权函数；$*$ 表示卷积运算。

$$w_a(\boldsymbol{x}) = \frac{1}{(\sqrt{2\pi}\sigma)^n}\mathrm{e}^{-\frac{\parallel \boldsymbol{x} \parallel^2}{2\sigma^2}} \tag{3-2-38}$$

（3）正交张量法

基于正交张量的方法一般是设计一组频域正交滤波器，对信号进行滤波，最后根据滤波器组的输出结果构造张量，用于估计取向。

正交张量的构造公式为[15]

$$\boldsymbol{T}_q = \sum_k \parallel \boldsymbol{q}_k \parallel \boldsymbol{N}_k \tag{3-2-39}$$

其中，$\boldsymbol{q}_k$ 为第 k 个方向的滤波结果；$\parallel \boldsymbol{q}_k \parallel$ 代表 $\boldsymbol{q}_k$ 的模值，如果 $\boldsymbol{n}_k$ 是滤波器第 k 个滤波方向的矢量表示，则要求 $\{\boldsymbol{n}_k\}$ 能张成矢量空间的一组基或一组框架；$\boldsymbol{N}_k$ 为 $\boldsymbol{n}_k\boldsymbol{n}_k^{\mathrm{T}}$ 的对偶项。

$$q_k = \frac{1}{(2\pi)^n} \int F(\boldsymbol{\omega}) H_k(\boldsymbol{\omega}) \mathrm{d}\boldsymbol{\omega} \tag{3-2-40}$$

其中，$F(\boldsymbol{\omega})$ 为信号 $f(\boldsymbol{x})$ 的 Fourier 变换；$H_k(\boldsymbol{\omega})$ 为第 k 个方向的正交滤波器，即

$$H_k(\boldsymbol{\omega}) = \rho(\boldsymbol{\omega}) d_k(\boldsymbol{\omega} n_k / \parallel \boldsymbol{\omega} \parallel), \quad \boldsymbol{\omega}^\mathrm{T} \boldsymbol{n}_k > 0 \tag{3-2-41}$$

式中，ρ 为径向函数；d 为方向函数。

3.2.4　基于张量的取向估计方法的理论框架

本节主要针对二维图像建立基于张量的取向估计方法的理论框架，首先给出框架，然后通过理论推导证明各种基于张量的取向估计方法可以统一到这一理论框架之下。

1. 理论框架

基于张量的取向估计方法的计算过程可以分解为两个主要步骤。

Step 1，构造计算取向信息的张量。

Step 2，根据张量计算取向信息。

构造计算取向信息的张量是最关键的一步，也是不同方法的主要区别所在。下面首先就张量的构造建立统一的计算框架。

（1）张量的构造

张量的构造主要用于计算表示与取向张量相关的矩阵。从正交张量的构造方法中获得启发，对于信号中任一点，根据信号在该点的滤波结果来计算其取向张量。另外，也可以从正交张量的构造中得出取向张量和取向张量矩阵中的各分量之间的关系，即滤波结果是相同的，只是取向张量求和时乘以相应滤波器方向矢量的对偶矢量构成的张量 $\boldsymbol{N}_k$，而取向张量矩阵各分量乘的是 $\boldsymbol{N}_k$ 中相应的分量。

信号与滤波器的卷积在频域中可以转化为乘积，于是各种取向张量的构造方法可以统一用式（3-2-42）表示，其分量可统一用式（3-2-43）表示，即

$$\boldsymbol{T} = \int \boldsymbol{S}(\boldsymbol{\omega}) H(\boldsymbol{\omega}) \boldsymbol{D}(\boldsymbol{\omega}) \mathrm{d}\boldsymbol{\omega} \tag{3-2-42}$$

$$t_{ij} = \int \boldsymbol{S}(\boldsymbol{\omega}) H(\boldsymbol{\omega}) D_{ij}(\boldsymbol{\omega}) \mathrm{d}\boldsymbol{\omega} \tag{3-2-43}$$

其中，$\boldsymbol{S}(\boldsymbol{\omega})$ 为信号；$H(\boldsymbol{\omega})$ 为进行取向估计所选用的滤波器；$\boldsymbol{D}(\boldsymbol{\omega})$ 与式（3-2-39）中 $\boldsymbol{N}_k$ 的含义相同；$D_{ij}(\boldsymbol{\omega})$ 为 $\boldsymbol{D}(\boldsymbol{\omega})$ 中第 i 行第 j 列的分量；$\int(\cdot)$ 代表与 $\boldsymbol{\omega}$ 的维数相对应的积分运算。

不同的取向张量计算方法主要是滤波器 $H(\boldsymbol{\omega})$ 的设计及与滤波器的阶数有关的信号项 $S(\boldsymbol{\omega})$ 有所差别，但是滤波器均需要具备以下性质。

① 对称性。令 $\boldsymbol{\omega} = (\omega_1, \omega_2, \cdots, \omega_n)$，则 $H(\omega_1, \omega_2, \cdots, \omega_n) = H(\omega_n, \omega_{n-1}, \cdots,$

ω_1)。

② Hermitian 共轭性。$H(-\omega_1, -\omega_2, \cdots, -\omega_n) = \overline{H(\omega_1, \omega_2, \cdots, \omega_n)}$。

③ 张量矩阵的非负性，即 $\boldsymbol{T} = \int S(\boldsymbol{\omega}) \cdot H(\boldsymbol{\omega}) \cdot D(\boldsymbol{\omega}) \mathrm{d}\boldsymbol{\omega} \geqslant \boldsymbol{0}$

基于张量的取向估计方法尽管具体计算方法有所差别，但均可统一到这一框架之下。

(2) 根据张量计算取向信息

完成对图像中各点与取向信息相关的张量求解后，就可以计算相应的取向信息。根据前面分析的取向估计原理，如果该张量是通过梯度张量法求得的，可对其进行特征值分解，取最小特征值对应的特征矢量为信号的取向矢量；如果该张量是通过多项式张量法或者正交张量法求得的，由于此时求得的张量与梯度张量法求得的张量是正交的关系，因此取最大特征值对应的特征矢量为信号的取向矢量。进一步，相应的取向角信息可由取向矢量求出。

令取向张量为

$$\boldsymbol{T} = \begin{bmatrix} t_{11} & t_{12} \\ t_{21} & t_{22} \end{bmatrix} \tag{3-2-44}$$

张量的特征值分解为

$$\boldsymbol{T} = \sum_{k=1}^{2} \lambda_k \boldsymbol{e}_k \boldsymbol{e}_k^{\mathrm{T}} \tag{3-2-45}$$

其中，$\boldsymbol{T}$ 为张量；$\{\lambda_k\}$ 表示张量矩阵的特征值；$\{\boldsymbol{e}_k\}$ 为相应的特征矢量。

根据张量的计算方法及其特征值分解结果，选择最小或最大特征值对应的特征矢量作为取向矢量，假定 $\boldsymbol{e}_k = (e_2, e_1)$ 为选定的取向矢量，则相应的取向角为

$$\arctan\left(\frac{e_2}{e_1}\right) \tag{3-2-46}$$

2. 理论框架的证明

(1) 梯度张量

在实际计算过程中，高斯平滑后的信号梯度的计算可以转化为信号与高斯微分函数的卷积，即

$$\nabla(\boldsymbol{g} * f)(\boldsymbol{x}) = f(\boldsymbol{x}) * \nabla\boldsymbol{g} \tag{3-2-47}$$

于是，梯度张量的计算结果为

$$\boldsymbol{T}_g = \int w(\boldsymbol{x})\left[\nabla(f * \boldsymbol{g})(\boldsymbol{x})\right]\left[\nabla(f * \boldsymbol{g})(\boldsymbol{x})\right]^{\mathrm{T}}\mathrm{d}\boldsymbol{x}$$

$$= \iiint w(\boldsymbol{x})\left[(f * \nabla\boldsymbol{g})(\boldsymbol{y})\right]\left[\overline{(f * \nabla\boldsymbol{g})(\boldsymbol{z})}\right]^{\mathrm{T}}\delta(\boldsymbol{x}-\boldsymbol{y})\delta(\boldsymbol{x}-\boldsymbol{z})\mathrm{d}\boldsymbol{x}\mathrm{d}\boldsymbol{y}\mathrm{d}\boldsymbol{z}$$

$$= \iiint w(\boldsymbol{x})\left[(f * \nabla\boldsymbol{g})(\boldsymbol{y})\right]\left[\overline{(f * \nabla\boldsymbol{g})(\boldsymbol{z})}\right]^{\mathrm{T}}\left[\iint \mathrm{e}^{-\mathrm{i}\boldsymbol{\omega}_1(\boldsymbol{x}-\boldsymbol{y})}\mathrm{e}^{\mathrm{i}\boldsymbol{\omega}_2(\boldsymbol{x}-\boldsymbol{z})}\,\mathrm{d}\boldsymbol{\omega}_1\mathrm{d}\boldsymbol{\omega}_2\right]\mathrm{d}\boldsymbol{x}\mathrm{d}\boldsymbol{y}\mathrm{d}\boldsymbol{z}$$

$$= \iint\int w(\boldsymbol{x})\mathrm{e}^{-\mathrm{i}\boldsymbol{x}(\boldsymbol{\omega}_1-\boldsymbol{\omega}_2)}\mathrm{d}\boldsymbol{x}\int(f * \nabla\boldsymbol{g})(\boldsymbol{y})\mathrm{e}^{\mathrm{i}\boldsymbol{\omega}_1\boldsymbol{y}}\mathrm{d}\boldsymbol{y}\int\left[\overline{(f * \nabla\boldsymbol{g})(\boldsymbol{z})}\right]^{\mathrm{T}}\mathrm{e}^{\mathrm{i}\boldsymbol{\omega}_2\boldsymbol{z}}\mathrm{d}\boldsymbol{z}\mathrm{d}\boldsymbol{\omega}_1\mathrm{d}\boldsymbol{\omega}_2$$

$$= (2\pi)^{-2n}\iint W(\boldsymbol{\omega}_1-\boldsymbol{\omega}_2)F(\boldsymbol{\omega}_1)\overline{F(\boldsymbol{\omega}_2)}G(\boldsymbol{\omega}_1)\overline{G(\boldsymbol{\omega}_2)}\boldsymbol{\omega}_1\boldsymbol{\omega}_2^{\mathrm{T}}\mathrm{d}\boldsymbol{\omega}_1\mathrm{d}\boldsymbol{\omega}_2$$

$$= -(2\pi)^{-2n}\iint W(\boldsymbol{\omega}_1+\boldsymbol{\omega}_2)F(\boldsymbol{\omega}_1)\overline{F(\boldsymbol{\omega}_2)}G(\boldsymbol{\omega}_1)\overline{G(\boldsymbol{\omega}_2)}\boldsymbol{\omega}_1\boldsymbol{\omega}_2^{\mathrm{T}}\mathrm{d}\boldsymbol{\omega}_1\mathrm{d}\boldsymbol{\omega}_2$$

$$\tag{3-2-48}$$

其中，$W(\,\cdot\,)$、$F(\,\cdot\,)$ 和 $G(\,\cdot\,)$ 分别为 $w(\,\cdot\,)$、$f(\,\cdot\,)$ 和 $\nabla g(\,\cdot\,)$ 的 Fourier 变换。

一般地

$$W(\,\cdot\,) = \frac{1}{(\sqrt{2\pi}\sigma_w)^n}\mathrm{e}^{-\frac{\|\,\cdot\,\|^2}{2\sigma_w^2}} \tag{3-2-49}$$

$$G(\,\cdot\,) = \mathrm{e}^{-\frac{\|\,\cdot\,\|^2}{2\sigma_r^2}} \tag{3-2-50}$$

其中，σ_w 和 σ_r 分别为高斯加权函数和高斯微分函数的宽度参数。

由式(3-2-48)可知，对于梯度张量，式(3-2-42)中的信号项、滤波器项等的计算式为

$$\boldsymbol{S}(\boldsymbol{\omega}) = F(\boldsymbol{\omega}_1)\overline{F(\boldsymbol{\omega}_2)}\triangleq S(\boldsymbol{\omega}_1,\boldsymbol{\omega}_2) \tag{3-2-51}$$

$$H(\boldsymbol{\omega}) = -W(\boldsymbol{\omega}_1+\boldsymbol{\omega}_2)G(\boldsymbol{\omega}_2)\overline{G(\boldsymbol{\omega}_2)}\triangleq H(\boldsymbol{\omega}_1,\boldsymbol{\omega}_2) \tag{3-2-52}$$

$$D(\boldsymbol{\omega}) = \boldsymbol{\omega}_1\boldsymbol{\omega}_2^{\mathrm{T}}\triangleq D(\boldsymbol{\omega}_1,\boldsymbol{\omega}_2) \tag{3-2-53}$$

由式(3-2-53)可知，$H(\boldsymbol{\omega}_1,\boldsymbol{\omega}_2)$ 满足，即

$$H(\boldsymbol{\omega}_1,\boldsymbol{\omega}_2) = H(\boldsymbol{\omega}_2,\boldsymbol{\omega}_1) \tag{3-2-54}$$

$$H(-\boldsymbol{\omega}_1,-\boldsymbol{\omega}_2) = \overline{H(\boldsymbol{\omega}_1,\boldsymbol{\omega}_2)} \tag{3-2-55}$$

即滤波器满足对称性和 Hermitan 共轭性。

同时

$$\boldsymbol{T}_g = \iint \boldsymbol{S}(\boldsymbol{\omega}_1,\boldsymbol{\omega}_2)H(\boldsymbol{\omega}_1,\boldsymbol{\omega}_2)D(\boldsymbol{\omega}_1,\boldsymbol{\omega}_2)\mathrm{d}\boldsymbol{\omega}_1\mathrm{d}\boldsymbol{\omega}_2$$

$$= -\iint W(\boldsymbol{\omega}_1+\boldsymbol{\omega}_2)F(\boldsymbol{\omega}_1)\overline{F(\boldsymbol{\omega}_2)}G(\boldsymbol{\omega}_1)\overline{G(\boldsymbol{\omega}_2)}\boldsymbol{\omega}_1\boldsymbol{\omega}_2^{\mathrm{T}}\mathrm{d}\boldsymbol{\omega}_1\mathrm{d}\boldsymbol{\omega}_2$$

$$= \iint\int w(\boldsymbol{x})\mathrm{e}^{-\mathrm{i}\boldsymbol{x}(\boldsymbol{\omega}_1-\boldsymbol{\omega}_2)}\mathrm{d}\boldsymbol{x}\cdot F(\boldsymbol{\omega}_1)\overline{F(\boldsymbol{\omega}_2)}G(\boldsymbol{\omega}_1)\overline{G(\boldsymbol{\omega}_2)}\boldsymbol{\omega}_1\boldsymbol{\omega}_2^{\mathrm{T}}\mathrm{d}\boldsymbol{\omega}_1\mathrm{d}\boldsymbol{\omega}_2$$

$$= \int w(\boldsymbol{x})\left[\int \boldsymbol{\omega}_1 F(\boldsymbol{\omega}_1)G(\boldsymbol{\omega}_1)\mathrm{e}^{-\mathrm{i}\boldsymbol{x}\boldsymbol{\omega}_1}\,\mathrm{d}\boldsymbol{\omega}_1\overline{\int \boldsymbol{\omega}_2 F(\boldsymbol{\omega}_2)G(\boldsymbol{\omega}_2)\mathrm{e}^{-\mathrm{i}\boldsymbol{x}\boldsymbol{\omega}_2}\,\mathrm{d}\boldsymbol{\omega}_2}\right]\mathrm{d}\boldsymbol{x}$$

$$\tag{3-2-56}$$

令 $a(\boldsymbol{x}) = \int \boldsymbol{\omega} F(\boldsymbol{\omega}) G(\boldsymbol{\omega}) \mathrm{e}^{-\mathrm{i}x\boldsymbol{\omega}} \mathrm{d}\boldsymbol{\omega}$，则

$$\boldsymbol{T}_g = \int w(\boldsymbol{x}) a(\boldsymbol{x}) \overline{a(\boldsymbol{x})} \mathrm{d}\boldsymbol{x} = \int w(\boldsymbol{x}) \parallel a(\boldsymbol{x}) \parallel^2 \mathrm{d}\boldsymbol{x} \geqslant \boldsymbol{0} \qquad (3\text{-}2\text{-}57)$$

由式(3-2-57)可知，梯度张量满足非负性。

综上，梯度张量的构造方法可以统一到式(3-2-42)的理论框架下，且满足滤波器的各项性质。

（2）多项式张量

对多项式张量的构造而言，如果只考虑信号的局部特性，则式(3-2-36)和式(3-2-37)可变换为

$$a_{ij} = \int \left[\frac{1}{2\sigma^4} x_i x_j^{\mathrm{T}} w_a(\boldsymbol{x}) - \frac{1}{2\sigma^2} \delta_{ij} w_a(\boldsymbol{x}) \right] * f(\boldsymbol{x}) \mathrm{d}\boldsymbol{x} \qquad (3\text{-}2\text{-}58)$$

$$b_i = \left[-\frac{1}{\sigma^2} x_i w_a(\boldsymbol{x}) \right] * f(\boldsymbol{x}) \mathrm{d}\boldsymbol{x} \qquad (3\text{-}2\text{-}59)$$

其中，a_{ij} 代表局部信号 x_i 和 x_j 的二次项拟合系数；b_i 表示信号 x_i 的一次项拟合系数。

根据 Parseval 定理，式(3-2-58)和式(3-2-59)可以变换为

$$a_{ij} = -\frac{1}{2(2\pi)^n} \int \omega_i \omega_j W_a(\boldsymbol{\omega}) F(\boldsymbol{\omega}) \mathrm{d}\boldsymbol{\omega} \qquad (3\text{-}2\text{-}60)$$

$$b_i = \frac{j}{(2\pi)^n} \int \omega_i W_a(\boldsymbol{\omega}) F(\boldsymbol{\omega}) \mathrm{d}\boldsymbol{\omega} \qquad (3\text{-}2\text{-}61)$$

其中，$W_a(\cdot) = \mathrm{e}^{-\frac{\sigma^2 \parallel \cdot \parallel^2}{2}}$ 为式(3-2-58)中数据项 $x_i x_j^{\mathrm{T}} w_a(x)$ 的 Fourier 变换。

$$t_{ij} = \sum_k a_{ik} a_{jk} + \gamma b_i b_j$$

$$= (2\pi)^{-2n} \iint \omega_{1,i} \omega_{2,j} \left[\frac{1}{4} \sum_k \omega_{1,k} \omega_{2,k} - \gamma \right] W_a(\omega_1) W_a(\omega_2) F(\omega_1) F(\omega_2) \mathrm{d}\omega_1 \mathrm{d}\omega_2$$

$$= (2\pi)^{-2n} \iint \omega_{1,i} \omega_{2,j} \left[\frac{1}{4} \omega_1^{\mathrm{T}} \omega_2 - \gamma \right] W_a(\omega_1) W_a(\omega_2) F(\omega_1) F(\omega_2) \mathrm{d}\omega_1 \mathrm{d}\omega_2$$

$$(3\text{-}2\text{-}62)$$

由式(3-2-62)可得，在式(3-2-43)的统一计算框架下，计算多项式张量的信号项、滤波器项及表示信号方向的分量分别为

$$S(\boldsymbol{\omega}) = F(\omega_1) F(\omega_2) \triangle S(\omega_1, \omega_2) \qquad (3\text{-}2\text{-}63)$$

$$H(\boldsymbol{\omega}) = \left[\frac{1}{4} \omega_1^{\mathrm{T}} \omega_2 - \gamma \right] W_a(\omega_1) W_a(\omega_2) \triangle H(\omega_1, \omega_2) \qquad (3\text{-}2\text{-}64)$$

$$D_{ij}(\boldsymbol{\omega}) = \omega_1 \omega_2 \triangle D_{ij}(\omega_1, \omega_2) \qquad (3\text{-}2\text{-}65)$$

于是

$$D(\boldsymbol{\omega})=\boldsymbol{\omega}_1\boldsymbol{\omega}_2^{\mathrm{T}}\triangle D(\boldsymbol{\omega}_1,\boldsymbol{\omega}_2) \tag{3-2-66}$$

由式(3-2-64)可知,$H(\boldsymbol{\omega}_1,\boldsymbol{\omega}_2)$ 满足对称性和 Hermitan 共轭性。

$$
\begin{aligned}
\boldsymbol{T}_p &= \iint S(\boldsymbol{\omega}_1,\boldsymbol{\omega}_2)H(\boldsymbol{\omega}_1,\boldsymbol{\omega}_2)D(\boldsymbol{\omega}_1,\boldsymbol{\omega}_2)\mathrm{d}\boldsymbol{\omega}_1\mathrm{d}\boldsymbol{\omega}_2 \\
&= \frac{1}{4}\iint \boldsymbol{\omega}_1^2\boldsymbol{\omega}_2^2 W_a(\boldsymbol{\omega}_1)W_a(\boldsymbol{\omega}_2)F(\boldsymbol{\omega}_1)F(\boldsymbol{\omega}_2)\mathrm{d}\boldsymbol{\omega}_1\mathrm{d}\boldsymbol{\omega}_2 \\
&\quad -\gamma\iint \boldsymbol{\omega}_1\boldsymbol{\omega}_2 W_a(\boldsymbol{\omega}_1)W_a(\boldsymbol{\omega}_2)F(\boldsymbol{\omega}_1)F(\boldsymbol{\omega}_2)\mathrm{d}\boldsymbol{\omega}_1\mathrm{d}\boldsymbol{\omega}_2 \\
&= \frac{1}{4}\iint \boldsymbol{\omega}_1^2\boldsymbol{\omega}_2^2 W_a(\boldsymbol{\omega}_1)W_a(\boldsymbol{\omega}_2)F(\boldsymbol{\omega}_1)\overline{F(\boldsymbol{\omega}_2)}\mathrm{d}\boldsymbol{\omega}_1\mathrm{d}\boldsymbol{\omega}_2 \\
&\quad +\gamma\iint \boldsymbol{\omega}_1\boldsymbol{\omega}_2 W_a(\boldsymbol{\omega}_1)W_a(\boldsymbol{\omega}_2)F(\boldsymbol{\omega}_1)\overline{F(\boldsymbol{\omega}_2)}\mathrm{d}\boldsymbol{\omega}_1\mathrm{d}\boldsymbol{\omega}_2 \\
&= \frac{1}{4}\int \boldsymbol{\omega}_1^2 W_a(\boldsymbol{\omega}_1)F(\boldsymbol{\omega}_1)\mathrm{d}\boldsymbol{\omega}_1\int \boldsymbol{\omega}_2^2 W_a(\boldsymbol{\omega}_2)\overline{F(\boldsymbol{\omega}_2)}\mathrm{d}\boldsymbol{\omega}_2 \\
&\quad +\gamma\int \boldsymbol{\omega}_1 W_a(\boldsymbol{\omega}_1)F(\boldsymbol{\omega}_1)\mathrm{d}\boldsymbol{\omega}_1\int \boldsymbol{\omega}_2 W_a(\boldsymbol{\omega}_2)\overline{F(\boldsymbol{\omega}_2)}\mathrm{d}\boldsymbol{\omega}_2 \tag{3-2-67}
\end{aligned}
$$

令 $A_1=\int \boldsymbol{\omega}^2 W_a(\boldsymbol{\omega})\boldsymbol{F}(\boldsymbol{\omega})\mathrm{d}\boldsymbol{\omega}$，$A_2=\int \boldsymbol{\omega} W_a(\boldsymbol{\omega})\boldsymbol{F}(\boldsymbol{\omega})\mathrm{d}\boldsymbol{\omega}$，则式(3-2-66)可以转化为

$$\boldsymbol{T}_p=\frac{1}{4}A_1\overline{A_1}+\gamma A_2\overline{A_2}=\frac{1}{4}\parallel A_1\parallel^2+\gamma\parallel A_2\parallel^2 \tag{3-2-68}$$

因此,对于 $\gamma\geqslant 0$，$\boldsymbol{T}_p\geqslant\boldsymbol{0}$，即多项式张量满足非负性。

(3) 正交张量

在式(3-2-42)的统一计算框架下,正交张量的计算为信号在频域中通过一组正交滤波器进行滤波,即

$$
\begin{aligned}
\boldsymbol{T}_q &= \sum_k \parallel \boldsymbol{q}_k\parallel \boldsymbol{N}_k \\
&= \sum_k \parallel \frac{1}{(2\pi)^n}\int F(\boldsymbol{\omega})H_k(\boldsymbol{\omega})\mathrm{d}\boldsymbol{\omega}\parallel \boldsymbol{N}_k \\
&= \frac{1}{(2\pi)^n}\int \parallel F(\boldsymbol{\omega})\parallel \sum_k \parallel H_k(\boldsymbol{\omega})\parallel \boldsymbol{N}_k\mathrm{d}\boldsymbol{\omega} \\
&= \frac{1}{(2\pi)^n}\int \parallel F(\boldsymbol{\omega})\parallel \sum_k \parallel \rho(\boldsymbol{\omega})d_k(\boldsymbol{\omega}\boldsymbol{n}_k/\parallel\boldsymbol{\omega}\parallel)\parallel \boldsymbol{N}_k\mathrm{d}\boldsymbol{\omega} \\
&= \frac{1}{(2\pi)^n}\int \parallel F(\boldsymbol{\omega})\parallel \rho(\boldsymbol{\omega})\sum_k \parallel d_k(\boldsymbol{\omega}\boldsymbol{n}_k/\parallel\boldsymbol{\omega}\parallel)\parallel \boldsymbol{N}_k\mathrm{d}\boldsymbol{\omega}
\end{aligned}
$$

$$\tag{3-2-69}$$

其中,符号含义与式(3-2-39)~式(3-2-41)相同。

由式(3-2-69)可得,在式(3-2-42)的统一计算框架下,对于正交张量,即

$$S(\boldsymbol{\omega}) = \| F(\boldsymbol{\omega}) \| \tag{3-2-70}$$

$$H(\boldsymbol{\omega}) \cdot D(\boldsymbol{\omega}) = \rho(\boldsymbol{\omega}) \sum_k \| d_k(\boldsymbol{\omega}\boldsymbol{n}_k / \| \boldsymbol{\omega} \|) \| \boldsymbol{N}_k \tag{3-2-71}$$

由式(3-2-71)可知,$H(\boldsymbol{\omega})$满足对称性和 Hermitan 共轭性。另外,由于正交滤波器 $H(\boldsymbol{\omega})$ 的一个重要特点就是在半个频域上值为 0,一般情况下都令正交滤波器在负半频域上值为 0,因此正交张量满足非负性。

综上,各种基于张量的取向估计方法均可统一在该理论框架之下。

3.3 数 据 表 示

机器视觉中一个重要的问题就是选择什么样的数学对象作为视觉处理的基本内容。数量、矢量、张量为此提供了三个选项。早期的图像处理选择简单的"数量",后来又逐渐过渡到使用矢量和张量。数量只能用于表示图像大小、面积、像素值等标量信息。矢量的引入便于表示和定位。然而,视觉最大特点是能非常迅速地同时对物体的方向、位置、形状、曲率做出判断和推理,数学中的张量是一种能将上述特性编码于一体的表示方法。

张量投票方法的第一步就是将输入数据转化成张量表示。在实际应用中,图像数据提供的原始信息,像灰度、颜色、对比度、视差、光流场等都可与数据的取向信息相结合转换成张量表示。一个张量可以代表一个点、一条曲线或者某一区域。这里所谓的几何特征就是曲线段、曲面块、区域边界,以及它们之间的不连续点,需要编码的几何属性,即曲线切线、表面法矢量等。本节中我们先以二维灰度图像中曲线检测为例,描述典型的二阶对称张量的生成,以及张量矩阵特征值与特征之间的关系,然后介绍三维数据表示和张量维数的选择,最后是对张量表示的分析。

3.3.1 二维数据表示

对于二维灰度图像,一般首先根据像素灰度幅度值 A 和取向信息生成一个结构张量,令取向估计所得取向角为 α,则结构张量 $\boldsymbol{T}$ 的矩阵为

$$\boldsymbol{T} = A \begin{bmatrix} \cos^2\alpha & \cos\alpha\sin\alpha \\ \cos\alpha\sin\alpha & \sin^2\alpha \end{bmatrix} \triangleq \begin{bmatrix} t_{11} & t_{12} \\ t_{21} & t_{22} \end{bmatrix} \tag{3-3-1}$$

对上面的张量矩阵进行特征值分解可转化为

$$\boldsymbol{T} = [\boldsymbol{e}_1 , \boldsymbol{e}_2] \begin{bmatrix} \lambda_1 & 0 \\ 0 & \lambda_2 \end{bmatrix} \begin{bmatrix} \boldsymbol{e}_1^{\mathrm{T}} \\ \boldsymbol{e}_2^{\mathrm{T}} \end{bmatrix} \tag{3-3-2}$$

其中,$\boldsymbol{e}_1$ 和 $\boldsymbol{e}_2$ 为张量矩阵的特征矢量;λ_1 和 λ_2 为矩阵的特征值。

张量矩阵特征值可通过下式计算,即

$$\lambda_{1,2}=\frac{1}{2}\left(t_{11}+t_{22}\pm\sqrt{(t_{11}-t_{22})^2+4t_{12}^2}\right)\qquad(3\text{-}3\text{-}3)$$

主取向角为

$$\theta=\frac{1}{2}\arctan\left(\frac{2t_{12}}{t_{11}-t_{22}}\right)\qquad(3\text{-}3\text{-}4)$$

主特征矢量为

$$\boldsymbol{e}_1=\begin{bmatrix}\cos\theta\\\sin\theta\end{bmatrix}\qquad(3\text{-}3\text{-}5)$$

如果用椭圆的长短半轴分别表示特征值 λ_1 和 λ_2 的大小,则典型曲线上的点可以用图 3.3.1 表示其特征值及其特征矢量的相对关系,长轴取向对应曲线上该点的切线方向,短轴取向对应法向,长短轴的长度之差与曲线特征强度的大小成正比[24]。

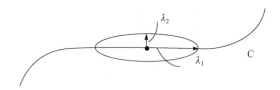

图 3.3.1　椭圆及其特征值系统

有两种特殊定义的二维二阶对称张量,其特征值和特征矢量具有一定规律,结合张量的椭圆释义,其命名也不难理解。

棒形(stick)张量 $\boldsymbol{T}_S$,$\lambda_1=1$,$\lambda_2=0$,$\boldsymbol{e}_1=\begin{bmatrix}t_x\\t_y\end{bmatrix}$,$\boldsymbol{e}_2=\begin{bmatrix}-t_y\\t_x\end{bmatrix}$,其中 t_x 和 t_y 由取向角决定,张量矩阵为 $\begin{bmatrix}t_x^2&t_xt_y\\t_xt_y&t_y^2\end{bmatrix}$,对应曲线上的点;

圆形(ball)张量 $\boldsymbol{T}_B$,$\lambda_1=1$,$\lambda_2=1$,$\boldsymbol{e}_1=\begin{bmatrix}1\\0\end{bmatrix}$,$\boldsymbol{e}_2=\begin{bmatrix}0\\1\end{bmatrix}$,张量矩阵为 $\begin{bmatrix}1&0\\0&1\end{bmatrix}$,对应无取向的点。

每一个张量 $\boldsymbol{T}$ 都可以分解为一个棒形张量和一个圆形张量之和,即

$$\boldsymbol{T}=(\lambda_1-\lambda_2)\boldsymbol{e}_1\boldsymbol{e}_1^{\mathrm{T}}+\lambda_2(\boldsymbol{e}_1\boldsymbol{e}_1^{\mathrm{T}}+\boldsymbol{e}_2\boldsymbol{e}_2^{\mathrm{T}})=\boldsymbol{T}_S+\boldsymbol{T}_B\qquad(3\text{-}3\text{-}6)$$

当 $\lambda_1-\lambda_2>\lambda_2$ 时,棒形张量的成分远大于圆形张量的成分,从而该像素点极有可能位于以 $\boldsymbol{e}_1$ 为切线的曲线上,如图 3.3.1 所示。当 $\lambda_1\approx\lambda_2>0$ 时,圆形张量起主导作用,该点位于多条曲线交点或者在某个区域内部的可能性较大。二维结构类型及特征度量对应关系如表 3.3.1 所示。

表 3.3.1　二维结构类型及特征度量对应关系表

结构类型	显著度	取向
曲线上的点	由 $\lambda_1 - \lambda_2$ 决定,两者之差越大,特征越显著(特征值由棒形投票域的投票结果计算,投票域的计算和投票过程请参见 3.4 和 3.5 节)	以 e_1 为切线
曲线端点	由 $\lambda_1 - \lambda_2$ 决定,两者之差越大,特征越显著,此时曲线上的点特征值均较小(特征值由矢量叠加方式的投票结果计算,计算流程参见 4.2 节)	以 e_1 为法线
区域内部点	λ_1 和 λ_2 越小,特征越显著(特征值由圆形投票域的投票结果或极性投票计算,计算流程请参见 4.3 节)	—
区域边界	由 $\lambda_1 - \lambda_2$ 决定,两者之差越大,特征越显著(特征值由圆形投票域的投票结果或极性投票计算,计算流程请参见 4.3 节)	—
角点(交汇点)	由 λ_2 局部极值点决定(特征值由棒形投票域的投票结果计算,投票域的计算和投票过程请参见 3.4 和 3.5 节)	—
离群点	特征值都很小(投票方式不限)	—

3.3.2　三维数据表示

在三维空间,二阶对称张量是一个椭球(图 3.3.2)[24],同样可以根据数据幅度和取向信息获得,并常用其矩阵的特征值和特征矢量描述,即

$$T=\begin{bmatrix} e_1,e_2,e_3 \end{bmatrix}\begin{bmatrix} \lambda_1 & 0 & 0 \\ 0 & \lambda_2 & 0 \\ 0 & 0 & \lambda_3 \end{bmatrix}\begin{bmatrix} e_1^{\mathrm{T}} \\ e_2^{\mathrm{T}} \\ e_3^{\mathrm{T}} \end{bmatrix} \tag{3-3-7}$$

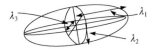

图 3.3.2　椭球及其特征值系统

重新组织排列这一张量表示系统,可以得到一般意义上的二阶对称三维张量,即

$$T = (\lambda_1 - \lambda_2)e_1 e_1^{\mathrm{T}} + (\lambda_2 - \lambda_3)(e_1 e_1^{\mathrm{T}} + e_2 e_2^{\mathrm{T}}) + \lambda_3(e_1 e_1^{\mathrm{T}} + e_2 e_2^{\mathrm{T}} + e_3 e_3^{\mathrm{T}})$$
$$\triangle (\lambda_1 - \lambda_2)T_S + (\lambda_2 - \lambda_3)T_P + \lambda_3 T_B \tag{3-3-8}$$

其中，T_S 表示一个棒形张量；T_P 表示一个碟形张量；T_B 代表一个球形张量。

这三种特殊定义的三维二阶对称张量，其特征值和特征矢量为

棒形张量 T_S，$\lambda_1 = 1$，$\lambda_2 = \lambda_3 = 0$，$e_1 = \begin{bmatrix} n_x \\ n_y \\ n_z \end{bmatrix}$，张量矩阵 $\begin{bmatrix} n_x^2 & n_x n_y & n_x n_z \\ n_x n_y & n_y^2 & n_y n_z \\ n_x n_z & n_y n_z & n_z^2 \end{bmatrix}$。

碟形张量 T_P，$\lambda_1 = \lambda_2 = 1$，$\lambda_3 = 0$，$e_3 = \begin{bmatrix} t_x \\ t_y \\ t_z \end{bmatrix}$，张量矩阵 $\begin{bmatrix} 1 - t_x^2 & -t_x t_y & -t_x t_z \\ -t_x t_y & 1 - t_y^2 & -t_y t_z \\ -t_x t_z & -t_y t_z & 1 - t_z^2 \end{bmatrix}$。

球形张量 T_B，$\lambda_1 = \lambda_2 = \lambda_3 = 1$，张量矩阵 $\begin{bmatrix} 1 & 0 & 0 \\ 0 & 1 & 0 \\ 0 & 0 & 1 \end{bmatrix}$。

三维空间的棒形张量表征的是曲线上的元素，e_1 为曲线的法矢量；碟形张量表征的是曲面上的元素，e_3 是曲线的切矢量；球形张量代表体元素或空间中无取向特征的点。

总体来说，张量的表示方法在空域描述以下信息。

① 在某一位置具有某一特征的显著度，用幅度信息描述。

② 该特征的几何特性，即结构类型，与特征值的对应关系如表 3.3.2 所示。

表 3.3.2　三维结构类型及特征度量对应关系表

结构类型	显著度	取向
曲线内部点	由 $\lambda_1 - \lambda_2$ 决定，两者之差越大，特征越显著（特征值由棒形投票域的投票结果计算，计算流程请参见5.6节）	以 e_1 为法线
曲面上的点	由 $\lambda_2 - \lambda_3$ 决定 （特征值由棒形投票域的投票结果计算，计算流程请参见5.6节）	以 e_3 为切线
曲面交线	由 $\lambda_1 - \lambda_2$ 和 $\lambda_2 - \lambda_3$ 共同决定 （特征值由棒形投票域的投票结果计算，计算流程请参见5.6节）	以 e_1 为法线
空间体内部点	特征值越小，特征越显著 （特征值由圆形投票域的投票结果或极性投票计算，计算流程类似于4.3节描述的过程）	—

结构类型	显著度	取向
空间体边界	由 $\lambda_1 - \lambda_2$ 决定,两者之差越大,特征越显著(特征值由圆形投票域的投票结果或极性投票计算,计算流程类似于 4.3 节描述的过程)	—
交汇点	由 λ_3 局部极值点决定(特征值由棒形投票域的投票结果计算,投票域的计算和投票过程请参见 3.4 和 3.5 节)	—
离群点	特征值都很小(投票方式不限)	—

3.3.3　张量维数的选择

推而广之,设 $\lambda_1 \geqslant \lambda_2 \geqslant \cdots \geqslant \lambda_N$,则 N 维张量数据为

$$T = (\lambda_1 - \lambda_2)\boldsymbol{e}_1\boldsymbol{e}_1^{\mathrm{T}} + \sum_{i=2}^{N-1}(\lambda_i - \lambda_{i+1})\sum_{j=1}^{i}\boldsymbol{e}_j\boldsymbol{e}_j^{\mathrm{T}} + \lambda_N\sum_{j=1}^{N}\boldsymbol{e}_j\boldsymbol{e}_j^{\mathrm{T}} \qquad (3\text{-}3\text{-}9)$$

张量维数的选择是根据数据类型和计算目标确定的。具体来说,点可以用其坐标来表示,点和没有预先提取出取向信息的数据一般是用球形张量(各向同性)来表示数据,而且这种表示方法不需要取向估计;曲线上点的一阶局部描述可采用坐标及切矢量来表示,也可加上相关的曲率信息采用二阶对称张量描述;曲面的一阶描述是通过曲面上点的坐标及法矢量表示的,二阶描述增加主曲率及其方向(这里的切矢量、法矢量及主曲率方向等都是通过取向估计获得的),这些包含了取向信息的张量就成为一个取向显著性张量(orientation saliency tensor)。需要指出的是,不同维数的张量所能包含的信息是不同的。例如,对于二维图像,一般需要像素的灰度和取向信息形成二维张量表示,而一个二维对称张量只对一阶微分几何特性编码;如果是在立体视觉中应用张量投票,一般是把每个坐标点的视差转化成三维张量表示;对于运动分析,张量表示中要融合 x 和 y 两个方向的速度信息,一般用四维张量表示。总之,要根据不同应用提取所需信息,并合理选择维数。

3.3.4　张量表示分析

这里,我们通过三个问题对张量投票中的数据表示法进行分析。

问题一:全局表示还是局部表示。

目前有两类表示曲线/曲面的方法,即全局表示法和局部表示法[1]。全局表示法使用参数方程描述曲线/曲面的形状。局部表示法通过描述曲线/曲面的局部几何特性来表示它们。尽管全局表示法可以对图像场景进行更抽象完整的描述,但是最佳的参数方程很难通过计算获得。当曲线/曲面中存在不连续点的时候,问题

就更加复杂。在推导显式方程的优化过程中,参数方程往往无法区分因离群点或不连续点引起的数值计算错误。从另一角度看,局部表示法可以一致地描述不同的形状而更为通用。于是,张量投票的提出者采用局部表示法进行曲线/曲面的分层描述。一旦获取了曲线/曲面的各部分特征,那么整体的描述就会得到简化。

问题二:分别编码还是统一表示。

某一特征的取向、不连续性或显著性可以采用三种不同的表示方法分别进行编码。因为不同的编码方法往往顾此失彼,例如尽管使用单位长度的矢量表示取向很直观,但是却没有同样直观的方法表示不连续性。实际上,目前几乎还没有研究工作来解决描述不连续性的问题。在张量投票的研究工作中,首先面临的一个挑战就是如何找到一种与描述取向兼容的表示不连续点的方法。正是在解决这个看似复杂的难题的过程中,张量投票的提出者找到一种简单有效的表示方法。通过观察可以发现,不连续点出现的位置正是多个显著结构特征的交汇点,例如曲线的不连续点出现的标志是多个曲线段的交汇点,曲面的不连续点大多出现在多个曲面片段的交汇点,同样的规则适用于区域边界。换句话说,在平滑的曲线内部、平滑曲面或区域边界上,每一个位置只有一个取向值;不连续点则有多个取向值。因此,理想的数据表示方法最好能够同时对单一或多个取向编码。二阶对称张量满足这一特性。

张量可定量表示数据点可能具备某种潜在角色的可能性,在对每个点的角色很难明确之前允许统一处理。特别是,当一个点的角色不能从初始数据给出准确判断时,这一特点对于感知组织极为有用。

问题三:如何评价张量表示。

采用张量进行数据表示之后,可以尽量避免使用任何解标量方程的优化技术。既然采用张量表示可获取取向的变化,那么统计方法就在最佳选择中,对每一个像素点,通过对其邻域进行简单的曲线/曲面/边界模型匹配收集大量的取向信息,然后通过分析取向估计的一致性和支持信息的量,可以同时获取特征类型及特征的显著度。这一非线性投票技术与 Hough 变换比较相似,最初就是被 Guy 和 Medioni[1] 提出并用来进行感知组织和表面重建。

在视觉认知过程中,所见物体的各种几何性质是最基本的信息,因此选择数据表示方法以更多地整合这些几何信息是一个关键问题。综合对前两个问题的解释可知,张量投票采用的数据表示方法是一种局部性的,可以对多种几何特征统一编码的表示方法。与其他表示法相比,张量投票的最大特点就是能够恰当地对曲线/曲面的平滑性和不连续点这两种互补的特性编码。可以说,这一点既扩展了其适用性,也显示了其优越性。张量分析中的张量运算和分解性质都很好地体现了这些优点,张量投票在感知组织领域的广泛应用证明了这些优点。

3.4　投票域计算

输入数据采用张量表示后,需要确定数据元素之间的相互作用方式和传递方式。具体来说就是每一点的张量如何在其邻域内传播信息,从而使数据之间进行信息传递,并推导出新的信息。这些都是通过设计并计算投票域实现的。

3.4.1　连续律

人类视觉对同一目标曲线、曲面,乃至轮廓的感知倾向于空间的连续性,而不是突然的改变。根据这一连续性规律,位于同一条直线或平滑曲线上的元素经常被聚类到一起;多条相交的曲线中,两段平滑连接的曲线被看成一条曲线,这就是连续律。连续律被视觉心理学家认为是视觉认知过程中最常用的约束条件。

很多客观事实证明了连续律的正确性,比较典型的是 Beck 和 Field 等研究者的视觉心理实验。Beck[25]发现当直线上的元素被随机偏移之后,检测该直线需要更长的时间。关于连续性区别于其他定律的更有力说明是 Field 等[26]的实验。在实验中,轮廓及其周围点的密度都是严格相等的,测试者被要求在随机点集中检测共曲线的序列,结果表明曲线的平滑性在没有邻近性差别的情况下起到非常大的作用。

下面是连续律相关的曲线问题之一——曲线的最佳延伸。如图 3.4.1 所示,对一给定的曲线(虚线段),根据连续律对曲线进行延伸,有很多算法是根据端点的切线来确定最佳延伸的,如图 3.4.1 中 A 点处标注了带箭头的切线方向。首先,曲线的延伸要尽可能平滑连续(曲率相近,没有突变),所以在对图中曲线进行延伸的过程中,即使发现曲线是断续的,仍然可以延伸。实际上,还可考虑另一种做法,不给出最佳延伸,只给出可能的延伸,按照概率论的观点,概率最大的延伸就是最佳延伸。图中沿 A 点切线方向给出了一条更自然的延伸,该延伸比其他两条线给出的延伸出现概率更大。

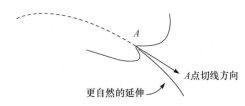

图 3.4.1　曲线的最佳延伸

接下来讨论另一种情况,对两条曲线进行最佳连接。如图 3.4.2 所示,对于曲线 C1 和 C2,顺应两曲线曲率变化规律且变化率最小的曲线通常被视为两曲线的最佳连接。

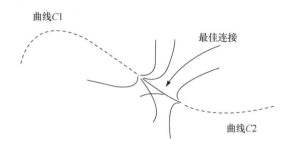

图 3.4.2 曲线的最佳连接

与曲线的最佳延伸和最佳连接的解决思路相似,张量投票关于连续律的应用主要体现在投票域的设计和计算中,这一点将在后续小节中体现。

3.4.2 设计规则

根据 Gestalt 理论,每一个张量的作用域应满足以下四点约束[24]。

① 平滑连续性,即遵循 Gestalt 定律中的连续律。

② 曲率恒常性,为使曲率变化最小化,对于恒定曲率的曲线,其延伸部分的曲率和原曲率一样。

③ 倾向"小曲率"延伸,符合人类视觉习惯,一般人类倾向于用小曲率曲线连接曲线片段。

④ 邻近性,即与距离成反比的原则,近距离的影响比较大,远距离的影响较小。

为施加上述四项约束条件,投票域的设计有两个方面考虑:一是将投票域的形状与取向或曲率联系在一起,通过投票域的这两个特征施加前三项约束;二是调整投票强度的大小施加邻近性约束,使得投票强度的大小与距离成反比,并与曲率大小有一定关系。以两点之间的投票为例,如图 3.4.3(a)所示,点 P 向点 O 投票,圆形张量之间的投票只与两点之间的距离有关,而椭圆张量之间投票的取向是连接投票点和得票点的最平滑圆弧路径上的切向,这个圆弧在投票点处的切向是其张量的主方向,投票强度大小是随距离和曲率衰减的方程,其推导可以应用视觉心理学中的感知约束,并可从物理中的量子力学能量的角度得到解释。

在图 3.4.3(b)中,连接 P 点和 O 点之间圆弧的直径 l 与两点间的距离 d,以及圆心角 θ 之间的关系为

$$l=d/2\sin(\theta/2) \tag{3-4-1}$$

圆弧的曲率为

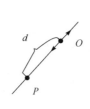 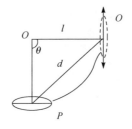

(a) 圆形张量之间的投票　　　　(b) 椭圆张量之间的投票

图 3.4.3　张量的传递

$$\kappa = 2\sin(\theta/2)/d \tag{3-4-2}$$

连接 P 点和 O 点之间圆弧的弧长为

$$s = d\theta/\sin(\theta/2) \tag{3-4-3}$$

对于特定两点而言,其间的连线对应投票域内部的某一条轨迹线。为施加前面提到的四点约束,应使 P 点和 O 点之间投票的形状和取向随 κ 变化,投票大小随 s 变化。

3.4.3　计算公式

点 P 与周围所有可能发生作用的点之间的连接曲线及其取向构成投票域的形状及取向,投票的大小代表强度,二阶对称张量投票的投票强度衰减函数为[24]

$$\mathrm{DF}(s,\kappa,\sigma) = \exp\left(-\frac{s^2 + c\kappa^2}{\sigma^2}\right) \tag{3-4-4}$$

其中,DF 为投票域的投票强度;σ 为投票尺度;s 为弧长;κ 为曲率;c 为投票尺度 σ 的函数,用于调整距离和曲率对投票大小影响的比例关系,同时控制着投票域的横向张度,典型的取值范围为:当 σ 在 $10\sim30$ 变动时,c 取值范围相应为 $35.7\sim110.363$[27]。

该式表明投票大小随着平滑路径的长度增加而衰减,倾向于保持直线方向的连续性。这里投票的尺度参数是这一计算框架中唯一关键参数,定义了投票邻域的大小,并且是对曲线平滑程度的一种度量。投票域的影响范围大约为 3σ,小尺度对应小的投票域和较少的投票,使投票过程更局部化,有利于保持图像细节,但受外部干扰影响大;大尺度对应大的投票域,相互作用范围变大,可以连通一些断点,平滑性受到更多的影响,抗噪能力强。

原始的张量投票算法对 c 取经验值,而文献[28]对 c 的取值规律为

$$c = -\frac{16 \cdot \log(0.1) \cdot (\sigma-1)}{\pi^2} \tag{3-4-5}$$

若将张量主轴旋转至水平方向,基本投票域的形状如图 3.4.4 所示,投票强度的灰度表示如图 3.4.5 所示,灰度越深表示投票强度越大。

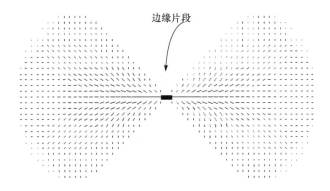

图 3.4.4 张量投票的基本投票域

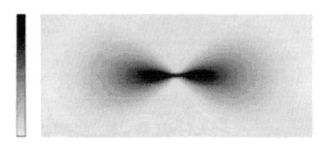

图 3.4.5 投票强度的灰度表示

对于数字化的图像,通过矩阵运算计算基本投票域(棒形投票域)[29],即

$$\mathbf{EF}(x,y)=\begin{cases} \mathrm{e}^{-Ax^2}(1,0)^{\mathrm{T}}, & y=0 \\ (\mathrm{e}^{-(Ax^2+B\arctan(\,|\,y\,|\,/\,|\,x\,|\,)^2)})\left(\dfrac{x}{r_V},\dfrac{y}{r_V}-1\right)^{\mathrm{T}}, & y\neq0 \end{cases} \quad (3\text{-}4\text{-}6)$$

其中,$\mathbf{EF}(x,y)$ 表示以 (x,y) 点为中心的投票域矩阵;$r_V(x,y)=\dfrac{(x^2+y^2)}{2y}$;$A$ 和 B 为常数。

指数项决定了投票强度的大小或衰减程度,具体数值由参数 A 决定,与式 (3-4-4) 中的参数 $1/\sigma^2$ 相对应,后面的矢量决定了投票的取向;参数 B 决定了投票大小随取向的变化,与曲率发生了联系,与式 (3-4-4) 中的参数 c/σ^2 相对应,arctan 表示反余切函数,这一离散化的计算方式用取向角替代曲率参与计算。

在二维空间中的点,如果不包含取向信息,它对周围各个方向的投票域是相同的,由于投票域会随距离的增加逐渐衰减,因此二维空间中无取向点的投票域呈圆

形。圆形投票域的形状和投票强度如图 3.4.6 所示,强度计算为

$$DF(s,\sigma) = \exp\left(-\frac{s^2}{\sigma^2}\right) \qquad (3\text{-}4\text{-}7)$$

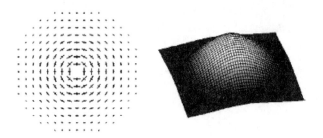

图 3.4.6　球形投票域的取向和投票强度

其他的任意 N 维空间的投票域都是由基本投票域衍生的,扩展到三维的棒形投票域如图 3.4.7 所示[24]。

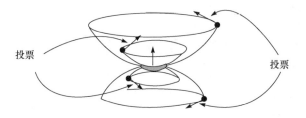

图 3.4.7　3D 棒形投票域

3.5　投票过程

在张量投票的具体实现过程中,邻域信息是通过投票方式聚集到一起,取向信息则可采用矢量场的计算规则,这两方面都允许使用类似卷积的方式计算,实现数据之间的通信。在投票过程中,需要将投票域的中心放在投票点上,根据投票点的局部取向信息调整投票域的取向,然后每个点对邻域投票进行累计,计算每个像素得到投票的数量和大小,最后在每个像素点上形成一个新的张量表示。

图 3.5.1 给出了一些典型二维张量的相加结果,圆形张量与圆形张量相加,结果仍为圆形张量;取向一致的棒形张量与棒形张量相加,结果仍为棒形张量;圆形张量与棒形张量相加,结果为椭圆张量;取向不一致的棒形张量与棒形张量相加,结果为椭圆张量;更细微的叠加过程如图 3.5.2 和图 3.5.3 所示,即投票域重合的位置均要叠加。

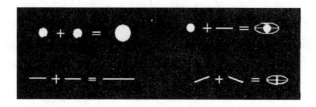

图 3.5.1 典型二维张量的叠加结果示例

3.5.1 投票域的旋转

下面简单说明旋转对投票的影响,对于某一点 P,其取向角为 θ,则 P 点在其邻域的投票 $\mathrm{TV}(P)$ 为

$$\mathrm{TV}(P) = \boldsymbol{R}_\theta \, \mathbf{EF}_P \tag{3-5-1}$$

其中,有一旋转算子 $\boldsymbol{R}_\theta$;$\mathbf{EF}_P$ 根据 P 点坐标依据式(3-4-7)算出,即投票值的计算要增加旋转因子 $\boldsymbol{R}_\theta$ 的作用。

图 3.5.2 取向一致的棒形投票域的叠加   图 3.5.3 取向不一致的棒形投票域的叠加

在二维情况下,旋转可以用一个单一的角 θ 定义。这里约定,正角表示逆时针旋转。笛卡儿坐标的列向量关于原点逆时针旋转 θ 的矩阵为

$$\boldsymbol{R}_\theta = \begin{bmatrix} \cos\theta & -\sin\theta \\ \sin\theta & \cos\theta \end{bmatrix} \tag{3-5-2}$$

该矩阵的逆矩阵为

$$\boldsymbol{R}_\theta^{-1} = \begin{bmatrix} \cos\theta & \sin\theta \\ -\sin\theta & \cos\theta \end{bmatrix} \tag{3-5-3}$$

其中,$\boldsymbol{R}_\theta^{-1}$ 表示较原来反方向旋转 θ,即逆时针旋转 $-\theta$ 或顺时针旋转 θ。

在离散情况下的投票域旋转矩阵 $\boldsymbol{R}_{a,b}$ 依此法计算。旋转矩阵 $\boldsymbol{R}_{a,b}$ 的功能是将矢量 $\{0,1\}^\mathrm{T}$ 旋转到任意给定的矢量 $\{a,b\}^\mathrm{T}$ 的取向上,即

$$\boldsymbol{R}_{a,b} \cdot \{0,1\}^{\mathrm{T}} = \{a,b\}^{\mathrm{T}} \tag{3-5-4}$$

在三维空间中,生成旋转矩阵的一种简单方式是把它作为三个基本旋转的复合序列。关于右手笛卡儿坐标系的 x, y 和 z 轴的旋转分别叫做 roll, pitch 和 yaw 旋转。因为这些旋转被表达为关于一个轴的旋转,它们的生成元表达如下。

绕 x 轴的主动旋转定义为

$$\boldsymbol{R}_{\theta} = \begin{bmatrix} 1 & 0 & 0 \\ 0 & \cos\theta & \sin\theta \\ 0 & -\sin\theta & \cos\theta \end{bmatrix} \tag{3-5-5}$$

其中,θ 也称为 roll 旋转角。

绕 y 轴的主动旋转定义为

$$\boldsymbol{R}_{\phi} = \begin{bmatrix} \cos\phi & 0 & \sin\phi \\ 0 & 1 & 0 \\ -\sin\phi & 0 & \cos\phi \end{bmatrix} \tag{3-5-6}$$

其中,ϕ 也称为 pitch 旋转角。

绕 z 轴的主动旋转定义为

$$\boldsymbol{R}_{\varphi} = \begin{bmatrix} \cos\varphi & \sin\varphi & 0 \\ -\sin\varphi & \cos\varphi & 0 \\ 0 & 0 & 1 \end{bmatrix} \tag{3-5-7}$$

其中,φ 也称为 yaw 旋转角。

任何三维旋转矩阵都可以用这三个角来刻画,并且可表示为 roll, pitch 和 yaw 矩阵的乘积,即

$$\boldsymbol{R}_{\varphi\phi\theta} = \begin{bmatrix} \cos\varphi & \sin\varphi & 0 \\ -\sin\varphi & \cos\varphi & 0 \\ 0 & 0 & 1 \end{bmatrix} \begin{bmatrix} \cos\phi & 0 & \sin\phi \\ 0 & 1 & 0 \\ -\sin\phi & 0 & \cos\phi \end{bmatrix} \begin{bmatrix} 1 & 0 & 0 \\ 0 & \cos\theta & \sin\theta \\ 0 & -\sin\theta & \cos\theta \end{bmatrix} \tag{3-5-8}$$

其中,θ, ϕ, φ 分别为关于 x, y, z 轴旋转的角度。

3.5.2　投票的叠加

如令 q 点的坐标为 (i,j),则该点的投票结果是通过张量求和得到的,即

$$\mathrm{TV}(i,j) = \sum_{m,n} \mathrm{TV}(\boldsymbol{T}(m,n), P(i,j))\big|_{(m,n) \in N(i,j)} \tag{3-5-9}$$

其中,$\mathrm{TV}(i,j)$ 代表投票结果;$N(i,j)$ 代表 (i,j) 的邻域;$\mathrm{TV}(\boldsymbol{T}(m,n), P(i,j))$ 代表邻域点 (m,n) 处的张量相对于 (i,j) 的投票值,与基本投票域的关系为

$$\mathrm{TV}(\boldsymbol{T}(m,n), P(i,j)) = (\boldsymbol{R}_{m,n}(\boldsymbol{M}_{m,n}(\mathbf{EF})))_{i,j}^{m,n} \tag{3-5-10}$$

式中,$\boldsymbol{M}_{m,n}$ 和 $\boldsymbol{R}_{m,n}$ 分别为平移算子和旋转算子,即要将基本投票域从坐标原点平移到点 (m,n),再通过旋转矩阵 $\boldsymbol{R}_{m,n}$ 旋转为 P 点张量所在的取向;$\boldsymbol{R}_{m,n}$

$(\boldsymbol{M}_{m,n}(\mathbf{EF}))$计算的是 P 点对其邻域点的整体投票域；$(\ )_{i,j}^{m,n}$ 表示点(m,n)处的张量相对于(i,j)的投票值。

此外，可将上述过程分解为棒形张量与圆形张量之和，分别叠加，再将分别叠加的结果加到一起得到最终结果，即

$$\boldsymbol{T}_0 = \boldsymbol{T}_{S0} + \boldsymbol{T}_{B0} \tag{3-5-11}$$

$$\boldsymbol{T}_1 = \boldsymbol{T}_{S1} + \boldsymbol{T}_{B1} = (\boldsymbol{T}_{S0} + \boldsymbol{T}_{Sp}) + (\boldsymbol{T}_{B0} + \boldsymbol{T}_{Bp}) \tag{3-5-12}$$

如果该点原来是空值，则 $\boldsymbol{T}_0 = \boldsymbol{0}$；如果不需要计算圆形张量的影响，也可只计算棒形张量的投票叠加结果

在三维情况下，同样可将张量分解为棒形张量、碟形张量和球形张量分别计算，再将其计算结果进行张量叠加得到投票结果，也就是按式(3-3-8)把张量分解为三个特殊的张量分别投票，再将投票结果叠加。

3.5.3　投票的极性

极性表征投票的方向。前面所述的投票过程仅考虑了取向特征，不考虑两个夹角为 π 的矢量所表示的方向差别。由于在实际应用中，经常需要处理有边界的区域，此时最好能区分表示区域内部和外部的点。于是张量投票的研究者引入极性的概念[1]，进一步增加张量数据表示的信息量，并可通过极性投票检测有向曲线和区域，还可指示区域边缘和曲线端点。

引入极性后，极性显著性的概念也被提出，极性显著性表示某一点或某一特征的方向性系数，或具有某种极性的程度。例如，如果该点毗邻两极性相反的平行特征，则其极性低，这与其曲线显著度的高低没有关系；如果该点在某一封闭区域的边界上，则极性高。

图 3.5.4 显示了加入极性的张量投票，加入极性信息之后，投票增加了方向性，不再是原始的投票域，而是其一部分。由于极性表征一种方向特征，在加入极性信息的投票过程中必须将极性信息与取向显著性张量结合起来，一般用标量区间$[-1,1]$来度量极性显著性程度（极性显著度），数值的绝对值大小表明极性显著度，而数值的符号就标识了极性的正负。有时极性信息也用矢量来表征，称为极性矢量。极性矢量的方向代表了极性方向，长度表示极性大小。

在初始状态下，极性显著度取值为$-1,0$或1。例如，在计算过程中考虑极性，只需在投票方程的右端乘上 $\mathrm{sign}(\boldsymbol{u}(i,j) \cdot \boldsymbol{e}_1(m,n))$ 即可，其中 $\boldsymbol{u}(i,j)$ 表示被投票点正极性方向的单位矢量，$\boldsymbol{e}_1(m,n)$ 表示投票点的主方向矢量，根据两者点乘之后结果的正负取值。投票完成后，可依据投票结果中包含的极性信息进行一些特征提取工作。极性信息有利于检测区域边界和直线/曲线端点等。例如，有向曲线上的点即为曲线显著度和极性显著度都很高的点。三维结构类型与极性显著度对应关系如表 3.5.1 所示。

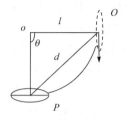

(a) 圆形张量之间的极性投票　　　　(b) 椭圆张量之间的极性投票

图 3.5.4　加入极性的张量投票

表 3.5.1　三维结构类型与极性显著度对应关系表

结构类型	极性显著度
曲面上的点	低
曲面交线	高, 极性矢量垂直于 e_1 和曲线端点
曲线内部点	低
曲线端点	高, 极性矢量平行于 e_3
空间体内部点	低
空间体边界	高, 极性矢量与边界所在平面正交
离群点	低
交汇点	低

3.6　特征提取

3.6.1　投票解释

投票之后的任务是对投票结果的解释和分析, 进而提取特征。具体来说, 需要对投票输出矩阵进行特征值分解, 因为各数据点的张量矩阵的特征值系统浓缩了传播到该点的所有信息。张量投票的特征提取流程如图 3.6.1 所示。

例如, 在二维情况下, 输出矩阵可分解为

$$T = \begin{bmatrix} e_1 & e_2 \end{bmatrix} \begin{bmatrix} \lambda_1 & \\ & \lambda_2 \end{bmatrix} \begin{bmatrix} e_1^{\mathrm{T}} \\ e_2^{\mathrm{T}} \end{bmatrix} \tag{3-6-1}$$

在该方法的原始文献[30]中, 一般都采用 $(\lambda_1 - \lambda_2)$ 作为增强边界特征的显著度, 而采用 λ_2 作为交汇点的显著度。

在三维情况下可将输出张量分解为三个二元矢量图 (s, v), 其中 s 代表特征的显著度, v 表示方向矢量, 且满足 $\dfrac{\mathrm{d}s}{\mathrm{d}v} = 0$, $\lambda_1 \geqslant \lambda_2 \geqslant \lambda_3$, 从而可以得出特征及其显

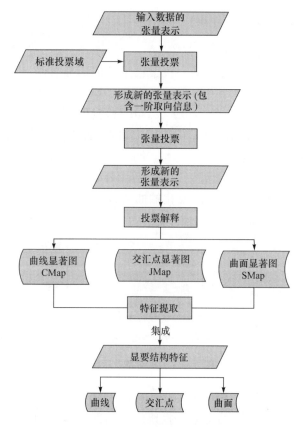

图 3.6.1　张量投票方法的特征提取引擎

著度。

① 曲线显著图(curve map,CMap):曲线的显著度 $s=\lambda_1-\lambda_2$(编码表示一个点在一个平滑曲面上的可能性),$v=e_1$ 表示曲面的法矢量,对应张量中的棒形部分。

② 曲面显著图(surface map,SMap):曲面的显著度 $s=\lambda_2-\lambda_3$(编码表示一个点属于一条平滑曲线或曲面交线的可能性),$v=e_3$ 表示曲面的切矢量,对应张量中的盘形部分。

③ 交汇点显著图(junction map,JMap):交汇点的显著度 $s=\lambda_3$(编码表示一个点是交汇点的可能性),v 可以是任意方向,对应张量中的球形部分。

这些矢量图用于作为极值搜索算法的输入,以得出曲面、曲线,以及交汇点等特征信息。结构类型及其张量投票结果之间的对应关系与数据的张量表示相同。

如果想对特征进一步解读,可以在投票解释之后,通过极值搜索提取曲线、曲面或交汇点等特征。需要注意的是,特征显著度不仅与 s 有关,而且与 v 的分布有很大关系。

3.6.2　曲线/曲面提取

为便于描述,首先给出如下定义[24]。

定义 3.3(曲面极点)　给定某一投票结果的曲面显著图,设其中每一元素可以用一个二元组$(s, \boldsymbol{n})$表示,其中s表示显著度大小(即对应于$\lambda_1 - \lambda_2$),$\boldsymbol{n}$表示法向(即对应于$\boldsymbol{e}_1$),令$\boldsymbol{g} = [\partial s/\partial x \quad \partial s/\partial y \quad \partial s/\partial z]^{\mathrm{T}}$,我们称某一点为曲面极点,当且仅当$s$是局部极值点;$\mathrm{d}s/\mathrm{d}\boldsymbol{n} = 0$;$q = \boldsymbol{n} \cdot \boldsymbol{g} = 0$,即曲面上点的显著度$s$应在该点的法线方向上有局部极大值。

曲面极点可用图 3.6.2 说明[24]。图 3.6.2(a)绘制了某一法矢量及相关的一小块曲面;图 3.6.2(b)是s沿法向变化的曲线;图 3.6.2(c)为对 $\mathrm{d}s/\mathrm{d}\boldsymbol{n}$ 的计算结果,其中的过零点对应曲面极点的位置。

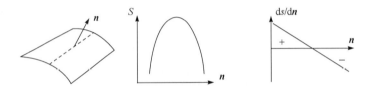

(a) 某一法矢量及相关曲面　(b) 法向方向的显著度变化曲线　(c) 法向方向显著度变化的导数

图 3.6.2　曲面极点示例

定义 3.4(极值曲面)　相邻曲面极点的集合即构成某一极值曲面。

定义 3.5(曲线极点)　给定某一投票结果的曲线显著图,设其中每一元素可以用一个二元组$(s, \boldsymbol{t})$表示,其中s表示显著度大小(即对应于$\lambda_2 - \lambda_3$),$\boldsymbol{t}$表示切向(即对应于$\boldsymbol{e}_3$),uv表示与$\boldsymbol{t}$垂直的平面,R表示将某一三维矢量旋转到uv平面的操作(具体来说就是使三维矢量$\boldsymbol{q} = (q_x, q_y, q_z)$满足$q_x = \dfrac{\mathrm{d}s}{\mathrm{d}u}, q_y = \dfrac{\mathrm{d}s}{\mathrm{d}v}, q_z = 0$),令$\boldsymbol{g} = [\partial s/\partial x \quad \partial s/\partial y \quad \partial s/\partial z]^{\mathrm{T}}$,我们称某一点为曲线极点,当且仅当$s$是局部极值点;$\partial s/\partial u = \partial s/\partial v = 0$;$q = R(\boldsymbol{t} \times \boldsymbol{g}) = 0$,即曲线点的显著度$s$应在该点的切线方向上有局部极大值,且在与切线垂直的平面上分量最小。

定义 3.6(极值曲线)　相邻曲线极点的集合即构成某一极值曲线。

极值曲线的示例如图 3.6.3 所示[24]。图 3.6.3(a)为计算机产生的圆环点集;图 3.6.3(b)是沿图 3.6.3(a)中 A、B 两点的法线方向计算的直线 l 上各点矢量域强度大小,可见 A、B 两点附近各有一个峰值;图 3.6.3(c)展示通过极值搜索得到的极值曲线。

无论是检测曲面极点,还是曲线极点,都是将数据点作为体素来处理,并需将各体素先与一高斯滤波器卷积对整个矢量域进行平滑,以保证其是可微的[31]。

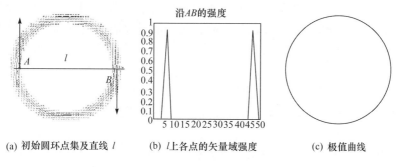

(a) 初始圆环点集及直线 l　　　(b) l 上各点的矢量域强度　　　(c) 极值曲线

图 3.6.3　曲线极点提取示例

1. 曲面提取

在实现过程中,三维空间中的数据点均被离散化,其中每一体素都有一个整数型的三维坐标 (i,j,k),并用投票结果曲面显著图中的二元组 $(s,\boldsymbol{n})$ 表示其几何特性。

在离散情况下,$\boldsymbol{g}$ 的计算公式为

$$\boldsymbol{g}_{i,j,k}=\left\|\begin{array}{c} s_{i+1,j,k}-s_{i,j,k} \\ s_{i,j+1,k}-s_{i,j,k} \\ s_{i,j,k+1}-s_{i,j,k} \end{array}\right\| \tag{3-6-2}$$

对于曲面极点的搜索,离散情况下 q 的计算公式为

$$q_{i,j,k}=\boldsymbol{n}_{i,j,k}\boldsymbol{g}_{i,j,k} \tag{3-6-3}$$

所有的 $q_{i,j,k}$ 的集合 $\{q_{i,j,k}\}$ 组成一个标量域,这个域可以用文献[32]提出的移动立方体算法(marching cubes,MC)直接进行处理,在这里与张量投票的提出者保持一致,将这一算法简称为 Single Sub Voxel Match 算法。曲面极点搜索的整个算法流程如图 3.6.4 所示[24]。

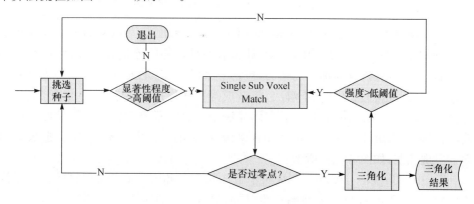

图 3.6.4　曲面极点的搜索算法流程

　　算法首先挑选 s 的极大值点作为种子元素开始搜索,应用移动立方体算法的改进版本 Single Sub Voxel Match 提取 $\{q_{i,j,k}\}$ 的过零曲面块;然后在其邻域搜索曲面的其他组成部分,直到其邻域所有体素值均小于所设的低阈值;如果还存在其他曲面,则继续挑选种子元素重复上述处理过程,直到所有体素的 s 值均小于所设定的高阈值则结束搜索程序,输出用三角化网格近似表示三维曲面。这里的阈值只是用来提高计算效率的,因此阈值参数在一定范围变化时对算法运行结果的影响不大。

　　由于 Single Sub Voxel Match 算法不会在曲面上取向不连续点的邻域产生任何输出(因为这些点不具备局部可微性),所以取向不连续点一般由曲线显著图所捕捉,用于曲线极点的搜索,搜索出的所有曲面极点就构成了待检测的极值曲面。

　　具体来说,对各体素点标记的依据是 $q_{i,j,k}$,考虑一个立方体上某一面的四个体素,如果 $q_{i,j,k}>0$,则标记为"+",否则标记为"-"。考虑一个立方体上某一面的四个体素,如果 $q_{i,j,k}>0$,则标记为"+",否则标记为"-"。根据排列组合原理,共有 2^4 种可能性,但通过旋转对称性可精简为 7 个,如图 3.6.5 所示。

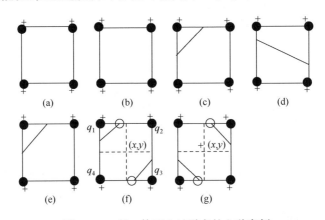

图 3.6.5　某一体面上过零点的七种案例

　　在移动立方体方法中,在体素的一个面上,如果顶点值为 1 的像素和顶点值为 0 的像素分别位于对角线的两端,那么有两种可能的连接方式,因此存在连接方式的二义性,这样的面称为二义面,包含一个以上二义性面的体素就称为具有二义性的体素。这种二义性如不解决,将造成等值面连接上的错误,从而形成空洞。等值面应该是连续的曲面,移动立方体算法中相邻体素重建出来的三角面片应该彼此相接,如果重建出来的三角面片有错误,相邻的三角面片不会连接,造成等值面上出现孔洞,如图 3.6.6 所示。

　　Single Sub Voxel Match 算法对于图 3.6.5(f) 和图 3.6.5(g) 两种情况,需计算式(3-6-4)所示的 $h(x,y)$ 来解模糊,同时保持更好的连续性[24],即

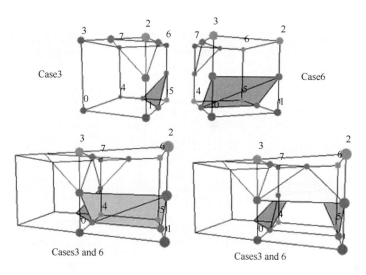

图 3.6.6　等值面的二义性及空洞形成示例

$$h(x,y)=(1-y)((1-x)\boldsymbol{q}_1+x\boldsymbol{q}_2)+y((1-x)\boldsymbol{q}_4+x\boldsymbol{q}_3) \qquad (3\text{-}6\text{-}4)$$

其中,$h(x,y)$ 的定义与双线性插值类似,如果 $h(x,y)\geqslant 0$,则选择图 3.6.5(f),否则选择图 3.6.5(g)。

将上述推导逻辑扩展到三维体素,整体来看,Single Sub Voxel Match 算法根据具体问题从移动立方体算法中提出的 15 种等值面构建中提取出 10 种典型的极值曲面结构(图 3.6.7),其中灰色的交面为过零点曲面(极值曲面)。

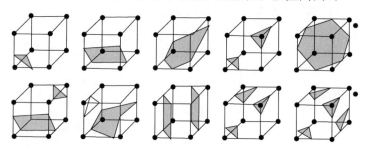

图 3.6.7　十种典型的极值曲面结构

2. 曲线提取

曲线提取是通过在张量投票处理得到的曲线显著图中搜索曲线极点来进行的。与曲线极点的定义相对应,如图 3.6.8 所示,p 点为一曲线极值点,t 表示其切向,uv 表示与 t 垂直的平面,与其他点一样,p 点可以用一个二元组 (s,t) 描述,其中 s 表示强度大小(对应于 $\lambda_2-\lambda_3$),t 表示切向(对应于 $\boldsymbol{e}_3$),则 p 点应满足

$$\frac{\partial s}{\partial u} = \frac{\partial s}{\partial v} = 0 \tag{3-6-5}$$

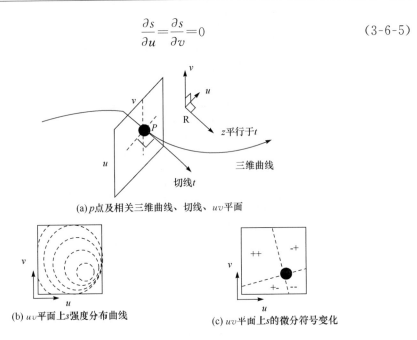

(a) p 点及相关三维曲线、切线、uv 平面

(b) uv 平面上 s 强度分布曲线　　　　(c) uv 平面上 s 的微分符号变化

图 3.6.8　三维极值曲线示例

　　图 3.6.8(a)是 p 点及相关三维曲线、切线、uv 平面的几何关系描述；图 3.6.8(b)为 uv 平面上 s 的强度分布曲线；图 3.6.8(c)为 uv 平面上场强 s 的微分符号变化，当正负改变时，就表明存在曲线点。图 3.6.9 进一步说明了曲线点与两条偏微分的零值线之间的关系，即对应两条线的交点。

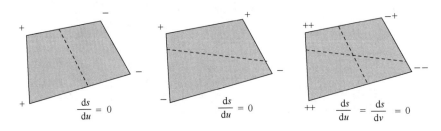

图 3.6.9　曲线极点的微分求解

　　下面首先给出离散情况下提取曲线极点时需计算的参量，然后给出算法流程。在离散情况下，q 的分量计算公式为

$$q_{i,j,k} = R(t_{i,j,k} \times g_{i,j,k}) \tag{3-6-6}$$

其中，R 定义了一个将某一平面旋转至平行于 uv 平面的旋转矩阵。

　　从式(3-6-6)可以看出，所有的 $q_{i,j,k}$ 的集合 $\{q_{i,j,k}\}$ 组成一个矢量数组，这个域可以用文献[32]提出的算法改进后进行处理，在这里与张量投票的提出者保持一致,将这一算法简称为 Single Sub Voxel C Match 算法,曲线极值搜索的算法流程如图 3.6.10[24] 所示。

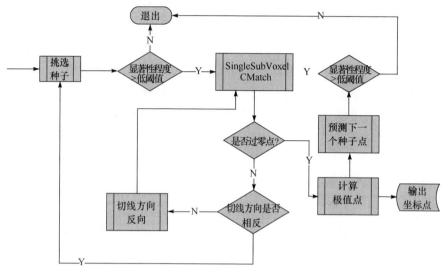

图 3.6.10　曲线极点的搜索算法流程

　　算法首先根据 s 值的大小挑选出可能构成曲线的"种子"元素,然后对超过高阈值的元素应用 Single Sub Voxel C Match 算法进行处理,判断其是否曲线极点,直到被处理元素的 s 值小于低阈值则停止搜索,再退回到种子点处向相反方向重复同样过程,直至所有"种子"元素均被处理过为止,最终输出图像中存在的曲线。与曲面极点的搜索过程类似,阈值只是用来提高计算效率的,其设置值在一定范围变化时对算法运行结果的影响不大,搜索出的所有曲线极点就构成了待检测的极值曲线。

　　此外,由于张量投票计算互相关矩阵的过程采用二阶对称张量作为数据表示,后续转化为矢量表示时可能会将某些矢量反向,造成某一体素的八个顶点的矢量方向不一致。为避免这一问题,需要对各体素的矢量方向进行调整,即将其相关的八个矢量与任一取定的矢量求点积,并根据结果的正负调整矢量方向,即反向调整点乘结果为负的矢量[24]。矢量方向调整的示意图如图 3.6.11 所示。

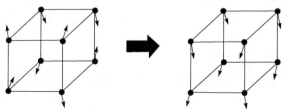

图 3.6.11　矢量方向调整

　　Single Sub Voxel C March 算法是在 Single Sub Voxel March 算法的基础上改进而成,主要差别有两点:一是算法的输入不同,Single Sub Voxel March 算法的输入为在曲面显著图基础上应用式(3-6-3)计算,而 Single Sub Voxel C March 算法的输入为在曲线显著图基础上依据式(3-6-6)获取的 $\{q_{i,j,k}\}$;二是处理逻辑及输出不同,此时搜索的是曲线极点(即待提取曲线与各体素所在立方体的交点),算法最终将把搜索到的曲线点坐标依次输出。

　　算法的输入为某一体素的八个顶点的 $\{q_{i,j,k}\}$,具体计算步骤如下。

　　Step 1,进行坐标变换,将各单位体素平移到世界坐标系的原点。

　　Step 2,根据式(3-6-2)计算 $g_{i,j,k}$。

　　Step 3,计算八个邻域体素点的 $t_{i,j,k}$ 的均值 $\bar{t}=\dfrac{\sum\limits_{t_{i,j,k}\in N_8} t_{i,j,k}}{8}$,作为 uv 平面的法线。

　　Step 4,对立方体的每一条边 (P_0^k, P_1^k),$(1\leqslant k\leqslant 12)$,计算其与 uv 平面的交点,即

$$u_k = -\frac{\bar{t}\cdot P_0^k}{\bar{t}\cdot(P_1^k-P_0^k)} \tag{3-6-7}$$

$$Q_k = P_0^k + (P_1^k-P_0^k)u_k \tag{3-6-8}$$

如果 $\bar{t}\cdot(P_1^k-P_0^k)=0$ 或 $u_k<0$ 或 $u_k>1$,则说明其与 uv 平面没有交点。

　　Step 5,将所有的交点 Q_k 排序,形成一个圆,由于 $\{Q_k\}$ 在 uv 平面上,问题转化为对数据集 $\{Q_k\}$ 计算一个凸壳[33]。

　　Step 6,定义一个旋转矩阵 $\boldsymbol{R}$,可将一平面旋转至平行于 uv 平面的方向

$$\boldsymbol{R}=\begin{bmatrix} x & y & z \end{bmatrix}^{\mathrm{T}} \tag{3-6-9}$$

其中,$x=Q_1/\parallel Q_1\parallel$;$z=\bar{t}/\parallel\bar{t}\parallel$;$y=(z^{\mathrm{T}}\times x^{\mathrm{T}})^{\mathrm{T}}$。

　　于是,$Q_k\leftarrow\boldsymbol{R}Q_k$,旋转后,$(Q_k)_z=0$。

　　Step 7,对于每一个交点 Q_k。

　　① 计算梯度矢量,$g_k=g_0^k+(g_1^k-g_0^k)u_k$。

　　② 计算 q_k,$q_k=\boldsymbol{R}(\bar{t}\times g_k)$。

　　Step 8,如果存在极值点,则 $(q_k)_x$ 和 $(q_k)_y$ 应为线性可分的,产生四个过零点和两条直线,两条直线的交点即为极值点,在旋转面上,记作 $\boldsymbol{P^R}$。

　　Step 9,将 $\boldsymbol{P^R}$ 转换为原来的坐标点,即先进行旋转,$\boldsymbol{P^{R'}}=\boldsymbol{R}^{-1}\boldsymbol{P^R}$,再根据第一步中的平移量进行一次逆平移。

　　Step 10,输出各曲线点的坐标。

　　除了可以在曲线显著图和曲面显著图中分别进行极值曲线和极值曲面提取以完成曲线或曲面的特征检测之外,还可从交汇点显著图的点集中提取交汇点,具体做法同样是局部极值搜索。

3.7　计算复杂度

下面以二维和三维空间中的计算为例,分析张量投票方法的计算复杂度。

首先考虑二维的情况,设 k 为输入特征点数,由图像大小决定;n 为投票域大小,则投票过程的计算复杂度为 $O(kn)$;再令 m 为投票解释需处理的像素数,则投票解释需处理的复杂度为 $O(m)$,这两部分计算复杂度之和为 $O(kn+m)$。如果再考虑特征提取部分的曲线提取部分,令 f 表示可能挑选出的种子元素的最大数目,c 表示输出的曲线长度,t 表示输出图像的总大小,由于 Single Sub Voxel C Match 算法的计算复杂度均为 $O(1)$,一般情况下对曲线提取,$f \gg c$,这部分的计算复杂度为 $O(t+c)$,总的计算复杂度为 $O(kn+m+t+c)$。

其次分析三维的情况,令 n 表示输入投票点的数目;k 为 3D 投票核的最大影响范围,且 $k \approx 3\sigma$;m 为输出表面的总面积(以体数计)。

① 对于空间复杂性,投票过程的存储数据大小与输出曲面的总面积大小成正比,即 $O(m)$,m 实际上是包含所有输入特征及其非零邻域的集合 $O(n)$。在实际应用过程中,曲面显著图、曲线显著图和交汇点显著图都包含在投票过程的存储数据中,因此总的空间复杂度为 $O(m)$。

② 对于时间复杂度,投票点提炼步骤计算的时间复杂度为 $O(nk^3)$,密度外插为 $O(mk^3)$。投票解释需要 $O(1)$ 的时间复杂度,如果再考虑特征提取部分的曲面提取部分,令 f 表示可能挑选出的种子元素的最大数目,v 表示输出的曲面大小,t 表示输出图像的总大小,由于 Single Sub Voxel Match 算法的计算复杂度为 $O(1)$,一般情况下对于曲面提取,$f \gg v$,这部分的计算复杂度为 $O(t+v)$。因此,总的时间复杂度为 $O((n+m)k^3+t+v)$。

由上述分析可知,无论是在空间上,还是在时间上,张量投票都是一种线性操作。

3.8　比较与分析

在机器视觉领域,有关应用张量表示数据的方法最早见于结构张量方面的研究工作,开创性的工作可以参见文献[34],[35]。文献[36]对这方面的研究工作做了一个很好的总结,结构张量主要应用于角点检测,其在边缘检测、光流场分析及纹理分析等方面的应用分别在文献[37]~[39]的研究工作中体现。从算法的设计思想方面考虑,以往的研究与张量投票方法较为相似的工作主要包括双弧插值算法、Hough 变换、随机修复场模型和欧拉弹性模型。下面我们就对这几种方法与张量投票方法加以比较和分析。

3.8.1　张量投票与双弧插值算法

ShaShua 和 Ullman 提出的双弧插值算法[40]的主要思想是定义显著度 φ（·），取一定大小的邻域，然后通过迭代对每一点计算在这一邻域中可能通过该点的每一条曲线及其显著度，取显著度最高者为该点显著度的增量。迭代收敛时就得到所要检测的最显著曲线。图 3.8.1 显示了 ShaShua 和 Ullman 的算法中的网络连通域，邻域搜索在步长为 2 时取 16 个方向。

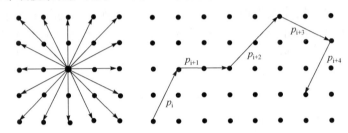

图 3.8.1　ShaShua 和 Ullman 的网络的连通域

表 3.8.1 就算法主要思想的异同、计算复杂度和优缺点等方面对这两种方法进行比较[40,41]。

表 3.8.1　张量投票与双弧插值算法之比较分析

	双弧插值算法	张量投票
相似点	采用了显著度的概念和方法 倾向于直线连接 可以修复缺失的边界；单一尺度 对噪声具有一定的鲁棒性	
不同点	输入为直线或曲线，迭代方式 计算每一条可能的曲线及其显著性 多参数	输入为点、直线或曲线，非迭代方式，一步卷积运算完成 以非线性投票的方式提取显著结构特征 单一参数
计算复杂度	设图像大小为 $l \times b$，邻域大小取 k，则网络大小为 $n = k \cdot l \cdot b$，算法收敛至少需要 $O(n^2)$ 的计算复杂度；在正确的采样率下，算法一般需要 $O(n^3)$ 的计算复杂度	参见本章 3.7 节

续表

	双弧插值算法	张量投票
优点	可以修复缺失的边界 对噪声有一定的鲁棒性 通过局部计算推导整体特征 可以对显著度进行优化 计算方式简单,可并行处理	无需迭代;效率较高 可修复缺失的边界,对噪声鲁棒性强 单一参数,没有严格的阈值要求 可任意扩展,实际上是一个计算框架 可同时提取多种结构特征并区分特征显著度
不足	偏爱平滑且较长的曲线 偏爱缺失部分较大的曲线,如果缺失部分分散成较小的缺口,显著程度反而下降 有时显著度最高的点并不在视觉最容易感知的曲线上 计算复杂度高 容易忽略显著度不是最高的曲线 多条曲线会彼此干扰。例如,如果一条短直线与一个圆相切时,直线的显著性会增强,而圆的会降低 通过计算曲率和、偏爱曲率和较小的曲线来增加曲线的显著度,没有真正"惩罚"曲率的变化,而平滑曲线主要特征是曲率变化较小	偏爱较小而分散的缺口 缺乏对显著度进行优化的机制 因为这种方法采用矢量来表示输入数据,所以需要不同的规则来计算不同输入类型的取向信息

3.8.2　张量投票与 Hough 变换

Hough 变换是图像处理中从图像中识别几何形状的基本方法之一。Hough 变换的基本原理在于利用点与线的对偶性,将原始图像空间的给定的曲线通过曲线表达形式变为参数空间的一个点。这样就把原始图像中给定曲线的检测问题转化为寻找参数空间中的峰值问题,即把检测整体特性转化为检测局部特性。只要给定曲线方程,Hough 变换能够查找任意的曲线,如直线、椭圆、圆、弧线等。Hough 变换在检验已知形状的目标方面具有受曲线间断影响小和不受图形旋转影响的优点,即使有稍许缺损或污染的目标也能正确识别。

表 3.8.2 就算法主要思想的异同、计算复杂度和优缺点等方面对这两种方法进行比较。

表 3.8.2　张量投票与 Hough 变换之比较分析

	Hough 变换	张量投票
相似点	都用到了"非线性投票"思想	
不同点	Hough 变换主要是特征空间向参数空间的"投影"（也可理解为映射）；需要曲线的参数表示，通过参数空间的极值搜索来完成曲线提取	张量投票是特征之间的相互作用（投票）；不需要曲线参数表示；通过使目标曲线的显著性增强来进行特征提取或修复
计算复杂度	设图像大小为 $n \times n$，特征曲线的参数个数为 m，算法收敛至少需要 $O(n^{m+2})$ 的计算复杂度	参见本章 3.7 节
优点	对噪声和遮挡具有很强的鲁棒性 参数多少由曲线方程决定，没有严格阈值要求 对于可以用函数表示的曲线来说，具有可扩展性	可部分修复曲线缺口，对噪声鲁棒性强 单一参数，没有严格的阈值要求 效率较高 可以任意扩展，实际上是一个计算框架 可同时提取多种结构特征并区分特征显著度
不足	计算复杂度高；只能处理可用函数表示的曲线	得出的只是曲线点的显著度，不及 Hough 变换目标明确。因为这种方法采用矢量来表示输入数据，所以需要不同的规则来计算不同输入类型的取向信息

3.8.3　张量投票与欧拉弹性模型

欧拉弹性模型是 Mumford[42] 提出的一个曲线"能量"的数学模型，认为曲线的能量可以通过曲线长度和曲率来计算，其能量公式为

$$E(\gamma) = \int_{\gamma} (a + b\kappa^2)\mathrm{d}s \tag{3-8-1}$$

其中，γ 表示某一曲线；$E(\gamma)$ 代表该曲线的能量函数；κ 表示曲线上某一点的曲率；和 b 为常数（起调整权重的作用）；$\mathrm{d}s$ 代表曲线上的微元弧。

Mumford 指出这一模型与机器视觉之间联系的关键在于依据这一模型进行曲线或曲面插值。由于弧长和曲率都是曲线的固有特性，欧拉弹性模型很自然地将曲线扩展到广义黎曼空间。根据欧拉弹性模型，通过对上式进行微分，可推导出曲线曲率应满足

$$2\kappa''(s) + \kappa^3(s) = \frac{a}{b}\kappa(s) \tag{3-8-2}$$

Mumford 对于这一模型在文献[42]中给出了详细的推导。更一般地说,如果弹性模型扩展到黎曼曲面,则上式将增加与曲面相关的参量[43],即

$$2\kappa''(s)+\kappa^3(s)+2G(s)\kappa(s)=\frac{a}{b}\kappa(s) \quad (3\text{-}8\text{-}3)$$

其中,$G(s)$代表曲面的高斯曲率。

根据 Mumford 对欧拉弹性模型与贝叶斯概率估计之间关系的分析,欧拉弹性曲线的计算实际上是根据可能形成曲线的弧长和曲率来对曲线路径估算,其概率为

$$C(s)=e^{-\lambda L(s)-\frac{1}{2\sigma^2}\|\kappa^2\|_s} \quad (3\text{-}8\text{-}4)$$

其中,$L(s)$为路径长度。

比较式(3-4-4)和式(3-4-7)可以看出,当张量投票的参数 $A=\lambda, B=\frac{1}{2\sigma^2}$ 时,正好是随机曲线的最大似然估计,与欧拉弹性模型一致。表 3.8.3 就算法主要思想的异同和优缺点等方面进行比较。

表 3.8.3　张量投票与欧拉弹性模型之比较分析

	欧拉弹性模型	张量投票
相似点	在曲线修复方面,都考虑了曲线路径长度和曲率两个因素,且与这两个因素的关系大体一致,都包含了概率估计的思想	
不同点	实现方式上,以随机路径可能形成的概率为计算依据,采用某种估计准则选定某条曲线为最大似然路径	每个数据点都有一定大小的投票域,通过投票域的叠加突出最大似然路径的显著度,以显著度为依据
优点	可以修复缺失的边界,而且得到的结果是一条曲线,对噪声的鲁棒性强 可以在曲线/曲面修复问题方面根据具体应用进行扩展 数学基础坚实,估计准则可根据具体需求灵活调整	无需迭代 可部分修复曲线缺口,对噪声的鲁棒性强 单一参数,没有严格的阈值要求;效率较高 可以任意扩展,实际上是一个计算框架 可同时提取多种结构特征并区分特征显著度
不足	计算复杂;没有考虑曲率的变化	得出的只是曲线点的显著度,因为这种方法采用矢量来表示输入数据,所以需要不同规则来计算不同输入类型的取向信息

3.8.4　张量投票与随机修复场模型

Williams 和 Jacobs 提出的随机修复场模型[44]是针对主观轮廓现象提出的比较有影响力的模型。这是一种基于概率的模型,旨在描述一种有关主观轮廓形状及特征在算法和表示层的理论用以解决感知修复问题。根据"哺乳动物的视觉皮层精细地对应于特定的位置和方向"这种生理学现象,提出以图像平面的网格点上

的"粒子"的随机行走作为边界形状的先验概率分布模型,"粒子"的随机移动体现
Gestalt 定律中的邻近律和连续律,运动轨迹的分布完全由所在点的位置和轮廓的
方向决定,最后用两个格林函数的卷积计算修复场,其最大似然路径通过一条最小
能量曲线连接"起始点"和"目标点",但是经过复杂的计算,只能得到估计的修复区
域,无法直接得到感知边界。这一模型没有引入任何限定条件,一个"粒子"在连接
两个边界元素的轨迹上随机移动的概率可用两个矢量卷积的乘积来计算。

设粒子移动的起始点和目标点的坐标和取向角分别为(x_p,y_p,θ_p)和$(x_q,y_q,$
$\theta_q)$,则粒子移动的坐标及取向角的变化规律为

$$\dot{x}=\cos\theta \tag{3-8-5}$$

$$\dot{y}=\sin\theta \tag{3-8-6}$$

$$\theta\sim N(0,v^2,t) \tag{3-8-7}$$

其中,v 为正态分布概率函数 N 的方差。

粒子由点(x,y)移动至某一中间点(u,v)的概率为

$$p(u,v,\varphi,t)=\int_{-\infty}^{\infty}\mathrm{d}x\int_{-\infty}^{\infty}\mathrm{d}y\int_{-\pi}^{\pi}\mathrm{d}\theta G(u,v,\varphi;x,y,\theta;t)\cdot p(x,y,\theta;0)\cdot\mathrm{e}^{-\frac{t}{\tau}}$$

$$\tag{3-8-8}$$

其中,$p(x,y,\theta;0)$为初始概率;$G(u,v,\varphi;x,y,\theta;t)$为转移概率;$\tau$ 为衰减因子。

表 3.8.4 就算法主要思想的异同和优缺点等方面对这两种方法进行比较。

表 3.8.4　张量投票与随机修复场之比较分析

	随机修复场	张量投票
相似点	都用到了作用域(张量投票方法称为投票域)的思想 随机修复场模型当 $\sigma^2=0.01,\tau=100$ 时所计算的修复域与张量投票的投票域非常相似	
不同点	输入数据为两点及其取向 作用域的设计思想依据转移概率 计算方式采用神经网络	输入数据为所有可能特征点 作用域的设计依据特征点之间的距离及曲率的衰减 非线性投票以叠加方式计算
优点	与视觉生理模型比较一致	无需迭代,计算方法相对简单 可部分修复曲线缺口,对噪声的鲁棒性强 单一参数,没有严格的阈值要求;效率较高 可以任意扩展,实际上是一个计算框架 可同时提取多种结构特征并区分特征显著度

续表

	随机修复场	张量投票
不足	总体说来，这一模型中没有涉及以下基本问题：1. 引起主观轮廓的亮度刺激的特定形式；2. 对一幅原始图像如何进行预处理，提取关键点，形成"起始点"集合和"目标点"集合；3. 起始点和目标点之间的可连接关系如何判定；4. 模型没有考虑 Gestalt 定律中封闭律，未解决边缘轮廓的封闭性问题；5. 计算过程比较复杂	因为这种方法采用矢量来表示输入数据，所以需要不同的规则来计算不同输入类型的取向信息

3.9　本　章　小　结

如何将视觉认知规律转化为图像处理过程中的一些可计算规则是机器视觉领域的研究者面临的挑战之一。张量投票方法的提出者在这方面作了一些有益的探索，采用一种局部表示方式对曲线、曲面、区域和交汇点等整体特征分层编码，并引入显著性来表征感知特征的突出程度，设计重点在于算法的鲁棒性、可扩展性和计算效率。

本章对张量投票方法进行了较为全面的描述，可以总结出张量投票具有下面的特点，非迭代方式；采用一种局部表示法来对曲线/表面/区域/交汇点等全局特征及其显著性编码，实现了对这些全局特征的分层表示，数据表示形式统一但含义丰富，并应用投票机制进行特征提取，可同时处理多种图像特征；单一参数（尺度），没有严格的阈值要求，而且无需先验模型或过多的初始化计算，计算效率较高；提供了一个通用的可扩展的计算框架，应用领域广；对噪声的鲁棒性强。可以说，这些特点完全符合算法的最初设计目标。

本章主要解决了以下问题。

① 总结了张量投票方法的主要设计思想。

② 对张量投票底层处理中的关键问题——取向估计进行了理论和方法上的总结和分析。

③ 如何对输入数据转化为张量表示，以及一个张量对哪些信息进行了编码；为获得一阶微分几何及其奇点信息，建议使用二阶对称张量。在图像处理领域，二阶对称张量是最常使用的一种张量，因其不但可表示微分几何信息，还能获得其显著性度量。这样的张量可以用二维平面的椭圆或三维空间的椭球直观表示。张量的内在性质定义了所表示信息的类型（点、曲线或曲面），而张量对应矩阵特征值的大小则代表了不同类型信息的显著度。

④ 在投票过程中何种信息得到了传递以及投票过程是如何实现的,对于一个球形张量而言,其投票是各向同性的,投票大小只是距离的函数;而棒形张量的投票域与其取向有关;投票域的推导可从心理学视觉感知的约束得到,并从物理的量子力学角度得到解释;投票域也可理解为对投票约束条件编码的核函数。

⑤ 针对特征提取过程,定义了曲线极点和曲面极点,解释了过零点检测及离散计算等问题。

⑥ 分析了二维和三维情况下算法的计算复杂度。

⑦ 与解决思路比较相近的相关工作进行了比较和分析,以便读者理解本算法并扩展思路。总体说来,张量投票与这些方法有异曲同工之妙,既利用了其中一些先进的思想和视觉认知的生理机制,又设计了可付诸简单计算的方法。

参 考 文 献

[1] Lee M S. Tensor voting for salient feature inference in computer vision. Southern California: Southern California university (PhD thesis), 1998: 50-105.

[2] Bigun J, Granlund G H, Wiklund J. Multidimensional orientation estimation with applications to texture analysis and optical flow. IEEE Transactions on Pattern Analysis and Machine Intelligence, 1990, 13(8): 775-790.

[3] Spies H. Gradient channel matrices for orientation estimation. Linköping, Sweden: Linköping University (Report LiTH-ISY-R-2540), 2003.

[4] Mester R. Orientation estimation: conventional techniques and a new non-differential approach// Proceeding of 10th European Signal Processing Conference, 2000: 921-924.

[5] Zhou X, Baird J P, Arnold J F. Fringe-orientation estimation by use of a Gaussian gradient filter and neighboring-direction averaging. Applied Optics, 1999, 38(5): 795-804.

[6] Ratha N K, Chen S Y, Jain A K. Adaptive flow orientation based feature extraction in fingerprint images. Pattern Recognition, 1995, 28(11): 1657-1672.

[7] Maltoni D, Maio D. Handbook of Fingerprint Recognition. New York: Springer, 2003.

[8] Feng X G, Milanfar P. Multiscale Principal Components Analysis for Image Local Orientation Estimation//The 36th Asilomar Conference on Signals, Systems and Computers, 2002: 478-482.

[9] Stuke I, Aach T, liquen F, et al. New operators for optimized orientation estimation// International Conference on Image Processing, 2001: 744-747.

[10] Da Costa J P, Le Pouliquen F, Germaint C, et al. New operators for optimized orientation estimation //International Conference on Image Processing, 2001: 744-747.

[11] Franck Le P, Germain C, Baylou P. Scale adaptive orientation estimation// 16th International Conference on Pattern Recognition, 2002: 688-691.

[12] Zhou Jie, Gu Jinwei. A model-based method for the computation of fingerprints orientation field. IEEE Transactions on Image Processing, 2004, 13(6): 821-835.

[13] van den Boomgaard R, van de Weijer J. Robust Estimation of Orientation for Texture Analysis//The 2nd international workshop on texture analysis and synthesis, 2002: 135-138.

[14] Farneback G. Spatial domain methods for orientation and velocity estimation. LinkÖping, Sweden: LinkÖpings university(PhD thesis), 1999.

[15] Granlund G H, Knutsson H. Signal Processing for Computer Vision. Boston : Kluwer Academic Publishers, 1995.

[16] Wilson R, Bhalerao A H. Kernel Designs for efficient multiresolution edge detection and orientation estimation. IEEE Transactions on Pattern Analysis and Machine Intelligence, 1992, 14(3): 384-389.

[17] Knutsson H, Andersson M. Robust N-dimensional orientation estimation using quadrature filters and tensor whitening// Proceedings of IEEE International Conference on Acoustics, Speech, & Signal Processing, 1994: 192-203.

[18] Porikli F. Accurate detection of edge orientation for color and multi-spectral imagery// 2001 International Conference on Image Processing, 2001: 886-889.

[19] Liidtke N, Richard C W, Edwin R H. Population Codes for Orientation Estimation //15th International Conference on Pattern Recognition, 2000: 238-241.

[20] Klimanee C, Nguyen D T. On the design of 2-D Gabor filtering of fingerprint images // Consumer Communications and Networking Conference, 2004: 430-435.

[21] Westin C F. A tensor framework for multidimensional signal processing. Sweden, Linköping: Linköping University (PhD thesis),1994:10-97.

[22] Knutsson H, Westin C F, Westelius C J. Filtering of uncertain irregularly sampled multidimensional data // IEEE Twenty-seventh Asilomar Conference on Signals, Systems & Computers, 1993: 1301-1309.

[23] Knutsson H,Westin C F. Normalized and differential convolution: methods for interpolation and filtering of incomplete and uncertain data //IEEE Conference on Computer Vision and Pattern Recognition, 1993: 515-523.

[24] Medioni G, Lee M S, Tang C K. A computation Framework for Segmentation and Grouping(2nd). The Netherlands: Elsevier Science, 2002.

[25] Beck J, Rosenfeld A, Ivry R. Line segregation. Spatial Vision, 1989, 4(2-3): 75-101.

[26] Field D J, Hayes A , Hess R F. Contour integration by the human visual system: Evidence for a local "association field" . Vision Research, 1993, 33(1): 173-193.

[27] Tong W S, Tang C K, Mordohai P. First order augumentation to tensor voting for boundary inference and multiscale analysis in 3D. IEEE Transaction on pattern analysis and machine intelligence, 2004, 26(5): 594-611.

[28] 秦菁. 张量投票算法及其应用. 武汉：华东师范大学硕士论文, 2008.

[29] Guy G. Inference of Multiple Curves and Surfaces from Sparse Data. Southern California : Universty. of Southern California(PhD Thesis), 1995.

[30] Guy G, Medioni G. Inferring global perceptual contours from local features. International Journal of Computer Vision, 1996, 20(1): 113-133.

[31] Thomas F B, Stephen T L. Differential Geometry of Curves and Surfaces. India: A. K. Peters Ltd , 1976.

[32] Lorensen W E, Cline H E. Marching Cubes: A High Resolution 3-D Surface Reconstruction Algorithm. Computer Graphics, 1987. 21(4): 163-169.

[33] Thomas H C, Charles E L, Ronald L R, et al. Introduction to Algorithms. New York: MIT, 1991.

[34] Forstner W. A feature based corresponding algorithm for image matching. International architecture of photo-grammetry and remote sensing, 1986, 26: 150-166.

[35] Harris C G. , Stevens M J. A combined corner and edge detector //Proceedings of The Fourth Alvey Vision Conference, 1988: 147-151.

[36] Rohr K. Localization properties of direct corner detectors. Journal of Mathematical Imaging and Vision, 1994, 4(1): 139-150.

[37] Forstner W. A framework for low level feature extraction//Computer Vision-European Conference on Computer Vision, 1994: 383-394.

[38] Nagel H H. Gehrke A. Spatiotemporally adaptive estimation and segmentation of of-Fields // Lecture Notes in Computer Science-European Conference on Computer Vision, 1998: 86-102.

[39] Rao A R, Schunck B G. Computing oriented texture fields. CVGIP: Graphical Models and Image Processing, 1991. 53(2): 157-185.

[40] Shashua A , Ullman S. Structural saliency: the detection of globally salient structures using a locally connected network//The 2nd International Conference on Computer Vision. 1988: 321-327.

[41] Alter T D, Basri R. Extracting salient contour from images: an analysis of the saliency network. International Journal of Computer Vision, 1998, 1(1): 51-69.

[42] Mumford D. Algebraic Geometry and its Applications, New York: Springer-Verlag, 1994.

[43] Langer J, singer D A. The total squared curvature of closed curves. Journal of Differential Geometry, 1984, 20(1): 1-22.

[44] Williams L R, Jacobs D W. Stochastic completion fields: a neural model of illusory contour shape and salience//International Conference on Computer Vision, 1995: 408-415.

第4章 张量投票在图像处理领域的应用

在社会生活和科研生产工作中,人们每时每处都要接触图像。凡是能为人们视觉系统所感知的信息形式或人们心目中的有形想象统称为图像(image)。图像信息是人类认识世界的重要知识来源,据统计人类得到的信息有 80% 以上是来自眼睛摄取的图像。

如何从含噪的图像中提取曲线等结构特征是应用中经常遇到的问题。为了寻找鲁棒性较强的方法,许多研究者都在探索从图像中具有空间关联性的有向特征中获取线索,张量投票方法就是比较成功的一种。在图像处理领域中,张量投票方法的基本功能是从含噪图像中提取曲线/角点等结构特征,在边界提取或增强、取向估计、端点提取、图像校正、文字处理、图像去噪、图像压缩、图像分割、图像超分辨处理、图像修复等方面均有应用。

4.1 线/角点检测

线/角点检测是张量投票方法的基本功能,也是 Guy 和 Medioni 设计这一方法的最初目的[1]。张量投票方法在这方面的最大优势是可以同时提取出线和角点(或称为交汇点)两类特征,且抗噪性强。本节首先介绍线、角点提取的相关工作;接下来描述张量投票方法如何实现线/角点特征的提取;最后是实验结果示例。

4.1.1 相关工作

1. 线检测

线提取与识别是图像处理、感知组织、目标识别等领域的基本问题,在经济、国防、工业、安全等方面有广泛应用。典型的线状目标有地理类线状目标,如道路、河流、山脊、冰脊等;生物类线状目标,如指纹、掌纹、血管、骨架等;建筑设施类线状目标,如路面裂缝、桥梁裂缝、高压电线和钢板表面裂纹等。

线特征检测是一种底层图像处理操作,一般要先对图像进行预处理、基于区域或边界进行分割等操作,然后提取线特征。线检测的难点源于图像的复杂性、多样性、预处理和分割算法的局限性,以及图像中存在大量的噪声、断点等。这些困难使得线检测成为一项很有挑战性的任务。

线检测方法可分为参数型和非参数型。

参数型以 Hough 变换[2]为代表,Hough 变换把图像空间中给定的线按线参数表达式变换成参数空间中的点,然后通过在参数空间中搜索极值达到在图像空间中寻找线的目的,能够有效地从充斥噪声的二值图像中提取线,是线识别的主要工具。与 Hough 变换相似,Radon 变换[3]以线积分的形式把图像空间投影到极坐标表示的参数空间,可直接处理灰度图像,应用 Radon 变换及其逆变换可重建变换前的图像。这两种方法在很多领域获得了应用,同时也被不断改进,采样 Hough 变换[4]、分解 Hough 变换[5]、约束 Hough 变换[6]、广义 Hough 变换[7]、随机 Hough 变换[8]、广义 Radon 变换[9]、取向空间 Radon 变换[10]等算法被相继提出。

在非参数型线检测方法中,基于边缘检测的方法属于常用方法,共同特点是采用图像梯度进行处理,如 Canny 算子。文献[11]应用多分辨率 Fourier 变换对图像边缘进行建模,然后选择合适的曲率参数对属于同一曲线的边缘合并,其他多分辨率处理方法还有 Ridgelet 变换和 Beamlet 变换等,适用于复杂背景下的规则线特征检测,计算复杂度很高。Bamberger 和 Smith 提出通过方向滤波器组来进行线目标增强。Pal 和 King 率先将模糊集理论应用在图像增强上,之后出现了基于模糊集的边缘检测方法。Stanford 和 Raftery 提出用主曲线模型对空间点进行表达,通过最优化计算进行模型求解实现线检测。Fishler 将图论最小代价路径求解方法用于对低分辨率航空影像中的线目标识别[12]。Saitoh[13]提出一种通过遗传算法施加邻近性和连续性约束进行线提取的算法。Park 等采用在抛物线基础上改进的行车线方程检测道路上的行车线[14]。Chen 等[15]提出将颜色和梯度信息结合建立边缘线段的模型,然后检测并连接。Felzenszwalb 等[16]提出一种最小覆盖集方法,该方法建立了一个包含多条曲线场景的统计模型,从搜索到的短线出发,根据后继点的特征显著性顺次增长,直至搜索出场景中的所有线。与前面提到的随机修复场模型、Ullman 的显著性网络、张量投票类似,August 等提出一种基于曲线连续性进行显著度计算的曲线检测方法。Wang 和 Stahl 等利用感知组织进行影像目标轮廓线的提取[12]。此外,还有一些方法根据应用需求[18,19]、数据结构及误差容限[20]将曲线根据曲率一致性、邻近律或连续律分段进行组织。

2. 角点提取

在图像处理和机器视觉中,对于角点至今没有统一的或者数学上的定义。现有的角点检测方法可以归为两类:一是直接法,直接利用灰度信息进行角点检测;二是间接法,即根据图像边缘或轮廓特征,用边缘点来计算其曲率或夹角来判定角点。

直接法主要包括基于图像局部自相关函数的算法[21]、基于像素灰度相似性或相异性的方法[22]和基于拓扑结构的方法[23,24]。Harris[21]根据角点处各个方向的灰度变化都很大这一特点,通过四个方向的图像局部自相关函数来计算这一变化量,并通过一阶导数近似计算二阶导数的方法改善计算效率。SUSAN 算法[22]是一种直接利用图像灰度进行角点检测的方法,把图像中的每个像素与具有相似灰度值的局部区域相联系。Trajkovic 和 Hedley 采用圆形模板对 SUSAN 算法进行了改进[25]。基于灰度矩的方法[23]假定角点由两个区域交汇而成,这种方法无法检测由多条边缘线交汇而成的角点。Liu 等[24]采用形态学的方法在骨架提取的基础上检测角点。Harris 算法[21]和 SUSAN 算法[22]是直接法中比较实用的两种方法。Harris 算法因计算效率高,角点提取正确率高而被广泛应用,只是该算法对噪声敏感、提取结果受参数设置影响很大。SUSAN 特征检测原则上不依赖于前期图像分割结果,并避免了梯度计算,因此 SUSAN 算法有一个突出优点就是对局部噪声不敏感,抗噪声能力强,但 SUSAN 算法容易检测出许多伪角点。

　　间接法一般将角点定义为图像边界上曲率足够高或者曲率变化明显的点、图像边缘方向变化的不连续点、图像中梯度值和梯度变化率都很高的点等。这类方法一般通过曲线拟合和曲率搜索进行,典型代表有 Mokhtarian 等[26]提出一种基于曲率尺度空间(CSS)技术的算法,是同类方法中比较突出的一种,对角点的定位比较精确,缺陷是必须先提取图像的边缘特征,对角点的提取在很大程度上依赖于边缘提取的准确性;Awrangjeb 利用弦到点的距离逼近曲率构造角点检测算子,引入仿射长度参数使得 CSS 具有更好的仿射不变性;Masood 构造长方形滑动窗口,通过计算每个长方形的轮廓点数来搜索角点;Kitchen 和 Rosenfeld 率先应用微分几何算子进行角点检测;Wang 和 Brady[27]在此基础上加入曲率测度提高了算法的计算效率,在运动估计等领域获得广泛应用;Oh Hyun-Hwa 等[28]定义了角点的参数方程,并将这一参数方程与局部对称性检测相结合,提出一种基于广义对称变换的算法;Park 等[29]通过直线检测之后搜索交点来定位角点,应用 Radon 变换检测直线、反 Radon 变换来定位交点;van de Weijer 等[30]构建了一些不受光照影响的准不变量用于角点检测;Zhang 利用多尺度乘积来增强特征信息,曲率尺度积函数被定义为各个尺度下轮廓曲率的乘积,而角点被定义为曲率乘积的局部极大值点,多尺度乘积能显著增强角点处曲率极值点的峰值,同时抑制噪声;徐玲把平面曲线的 LoG 算子定义为一个矢量运算,与轮廓坐标进行卷积结果的范数作为角点响应函数;Gabor 滤波[31]、各向异性高斯滤波[32]、分形特征[33]、有限元[34]、小波变换和增强型神经网络[35]等也相继在角点检测中得到运用。

　　总体说来,无论是直接法还是间接法,提取方法是从角点的几何特征入手,通过对其某些几何特征的检测和度量来提取角点。由于角点提取的复杂性,现有方法在实际应用中都存在一些问题。后续的研究者大都选择 Harris 算法[21]、SU-SAN 算法[22]或 CSS 算法[26]作对比说明其研究成果的优越性。

4.1.2 方法描述

张量投票方法进行曲线/角点检测的计算流程如图 4.1.1 所示,主要步骤是用二维棒形投票域进行张量投票,然后针对曲线和角点(交汇点)两种特征进行投票解释和特征提取。在图 4.1.1 中,输入数据的张量表示在取向估计的基础上根据各点的取向特征生成的二维棒形投票域;张量投票后对所有投票叠加,使各数据点形成新的张量表示;投票解释对应矩阵的特征值分解过程;特征提取即为曲线极点和交汇点的搜索过程。

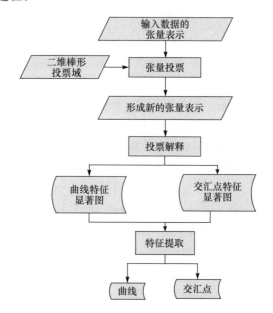

图 4.1.1 线/角点提取算法的计算流程

在二维情况下,投票解释是将输出矩阵分解为

$$T=\begin{bmatrix} \boldsymbol{e}_1 & \boldsymbol{e}_2 \end{bmatrix}\begin{bmatrix} \lambda_1 & \\ & \lambda_2 \end{bmatrix}\begin{bmatrix} \boldsymbol{e}_1^{\mathrm{T}} \\ \boldsymbol{e}_2^{\mathrm{T}} \end{bmatrix} \tag{4-1-1}$$

令 $\lambda_1 \geqslant \lambda_2$,一般采用 $(\lambda_1 - \lambda_2)$ 作为曲线特征的显著性度量,而采用 λ_2 作为交汇点的显著性度量。

曲线检测是通过在张量投票处理得到的曲线显著度图中搜索曲线极点来进行。与曲线极点的定义相对应(图 3.6.8),p 点为一曲线极值点,t 表示其切向,u、v 表示与 t 垂直的平面,与其他点一样,p 点可以用一个二元组 (s,t) 描述,其中 s 表示强度大小(即对应于 $\lambda_2 - \lambda_3$),t 表示切向(对应于 $\boldsymbol{e}_3$),则 p 点应满足

$$\partial s/\partial u = \partial s/\partial v = 0 \tag{4-1-2}$$

曲线检测的具体流程可参见 3.6.2 节与曲线提取的相关部分。交汇点特征通过对各点的 λ_{min}(张量矩阵特征值中最小的一个)进行局部极值搜索获得。二维结构类型及特征度量对应关系如表 3.3.1 所示。

张量投票用于线/角点检测的突出特点体现在张量投票方法具有一定修复能力，可以自动填补一定范围内的缺口；能同时检测线/角点两种特征。

除了上述一般性的应用之外，已有研究者将张量投票应用于 SAR 图像中的道路提取[36]，该方法在道路基元提取及其取向估计的基础上，通过张量投票方法进行线检测完成道路网的提取，其中线显著度也是采用张量矩阵特征值之差来度量。这一应用说明只要将输入数据适当处理转化为张量表示，即可应用张量投票算法，发挥张量投票的优势。

4.1.3 实验结果示例

图 4.1.2 给出了对一合成图像的线提取结果。为说明算法的抗噪性，在这一图像中添加了一些随机噪声，从实验结果看，噪声被有效地滤除，直线、曲线和圆均被提取出来。图 4.1.2(a)为输入的原始图像；图 4.1.2(b)为增强边界显著度图；图 4.1.2(c)为交汇点显著度图；图 4.1.2(d)为算法处理后的线检测结果。

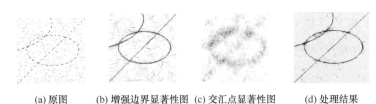

(a) 原图　(b) 增强边界显著性图　(c) 交汇点显著性图　(d) 处理结果

图 4.1.2　线/角点提取示例二

图 4.1.3 是对典型测试图像 Avocado 的实验结果[1]。图 4.1.3(a)为原始图像。图 4.1.3(b)为边缘检测结果。图 4.1.3(c)为曲线检测结果。从这些实验结果可以看出，张量投票方法对噪声的鲁棒性和对曲线的修复特性。

(a) 原始图像　　(b) 边缘检测结果　　(c) 线检测结果

图 4.1.3　Avocado 图像的曲线检测结果

4.2 端 点 提 取

在某些应用场合,图像边缘线段的端点成为比较重要的特征点,或者称为兴趣点(interest point),如主观轮廓现象中的端点重组的情况[37]。因为应用较少,目前公开发表的文献中还没有端点提取的其他算法,因此张量投票方法的这一应用说明了该方法的独特之处。

4.2.1 方法描述

张量投票方法根据端点的邻域点都在其某一侧这一特点重新设计投票域,如图 4.2.1 所示。设有一曲线段端点位于 (x,y) 处,令 $[t_x,t_y]^T$ 表示指向曲线段方向的切向量,(a,b) 表示曲线上某一点,可以用 $[-t_x,-t_y]^T$ 表示该端点,由于其邻域点主要位于曲线段所在的半平面上[1],则

$$\begin{bmatrix} t_x \\ t_y \end{bmatrix}\begin{bmatrix} a-x \\ b-y \end{bmatrix}\geqslant 0 \tag{4-2-1}$$

根据上述特征,应用张量投票方法进行端点提取的计算流程如图 4.2.2 所示。在具体投票过程中,每一个投票点和接收点均需根据其相对位置调整取向,并以矢量形式叠加,即每点相对于接收点的取向矢量相加,最后用和矢量的范数(或模)来表征各点作为端点的显著度。

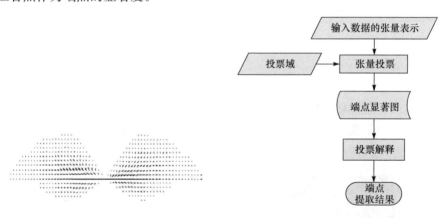

图 4.2.1　提取线段端点的投票域　　　　图 4.2.2　端点提取计算流程

4.2.2 实验结果示例

图 4.2.3 和图 4.2.4 给出了两组实验结果。图 4.2.3 是一个综合性的例子,输入图像包含一条曲线、一个八卦式的圆盘,并夹杂着噪声,如图 4.2.3(a)所示;

使用张量投票方法可以只提取曲线及其端点,如图 4.2.3(b)所示;可以加上极值曲面的检测算法将圆盘也提取出来,如图 4.2.3(c)所示。图 4.2.4 是针对单纯包含两条稍有模糊的曲线端点检测结果。

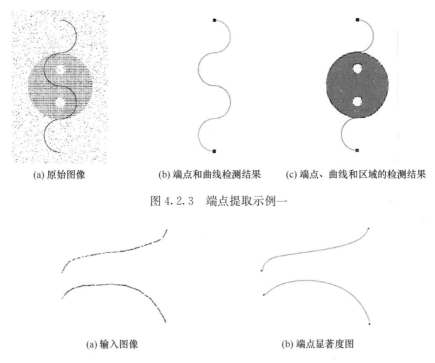

(a) 原始图像　　　　(b) 端点和曲线检测结果　　(c) 端点、曲线和区域的检测结果

图 4.2.3　端点提取示例一

(a) 输入图像　　　　　　　　　(b) 端点显著度图

图 4.2.4　端点提取示例二

图 4.2.5 和图 4.2.6 给出了端点重组的一些示例。在图 4.2.5 中,提取出的端点在一条直线上,因此彼此之间的投票结果形成一条斜线。同理,在图 4.2.6 中,张量投票方法不仅提取出线段端点,而且对端点进行了重组,提取出一个圆环,进一步应用极值曲线提取算法可以提取出圆的边界。这符合视觉生理学对人眼感知到圆的一个解释:当共线的组合出现混乱的时候,就会出现终端截断效应[37],即

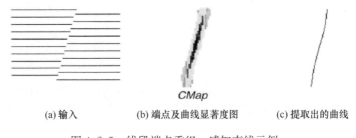

CMap

(a) 输入　　　　　(b) 端点及曲线显著度图　　　(c) 提取出的曲线

图 4.2.5　线段端点重组—感知直线示例

对线段端点沿线段垂直方向进行重新组合。

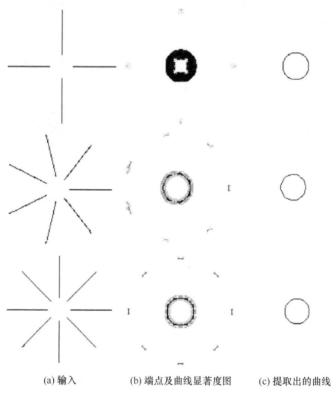

(a) 输入   (b) 端点及曲线显著度图   (c) 提取出的曲线

图 4.2.6　线段端点重组—感知圆示例

4.3　边界增强/提取/修复

在图像中,相邻的两个类型区域的分界线称为边界,边界表明一个类型区域的终结和另一个类型区域的开始,即边界所分的区域其内部特征或属性是一致或相近的,而相邻的两个区域内部的特征或属性彼此不同,图像中相邻两个区域的特征差异正是发生在边界处。经验指出,图像区域边界往往对应景物对象的边缘。边界在图像中所占比例较小,是图像的重要特征之一。由于模糊和噪声的存在,某些算法所检测到的边界可能展宽或间断,因此边界检测包括提取边界点集,剔除某些边界点或填补边界间断点。边界检测技术可广泛应用于工业设计、医学图像三维重建、虚拟视景生成、图像识别等方面,多年以来一直吸引着许多不同领域的研究人员。

张量投票应用于边界检测是很自然的,既然张量投票方法可以提取曲线,那么如果能把形成目标边界的曲线完整地检测出来,就完成了边界提取的任务。同时,由于张量投票域能扩展图像中目标像素点的作用范围,算法还能在一定程度上修复缺失的边界。

4.3.1　相关工作

最简单的边界提取方法直接对图像运用导数算子,灰度变化较大的点处算得的值较大,所以导数算子可作为边界检测算子,并将这些导数值作为相应点的边界强度,然后采用设置阈值的方法,提取边界点集。用于边界提取的微分算子[38]有简单微分算子、罗伯茨梯度算子、Prewitt 算子、Sobel 算子、Kirsch 算子、Rosenfeld 算子、Wallis 算子、拉氏算子、L-G 算子(LOG 算子和 Marr 算子)、Canny 算子等,也可以用曲面拟合后求导提取边界,这里的曲面可以是一次、二次或三次曲面。曲面拟合提取边界的另一个方法是用一个阶跃曲面与图像子域的灰度拟合。Canny 提出评价边界检测算法性能优良的三个指标,高的信噪比、精确的定位性能、对单一边界响应唯一。上述微商思想、平滑思想、准则函数确定边界提取思想等基本技术的不同"组合"便产生了不同边界提取算法。

除上述基本方法之外,还有一些比较有特色的方法。

① 统计判决法[38],假定相邻像素灰度取值是独立的,根据目标点和背景点灰度的概率分布密度函数设定最小误判概率准则判决提取边界。

② 形态学方法[38],通过取一个 3×3 的结构元素对图像进行腐蚀,接着用原图像减去腐蚀结果便可得到图像的边界。

③ 随机启发式搜索算法[39],随机选取起始点,依照引导度量的概率反复地进行随机搜索获得各种可能的边界轨迹,然后对搜索到的轨迹累积,达到自增强的效果,最后根据自增强结果获得边界。

④ 边缘流法[40],首先在一定尺度上检测每一图像元素颜色和纹理变化的方向,构建一个边缘流矢量,当出现两个相反方向的边缘流矢量的时候就表明边界的存在。

⑤ 基于灰度梯度的边界检测优化算法[41],在梯度计算的基础上,根据最小方向性和最小偏离近似误差两项优化准则得到两种近似梯度的优化算法。

⑥ 几何模型法,包括蛇模型[42]、几何活动轮廓模型[43]、Mumford-Shah 模型[44]和 Chan-Vese 模型[45]等。这类方法通过能量最小化方法演化活动轮廓曲线来逼近目标边界,其中 Chan-Vese 模型在 Mumford-Shah 模型基础上,结合了水平集方法,在理论和算法上非常完善,而且不依赖于边缘检测结果,比显式的蛇模型对拓扑关系处理得更好。

⑦ 基于有向滤波的方法[46],使用一系列有向滤波器合成图像像素的边界响

应值。

⑧ Martin 等[47]将颜色和纹理信息考虑进来,应用机器学习方法融合多种线索。Ren 等在此基础上加入了多尺度分析[48],Zhu 等根据 Martin 等的计算结果生成边缘的加权图以判别相邻边缘之间的共线关系,他们还建议依据复杂的正交化随机步进矩阵的特征值检测图中的环来提取封闭曲线[49]。

⑨ 加入全局约束(如平滑性、封闭性)的方法,其中文献[50]～[52]等方法可在边缘检测的基础上根据共线关系进行连接。Ren 等[53]提出基于条件随机场的方法,计算各边缘的约束 Delaunay 三角化结果并进行边界修复。

⑩ 信息融合法[54],先计算多尺度下各点的亮度、颜色和纹理的有向梯度,并以直方图的形式进行局部信息合成,然后采用谱聚类方法进行全局的信息融合完成边界检测。进一步,可通过有向分水岭变换和轮廓图完成图像分割。文献[56]用类似的方法获取边界检测的局部线索和全局线索并进行了加权组合。

⑪稀疏编码梯度法[55],采用 K-SVD 变换完成字典学习过程,应用正交匹配算法[57]完成稀疏编码的计算,并融合多尺度分析等过程,最后通过线性支持矢量机完成分类识别,提取边界。

Berkeley 网站[58]对现有的边界检测算法计算最大 F 测度进行了评估和排名,在学术界引起广泛关注。截至 2013 年 5 月,采用测试数据 Benchmarks 500,处理灰度图像的排名并列第一的依次为文献[54]～[56]提出的算法,最大 F 测度值为 0.68;处理彩色图像并列第一的分别是文献[54],[55]提出的方法,其最大 F 测度值为 0.71。最大 F 测度值的计算公式为

$$F=\max\left\{\frac{2\times\text{Precision}\times\text{Recall}}{\text{Precision}+\text{Recall}}\right\} \tag{4-3-1}$$

4.3.2　方法描述

张量投票方法既可以在边缘检测的基础上检测边界(检测流程与线/角点提取方法类似),也可以在灰度图像上直接用二维圆形投票域进行张量投票,然后进行投票解释,并根据边界特征的显著性提取边界。其原理如图 4.3.1 所示,即利用边界点被投票之后叠加的矢量和大于区域内部点这一特征检测边界。

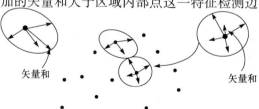

图 4.3.1　张量投票提取边界的原理示意图

根据图 4.3.1 所示原理进行边界检测的流程如图 4.3.2 所示。

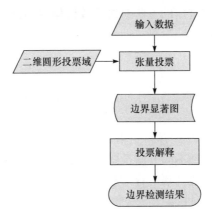

图 4.3.2　张量投票提取边界的计算流程图

前面描述的是张量投票方法直接提取边界的解决思路。除此以外,张量投票还可以与其他方法结合完成边界检测。例如,张量投票方法可以与蛇模型结合,蛇模型由 Kass 和 Witkin 等[42]首先提出,后由 Caselles [43]进行了改进,成为边界活动模型。张量投票与蛇模型的结合主要是改进了停止函数,使其对于对比度较低图像的分割上更加有效。

原方法的停止函数计算公式为[42]

$$g(s) = \frac{1}{1+s^2} \tag{4-3-2}$$

经 Caselles [43]改进后算法的停止函数更新为

$$g = \frac{1}{1+|\nabla G_\sigma * I|^2 \cdot k} \tag{4-3-3}$$

其中,G_σ 为尺度为 σ 的高斯核;I 为初始图像;k 为加权常数。

在实际应用中,k 值很难选取,如果取得过大,迭代次数会很大,而且影响结果的正确性;如果取的过小,处理对比度低的图像效果不好。王伟等[59]结合张量投票算法将停止函数改进为

$$\tilde{g} = \frac{1}{1+|\nabla G_\sigma * I|^2 \cdot k(x)} \tag{4-3-4}$$

其中,$k(x) = 1 + K \cdot cs(x)$,K 一般根据经验值取 100,$cs(x)$ 为 x 处根据张量投票结果计算的曲线显著度函数,即

$$cs(x) = \frac{\lambda_1(x) - \lambda_2(x)}{\max_{x \in \Omega}(\lambda_1(x) - \lambda_2(x))} \tag{4-3-5}$$

式中,$\lambda_1(x)$ 和 $\lambda_2(x)$ 为该处投票后张量矩阵的最大特征值和最小特征值,取值在 $(0,1]$,取值越大,说明该点为边缘或在曲线上的可能性越大。

　　实验表明,对血管图的处理,原模型 $K=1$,迭代 200 次;改进后,迭代 600 次,但处理效果明显增强;改进后的方法对边缘较模糊的图像效果更佳,参数一般不需要改变,但迭代次数一般是原始算法的 3 倍[59]。

4.3.3　实验结果示例

　　张量投票进行边界提取的示例如图 4.3.3 和图 4.3.4 所示。图 4.3.3(a)和图 4.3.4(a)为原始输入图像;图 4.3.3(b)和图 4.3.4(b)为张量投票之后获取的区域边界显著度图;图 4.3.3(c)和图 4.3.4(c)为边界检测结果。可以看出,通过投票过程,区域中的点得到不同方向投票而矢量相消,边界点由于只得到某一侧的投票而得到增强,最后通过投票解释过程即可获得区域的边界。图 4.3.4 说明算法对噪声具有一定的鲁棒性。

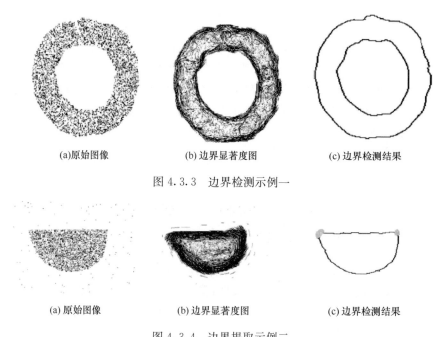

　　　(a)原始图像　　　　　　　(b)边界显著度图　　　　　(c)边界检测结果

图 4.3.3　边界检测示例一

　　　(a)原始图像　　　　　　　(b)边界显著度图　　　　　(c)边界检测结果

图 4.3.4　边界提取示例二

　　应用张量投票方法在提取边界的过程中,由于投票域的作用扩展了图像中数据点的作用范围,还可以修复部分缺失的边界。图 4.3.5 和图 4.3.6 给出两个示例。图 4.3.5 是在噪声点中提取了一个圆形边界,并将不连续的边界点连接了起来。图 4.3.6 是针对典型的主观轮廓图形之一——Kanizsa 矩形所作的试验,可以看到缺失的边界得到了修复。

(a) 边缘片段及噪声　　　(b) 增强边界显著度图　　　(c) 边界检测结果

图 4.3.5　边界修复示例一

(a) Kanizsa 矩形　　　　　(b) 主观轮廓修复结果

图 4.3.6　边界修复示例二

4.4　取向估计

这里仅给出张量投票进行取向估计的计算流程,说明其输入数据既可以是已经完成取向估计的数据,也可以是不包含取向信息的标量数据。

4.4.1　方法描述

张量投票算法本身可以进行取向估计,此时应用的是圆形或球形投票域,各数据点对邻域数据点进行各向同性的投票,根据投票叠加的结果就可以得出数据点的取向,其流程如图 4.4.1 所示。这里与边界提取相似,投票点的取向起主要作用,而其灰度的差别忽略不计。

以二维为例,令投票后各点的张量表示为

$$T=\begin{bmatrix} t_{11} & t_{12} \\ t_{21} & t_{22} \end{bmatrix} \tag{4-4-1}$$

从而,主取向角为

$$\theta=\frac{1}{2}\arctan\left(\frac{2t_{12}}{t_{11}-t_{22}}\right) \tag{4-4-2}$$

主特征矢量为

$$\boldsymbol{e}_1=\begin{bmatrix} \cos\theta \\ \sin\theta \end{bmatrix} \tag{4-4-3}$$

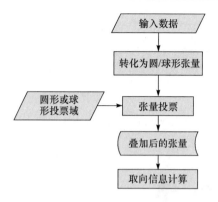

图 4.4.1　取向估计的计算流程

4.4.2　实验结果示例

图 4.4.2 是对"Pretzel"图像的处理结果。为说明算法的鲁棒性,在原始图像中添加了部分噪声,如图 4.4.2(a)所示;取向估计之后的切线集合如图 4.4.2(b)所示,大部分随机噪声被抑制掉了;曲线检测结果如图 4.4.2(c)所示。

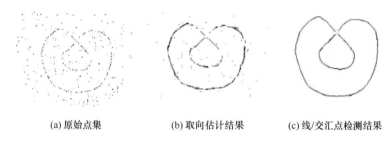

(a)原始点集　　　　　　(b)取向估计结果　　　　　(c)线/交汇点检测结果

图 4.4.2　Pretzel 图像的处理结果

张量投票对曲线、交汇点综合检测的示例如图 4.4.3 所示。图 4.4.3(a)为输入的原始点集,该点集构成两个相交的椭圆。图 4.4.3(b)为取向估计之后的切线段的图示。图 4.4.3(c)为曲线检测的初始结果。图 4.4.3(d)为交汇点检测的初始结果,其中交汇点的灰度较深。图 4.4.3(e)为最终结果。

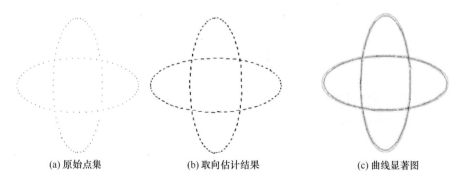

(a)原始点集　　　　　　(b)取向估计结果　　　　　(c)曲线显著图

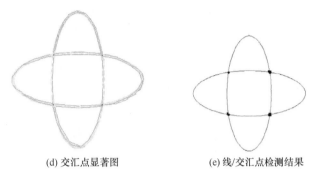

(d) 交汇点显著图　　　　　　　(e) 线/交汇点检测结果

图 4.4.3　线/交汇点检测示例

图 4.4.4 是对 Spiral 图像的曲线检测结果。输入同样是无取向信息的离散点集,图 4.4.4(a)为原始图像。图 4.4.4(b)是取向估计之后的切线段集合。图 4.4.4(c)是最终检测出的螺旋线。

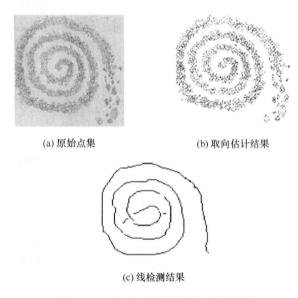

(a) 原始点集　　　　　　　　(b) 取向估计结果

(c) 线检测结果

图 4.4.4　"Spiral"图像的曲线检测结果

4.5　图像灰度/颜色校正

在图像形成的过程中,无论场景是运动还是静止,都会由于环境光照的变化、相机的移动和旋转、成像系统的"渐晕"效应、数字化、噪声、相机内部参数的调整、畸变、带宽有限等原因引起图像灰度/颜色的失真和不同时刻成像的灰度/颜色不一致[60],而且运动和遮挡等情形会使上述问题恶化。

图像校正是指对失真图像进行复原性处理。图像校正的基本思路是,根据图像失真原因,建立相应的数学模型,从被污染或畸变的图像信号中提取所需信息,沿着使图像失真的逆过程恢复图像本来面貌。图像校正主要分为几何校正和灰度校正。几何校正一般是通过一些已知的参考点,即无失真图像的某些像素点和畸变图像相应像素的坐标对应关系,拟合出映射关系中的未知系数,作为恢复其他像素的基础。灰度校正是根据图像失真情况,以及所需的图像特征,可以采用不同的修正方法,如针对图像成像不均匀如曝光不均匀可采用灰度级校正,针对图像某一部分或整幅图像曝光不足可使用灰度变换,为使图像具有所需要的灰度分布可进行直方图修正等。这里所说的图像灰度/颜色校正是指对失真图像的灰度/颜色进行的复原性处理[61]。

4.5.1　相关工作

目前图像灰度/颜色校正的相关工作可以分为两大类:一类是嵌入式校正,将不同时刻拍摄照片中的重叠区域的像素灰度/颜色进行混合后再平滑,使其灰度/颜色一致;另一类通常被称为辐射定标,实际的复原过程是通过若干张在不同曝光度下拍摄的静态场景的照片来估计响应函数。这里的响应函数是综合了前面提到的引起灰度/颜色失真原因的各种因素的一个全局灰度/颜色映射函数,使其能从失真图像计算真实图像的估值,并根据预先规定的误差准则,最大限度地接近真实图像。辐射定标在遥感图像处理过程中是非常重要的一步[62]。下面分别列举相关方法。

① 在嵌入式校正中,颜色混合法[63]用 Levenberg-Marquardt 方法估计区域的一致性,然后用双线性加权函数去混合交叠区域的颜色,但是会因曝光度不同而遗留一些色斑。文献[64]为获得更好的混合效果采用羽化算法,但在不同的光照条件下会有不自然的缝隙。Davis[65]以垂直投影为假设条件通过扩展阶段性校正方法减小区域模糊实现了一种全局校正方法。Uyttendele 等[66]采用分块计算的方式及均值、插值函数获得更自然的过渡效果。文献[67]通过加入空间变换滤波器获取 360 度动态覆盖的场景信息。

② 在辐射定标类方法中,响应函数的估计方法有高阶多项式逼近法[77]、最大似然估计法等[68],但这类方法只能处理一些有成像或噪声模型的静态图像,需要相机曝光度之类的先验信息。Healey 等[69]应用这种方法对成像过程进行建模并消除传感器噪声。文献[70]中提出一种校正"渐晕"效应的参数化方法及其正确性的评估方法。Kim 等提出一种可以同时估计全局响应函数并校正"渐晕"效应的方法[71],该方法只利用距图像中心等距离的若干匹配点(较随机采样点数要多),所以计算效率较高。Kang 等[72]提出一种基于图的方法,将局部和全局校正统一到一个框架之下,该方法将多帧图像之间的关系用图表示,图中每条边都与一个反

映两顶点之间校正准确度的代价函数相联系,全局校正可通过最优路径搜索来完成。Grossberg 和 Nayar[73]开发了一个实际相机响应函数的数据库以更好地估计响应函数。Li 等[74]提出根据单幅图像的颜色分布采用贝叶斯方法计算校正结果。Lee 等[75]重点研究了不同曝光度下静态场景的亮度、边缘附近颜色混合的线性结构等包含的低阶不变量,提出一种基于阶最小化的方法,并证明了几种不同的辐射校正方法可以统一在这一计算框架之下。Grossberg 和 Nayar [73]使用不同曝光度下两幅图像的灰度直方图来校正存在相机或场景运动的图像,无需图像匹配,并指出在缺乏曝光度比率的先验知识的情况下,估计总是存在指数模糊性,只是在实际中可以发挥作用。此外,还有研究者依据图像中包含的统计信息来进行辐射校正,例如 Farid 通过在频域最小化特定的高阶相关函数来完成盲伽马估计[76]。

4.5.2　方法描述

张量投票方法采用与辐射定标类方法类似的思路解决这一问题,但在进行图像颜色/灰度校正处理时无需建立复杂的模型,而是应用二维张量投票直接修复图像的平滑曲线、去除噪声点,以及处理一些遮挡问题[60]。对于灰度图像,算法是对其直接处理;对于彩色图像,算法需对三个颜色通道分别处理之后再颜色合成。与二维张量投票不同[60],投票主体不是二维图像中的像素点,而是多幅图像重叠部分的像素灰度;投票的目的不是为提取几何特征,而是计算显著度对比,因此投票针对像素灰度在多幅图像的联合空间进行;施加的约束条件不单单是平滑性约束,还增加了单调性约束;投票值不再是某一像素的所有邻域点,而是其相关列的其他像素点;投票的尺度不再单一,而是多尺度。

算法假定图像 I 的成像模型为

$$I = u_I(V) \tag{4-5-1}$$

其中,V 表示图像 I 所对应的实际场景的亮度;$u(\cdot)$ 为图像对实际场景的响应函数,下标对应相应图像,即

$$u(\cdot) = (f \cdot k)(\cdot) \tag{4-5-2}$$

其中,$f(\cdot)$ 表示全局响应函数,体现整体曝光度的影响;$k(\cdot)$ 表示局部响应函数,与像素位置、成像系统的"渐晕"效应、数字化、噪声、相机内部参数的调整、畸变、带宽有限等因素有关。

张量投票算法用全局替代函数 $g(\cdot)$ 模拟 $f(\cdot)$,用局部替代函数 $l(\cdot)$ 替代 $k(\cdot)$ 的作用,算法输入是两幅在不同曝光度下拍摄的具有重叠场景的图像 I 和 I',并假定两幅图像对应的实际场景的亮度之间存在以下关系,即

$$r(x,y) = \alpha r'(x',y') \tag{4-5-3}$$

其中,$r(x,y)$ 和 $r'(x',y')$ 分别代表两幅图像对应点处的亮度;α 表示两者之间的

系数。

此外,两幅图像中重叠区域的匹配点满足单调性约束,即若给定两组匹配点 $(x_1,y_1) \leftrightarrow (x'_1,y'_1)$ 和 $(x_2,y_2) \leftrightarrow (x'_2,y'_2)$,如果 $I'(x'_1,y'_1) > I'(x'_2,y'_2)$,则 $I(x_1,y_1) > I(x_2,y_2)$。

在具体计算过程中,算法首先要进行倾斜校正,即计算变换函数 $w(\cdot)$ 使得 $w(I'(x'',y'')) = g(w(I'(x',y')))$,然后估计全局校正函数 $g(\cdot)$,使得

$$\min \left\{ \sum (I(x,y) - g(I'(x'',y'')))^2 \right\} \qquad (4\text{-}5\text{-}4)$$

为克服直接用全局替代函数校正时引入的不自然瑕疵,在全局替代函数 $g(\cdot)$ 推导完成后,全局校正过程是通过式(4-5-5)进行递增计算的,即

$$\Delta g(I') = \frac{1}{\Delta j}(g(I') - I') + I' \qquad (4\text{-}5\text{-}5)$$

其中,$\Delta j > 1$ 用于控制每次迭代的步长。

最终生成的校正图像 $I''(x',y')$ 满足

$$w(I''(x',y')) - \Delta g(w(I'(x',y'))) = 0 \qquad (4\text{-}5\text{-}6)$$

由 I 和 I' 构成的联合图像空间建立之后,就要对各像素点形成张量表示。最初是编码是圆形张量,令其两特征值相等,即 $\lambda_{max} = \lambda_{min} = \lambda$,其中 λ 为联合图像空间中张量 $T(d_1,d_2)$ 的特征值,(d_1,d_2) 为联合图像空间的坐标,且相应的特征矢量分别为 e_{max} 和 e_{min},则数据的张量表示为

$$T = \lambda(e_{max}e_{max}^{\mathrm{T}} + e_{min}e_{min}^{\mathrm{T}}) \qquad (4\text{-}5\text{-}7)$$

$$\lambda = b + \beta \cdot \Delta s \qquad (4\text{-}5\text{-}8)$$

其中,b 为每个张量的基本值;Δs 为递增的尺度参数;β 为调整因子,由两幅图像中的重合区域内满足 $I'(x',y') = d_1$ 且 $I(x,y) = d_2$ 的像素对的数目决定。

为克服成像过程中的"渐晕"效应,β 可用图像"渐晕"效应模型中泰勒展开式的前两项代替,即

$$\lambda = b + \sum_{\beta} \frac{\Delta s}{1 + \frac{1}{2}\left(\frac{4}{f}\right)^2 \cdot d^2 + O(d^2)} \qquad (4\text{-}5\text{-}9)$$

其中,f 为输入的参考图像的焦距,一般设为 50;d 为像素点距离成像焦点的距离。

实验结果表明 f 值的改变对投票结果的影响不大。这里引入了多尺度投票,其主要目的是为了加速投票过程,具体实现是应用高斯金字塔算法建立图像的分层结构,每个父节点都有四个子节点,只有前一尺度投票结果在显著曲线上才会进入下一轮更细尺度上的投票。

张量投票通过在联合图像空间进行曲线检测并施加单调性约束来推导全局替代函数,曲线显著度用 $(\lambda_{max} - \lambda_{min})$ 表征,需要指出的是,张量投票方法并不计算 $g(\cdot)$ 和 $l(\cdot)$ 的显式函数表达式,而是得到其变化曲线,根据曲线上相应点的显

著度值选择最佳的灰度/颜色校正值。

图像灰度/颜色校正的具体计算流程如图 4.5.1 所示,其中图像的倾斜校正,即 $w(\cdot)$ 函数的计算,采用的是文献[64]的方法。全局替代函数 $g(\cdot)$ 的计算流程如图 4.5.2 所示,应用了两次张量投票,第一次投票采用的是圆形投票域。局部校正函数 $l(\cdot)$ 的计算与 $g(\cdot)$ 的计算具体流程基本相同,只是由于局部校正针对的是"渐晕"效应,先要比较交叠区域内所有的色差,并选出最大值用来归一化,使得张量投票的量化间隔和最大值得到控制。当校正结果小于预先设定的误差容限时,停止迭代优化过程,输出校正结果。

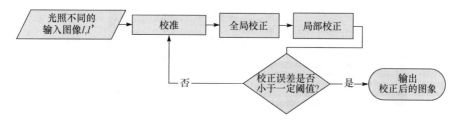

图 4.5.1　张量投票进行灰度/颜色校正的计算流程

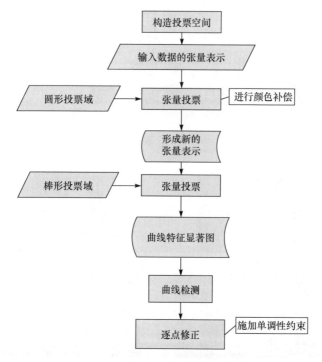

图 4.5.2　全局替代函数的计算流程

4.5.3 实验结果示例

图 4.5.3~图 4.5.5 给出了应用这一方法进行灰度校正或对比度校正的实验结果。图 4.5.3 以一幅根据用户输入的焦距预先粗略调整图像作为参考图像的实验结果。图 4.5.3(a)是进行局部校正前的图像拼接结果,可以看出不同灰度之间的过渡并不平滑,存在"渐晕"效应。图 4.5.3(b)为校正后的叠加图像及交叠区域的局部放大结果。

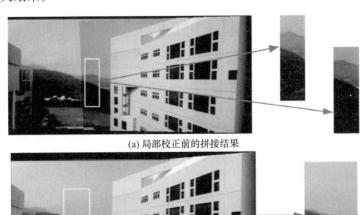

(a) 局部校正前的拼接结果

(b) 校正后图像及交叠区域的放大显示结果

图 4.5.3 图像灰度/颜色局部校正示例

(a) 输入图像

(b) 输入图像

(c) 图像匹配结果

(d) 校正图像

图 4.5.4 对遮挡情况下的灰度校正示例

(a) 输入图像　　　　　　　　　　　　　　　　(b) 校正图像

图 4.5.5　对含噪图像的灰度校正示例

图 4.5.4 是对遮挡情况下的灰度校正示例,这里假定遮挡物的颜色分布是分段的常值函数。如果按照图 4.5.1 所示的流程不能在设定的迭代次数后收敛,则需要重新计算两幅图像重叠区域的色差,然后根据色差进行图像分割、分配权值,最后逐级映射成两幅图像并迭代计算各分割区域的颜色校正值、移除遮挡物[60]。图 4.5.4(a) 和图 4.5.4(b) 是两幅输入图像,图 4.5.4(b) 包含一个遮挡了大部分场景的人;图 4.5.4(c) 为图像匹配结果,即找到两幅图像之间的对应点;图 4.5.4(d) 为校正结果,可以看到遮挡被移除的效果很好。

图 4.5.5 为对含噪图像的灰度校正示例,这些图像是通过一个低质量的网络摄像机拍摄的,包含大量随机噪声。图 4.5.5(a) 是根据原始图像序列构建的拼接图像;图 4.5.5(b) 是颜色校正后的结果,可以看到,颜色的分布和过渡得到了优化。这组实验结果说明算法对噪声的鲁棒性。

4.6　文字预处理

随着计算机和网络技术的发展,对文字图像进行计算机处理的需求越来越迫切,文字识别应运而生,成为办公室自动化、新闻出版、机器翻译、文本挖掘、字音转换[77]等领域中最为理想的输入方法。此外,文字识别后将庞大的黑白点阵图像压缩成机器内部编码,压缩量在 100 倍以上,对提高通信容量及速度也是大有好处的。可以说,文字识别是在强大的社会需求推动下发展起来的一种以功能实现为目标的图像处理技术,其基本原理是将输入文字与各个标准文字进行模式匹配,计算相似度(或距离),将具有最大相似度的标准文字作为识别结果。信息处理领域中使用文字识别技术可以大大提高计算机的使用效率。但是,为了模式匹配,必须首先对输入的文本图像预处理,实现文字检测和文字分割等处理步骤。显然,文字预处理的效果越好,后续的识别越容易。于是,文字预处理随着文字识别技术的发展成为一个比较活跃的研究领域[78]。

目前,文字识别技术从识别文字的难度划分,主要分为手写体文字识别和印刷体文字识别;从识别的文字类型来划分,可以分为汉字、英文、数字三种。无论是哪种文字识别,其基本处理流程都可用图 4.6.1 概括。

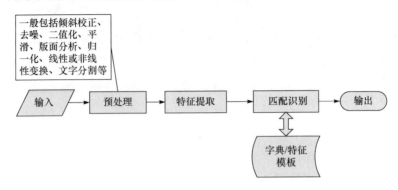

图 4.6.1　文字识别的一般处理流程

输入一般是由扫描仪、数码相机或者其他数字图像获取设备,把打印或写在纸上的文字转换成具有一定灰度值或彩色颜色值的数字采样信号送入计算机得到原始文字图像,如图 4.6.1 所示。

预处理环节一般包括去噪、倾斜校正、斑点去除、二值化、平滑、文字检测(版面分析、线表移除)、文字分割、归一化、线段抽取等,但是根据具体处理方法和目的,预处理的各个步骤不仅顺序可以互换,有些步骤还可能被替换、合并或省略。预处理方面涉及的方法有线形归一、非线性归一、细化、骨架化、整形变换和模糊变换等。

特征提取是在预处理的基础上,提取笔画、笔顺、角点等特征,有些方法将一些笔画或字符组合成部件作为新的特征进行检测。

匹配识别过程是采用模式识别和人工智能的理论和方法依据特征提取结果与字典中的字或者特征模板进行模式匹配,匹配结果作为识别结果输出。常用的方法有关系结构匹配、松弛匹配、逻辑匹配、贝叶斯规则、统计偏差等[78,79]。

从图 4.6.1 可以看出,对输入图像进行预处理和特征提取是匹配识别的前提,因为文本质量、字体变化、书写风格及工具的变化,以及纸张的污损等对于识别的正确率影响都很大。

虽然文字预处理中的每一部分都有大量的研究成果,但是张量投票算法的应用主要集中在倾斜校正和特征提取这两部分。

4.6.1　相关工作

1. 特征提取

特征提取通常被认为是文字识别过程中最重要的一环。所提取特征的稳定性和有效性,直接影响识别的性能。特征提取方法虽然形形色色,但根据特征类型可以划分为结构特征、统计特征和混合特征三种[80]。

结构特征主要包括字符的笔画端点、交叉点、环、笔画走向、孤立点、笔画关系等特征,常用的方法有骨架扫描法、笔画代码、方向特征法、部件识别法[81]、Gabor特征法等。骨架扫描法是在细化后的文字骨架上进行,通过顺序扫描计算所有像素的交叉点类型、数目、提取笔画端点等。笔画代码先标定字符像素点的方向代码,再抽取子笔画并生成子笔画点阵,分横、竖、撇、捺四个。方向特征法提取部分字符笔画的相对位置关系特征,可在笔画边缘点上根据边缘方向在横、竖、撇、捺四个方向属性量化编码或对字符图像顺序扫描生成特征网格,构成一个待识别字符的完整特征矢量。部件识别法把一些文字笔画组合成部件进行整体识别,这种方法实际上是将底层特征组合成了中层特征——部件[81],然后在部件的基础上完成高层识别工作。Gabor特征法需重采样字符点阵并设计 Gabor 滤波器在每个采样点上计算若干 Gabor 特征[82]构成特征矢量。

统计特征是对整个图像或部分图像进行数值测量的计算,梯度特征、笔画密度特征、投影特征、弹性网格特征、几何矩特征等均可划分为统计特征。梯度特征是将目标像素的邻域分成若干扇形区域,对邻域内每一目标像素计算梯度值,再统计每一扇形区域内梯度不为零的像素数目排列起来得梯度特征矢量。笔画密度特征从分析字符本身的拓扑结构入手,从不同方向扫描归一化后的字符点阵图像,把各方向扫描线横切字符笔画的次数做叠加得特征矢量。投影特征分别对图像点阵区域进行 X 轴、Y 轴方向上的投影得到字符像素的统计直方图,字符水平和垂直密度的直方图特征可以较好地反映字符的结构和笔画特征,对整行文字投影还可定位文本行的基线。弹性网格特征抽取法是将字符进行横、竖、撇、捺四个方向分解,然后根据笔画分布构造一组非均匀的弹性网格,具体做法是将弹性网格分别作用于待识别字符的四个方向分量上,得到字符像素点在网格中的概率分布统计作为字符的特征[80]。几何矩特征将矩不变量作为特征,对各种干扰适应性强,在线性变换下保持不变[83]。

混合特征将结构特征与统计特征相结合,既吸收了统计特征的优点,又利用了字符的结构信息。代表性方法有笔画分布的概率密度函数、特征点的高斯密度函数等[80]。

2. 倾斜校正

倾斜文档图像是指文献在电子化过程(扫描等)中,由于外界因素影响造成扫描的文档与图像正边成一定角度,即倾斜现象,这种图像称为倾斜文档图像。在文本扫描过程中,图像倾斜给阅读和识别带来很大困难。实践经验表明,3°以上的倾斜会引起字符的明显变化,给文本分割和识别造成很大困难。此外,在表格处理中,图像的倾斜会引起表格识别及其信息处理困难。倾斜文档图像校正(即倾斜校正)是指针对倾斜现象,通过各种图像处理技术,校正文档图像中倾斜区域的技术。这是一项重要的预处理技术,其应用非常广泛。例如,提高文字识别率从而提高文档自动化处理效率、车牌号码自动识别与交通监视、手写体自动识别、名片自动归类等。倾斜校正可通过某种人机交互手段人工完成,也可由计算机自动完成。

自动倾斜校正可以分为整体倾斜校正和局部倾斜校正。整体倾斜校正可以采用统计图像左右两边的平均像素高度,通过计算整体倾斜度来进行校正,这种方法对于像素较多的图像处理效果明显,而且实现简单快速,但是对于那些已经处理过的单一数字图像并不适用,因为此时的图像一般较小,且笔画较细,由于信息太少造成统计结果不正确。局部倾斜校正,是认为文档图像呈现的是非一致性倾斜,局部的倾斜特征不一样,针对局部倾斜特点做出的校正,局部倾斜校正也称为扭曲校正。

倾斜校正的关键是测得输入图形页的倾斜角度,常用方法有外接矩形法、连通体检测法、投影轮廓分析法和基于 Hough 变换的方法[80,84]。外接矩形法是通过求解文字图像的最小外接矩形(即刚好把所有文字包围在内的矩形框)边的倾角作为校正依据。在连通体检测法中,连通体是一个灰度值相同的像素集合,这个集合中任意两个像素之间都是 8 近邻关系,如果已知文字行的方向(水平或垂直),就可以将连通体合并成文字行,并用直线逼近,该直线的倾斜角即为文字行的倾角,对整幅图像的文字行作同样分析,选择出现频率最高的角度作为整幅图像的倾角。投影轮廓分析法是将图像沿其文字行的方向(如水平方向)作投影,并在候选倾斜角度范围内转动图像,直至出现明显的波峰和波谷为止,此时得到的角度就是文档的倾斜角。基于 Hough 变换的方法一般流程为先对文档进行连通区域搜索,取各连通区的中点,然后对中点进行 Hough 变换提取出倾角,最后根据 Hough 变换结果计算的倾角进行反向旋转。

倾斜校正的思路还可扩展到解决扭曲校正问题,同样是在图像二值化的基础上,先定位文本行(先垂直扫描图像,找出任何长度大于 l 的垂直线,l 为一个去噪阈值,目的是去除一些不必要的噪声点,取垂线中点,设为 1,其余作为背景点),再用最小二乘法拟合曲线,最后选出两条标准曲线进行校正。

4.6.2　方法描述

在文字处理方面,张量投票方法既可以将汉字笔画包含的特征提取出来,也可以进行文字的倾斜校正,针对的问题正是文字图像预处理的两个难点。

1. 特征提取

汉字的复杂性使得细化、骨架化的工作非常艰巨。汉字数量庞大,古今汉字总数约有六万个。常用的《新华字典》收字约 8500 个。另外,中国汉字主要有四种字体,不同字体不但笔画粗细有明显差异,整字的形态和笔画走向也有所变化。不同字体的同一单字,除了拓扑结构基本相同外,其字形、偏旁部首与主体部分的比例、位置,以及笔画的形态、长短、粗细、位置等都有一定差别。总体说来,不同字体的同一个字,其点阵图形是不一样的,而用计算机自动识别时,往往不能把它们看作相同的字[85]。

张量投票方法首先对输入的汉字进行笔画的边界提取,然后通过曲线和交汇点提取形成汉字的骨架和交汇点,从而有利于文字识别[86]。简化的流程如图 4.6.2 所示。这里的输入是附带极性信息的张量数据,需在投票方程的右端乘上极性信息,如令 q 点的坐标为 (i,j),则该点的投票结果是通过张量求和得到的,即

$$\mathrm{TV}(i,j) = \sum_{m,n} \mathrm{sign}(\boldsymbol{u}(i,j) \cdot \boldsymbol{e}_1(m,n)) \cdot \mathrm{TV}(\boldsymbol{T}(m,n), P(i,j))\mid_{(m,n) \in N(i,j)}$$

$$(4\text{-}6\text{-}1)$$

其中,$\mathrm{TV}(i,j)$ 代表投票结果;$\mathrm{TV}(\boldsymbol{T}(m,n), P(i,j))$ 代表邻域点 $P(m,n)$ 处的张量相对于 (i,j) 的投票值;$\boldsymbol{u}(i,j)$ 表示被投票点正极性方向的单位矢量;$\boldsymbol{e}_1(m,n)$ 表示投票点的主特征矢量。

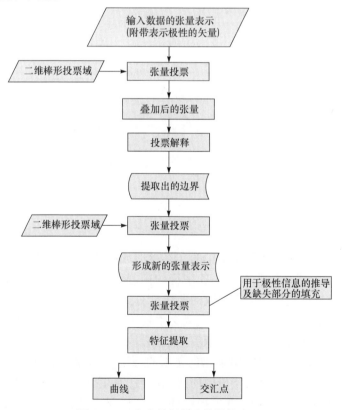

图 4.6.2　文字特征提取的计算流程

　　张量投票提取文字特征的应用示例如图 4.6.3 所示[1]。输入的文字为"少"、"花"、"而",如图 4.6.3(a)所示;张量投票算法首先依照边界提取的计算流程提取出文字边界,如图 4.6.3(b)所示;进一步提取出的骨架如图 4.6.3(c)所示;应用张量投票检测交汇点的结果如图 4.6.3(d)所示,其中交汇点用浅灰色标识。可以看到,边界、骨架和交汇点的信息与人眼的感知结果一致。

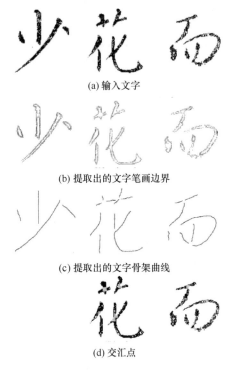

(a) 输入文字

(b) 提取出的文字笔画边界

(c) 提取出的文字骨架曲线

(d) 交汇点

图 4.6.3　中文文字特征提取示例

2. 倾斜校正

　　张量投票方法利用倾斜文本中的文本行形成曲线的特点,将该问题转化为曲线检测问题。首先提取文本行中各字符的中心点(在去掉过大或过小的笔画之后),然后通过提取这些中心点形成的曲线计算文本行的倾斜度,最后根据计算出的倾角对整篇文字反向旋转,从而实现文本校正。这一应用的处理流程和实验结果示例如图 4.6.4 和图 4.6.5 所示[1]。

　　张量投票方法还可以应用于彩色文本的分割[87]和文字检测[88,89]。该方法应用于彩色文本分割是通过张量投票使目标区域的显著度增强并抑制噪声,然后通过成分标注算法,将不同的显著度标记分层,将相邻且显著度相近(小于显著度最大值和最小值之差的十分之一)的层合并后重新标注,最终使目标区域和噪声区域产生两极分化,从而达到确定分割阈值的目的。这种方法对彩色图像用 HIS 空间的三个分量之差求和再求平均来度量,大于 15 为彩色,用色度来分析;否则,判断为黑白图像,用亮度分析。文献[88],[89]分别应用张量投票进行文字检测和定位,虽然实现方法有些差异,但都是根据文字字母距离较近且通常在一条直线或光滑曲线上的特点来应用张量投票提取文字线信息,实际上就是根据张量投票获取文字线的显著度来检测文字线,提高了检测的准确性和定位精度。

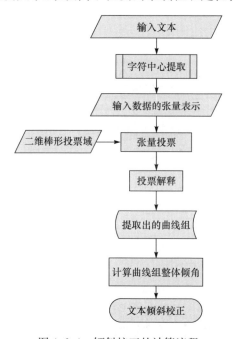

图 4.6.4　倾斜校正的计算流程

(a) 输入文本

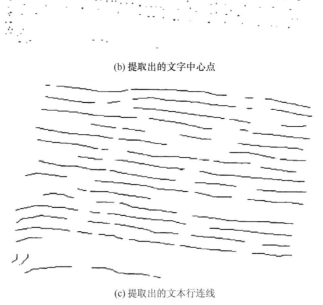

(b) 提取出的文字中心点

(c) 提取出的文本行连线

Other relevant work includes the methods of probabilistic occupancy grids developed by Elfes and Matthies [10]. Their volumetric grids is a scalar probability field which they update using a Bayesian formulation. The results have been used for robot navigation, but not for surface extraction. A difficulty with this technique is the fact that the best description of the surface lies at the peak or ridge of the probability function, and the problem of ridge-finding is not one with robust solutions [8]. This is one of our primary motivations for taking an iso-surface approach in the next section. It levers us off of well-behaved surface extraction algorithms.

The discrete-state implicit function algorithms described above also have much in common with the methods of extracting volumes from silhouettes [15] [21] [23] [27]. The idea of using backdrops to help carve out the emptiness of space is one we demonstrate in section 4.

3　Volumetric integration

(d) 校正后的文本

图 4.6.5　倾斜文本校正示例

4.7　图像压缩

一幅实用的数字图像的数据量是非常巨大的,这给图像的传输和存储带来相当大的困难。鉴于此,人们自然会考虑下面的问题,在满足一定图像质量的条件下,能否减少图像的比特数,最少能少到多少,用什么方法减少等。于是,图像压缩技术应运而生。图像数据压缩在较多的情况下是为了有效存储和传输,减小图像中的冗余信息的编码技术。随着网络技术的发展和图像、视频需求量的增大,图像压缩的应用和研究日益广泛。

4.7.1　相关工作

图像数据压缩过程或系统无论采用什么具体结构和技术,从原理上讲有变换、量化、编码 3 个环节,如图 4.7.1 所示。首先,对原始图像进行某种形式的变换或对数据形式简单整理,这里的变换是广义的,变换的作用是根据数据的统计特征将原始图像用另一种形式在一个新域中表示,改变图像数据的特性,使在变换域中图像能用较少的像点或较少的比特数表示。然后,对变换结果进行量化,量化的目的是以降低准确率为代价增加压缩比。现有的量化方法主要可分为标量量化和矢量量化,对量化器的要求是在一定的允许客观误差或主观察觉图像损伤条件下,总的量化等级数尽量少,并便于实现。最后,编码器的编码方式应和信号的概率特性相适应以求得较大的压缩比且抗扰性强。为了便于图像能高质、高速或小容量地传输或存储,图像压缩的基本技术要求是在无失真或允许一定失真条件下,尽量用较少的比特数,并且具有较强的抗扰能力。这三个技术指标往往是相互制约的,例如一味追求比特少可能要产生失真和抗扰性差。在实际问题中,要综合考虑这三个指标,以达到总体最优[90]。

图 4.7.1　图像数据压缩的一般过程

根据信息损失程度,图像压缩方法可以分为客观无损压缩、主观无损压缩和主观有损压缩。客观无损压缩主要用于像医学图像处理、技术图纸、剪贴画或连环画等,其余两种有损压缩主要应用于摄像等对少量信息损失不敏感的领域。

现有客观无损压缩的方法有:行程编码,主要用于 PCX 类图像,有望推广到位图、标签图像等文件格式;预测差值编码等预测编码技术,例如李进等[91]针对高光谱图像采用中值预测器和两步双向预测算法,并与参考预测值比较得出一种改进的预测编码算法;Huffman 于 1951 年提出霍夫曼编码,根据图像的灰度直方图特征,用最小比特数的编码表征最经常出现的灰度级,更大比特数的编码表征次常出现的灰度级,依此类推,以达到总比特数最小化的目的;利用图像相关信息的马尔可夫模型,该模型将某一位置像素及其灰度定义为一个由邻域像素决定的函数,最简单的情况由一阶马尔可夫模型定义,此方法还可扩展到高阶;矢量编码与霍夫曼编码类似,只是将像素成对处理,形成矢量,不同的图像需要不同的矢量编码才有效率;改进的霍夫曼编码将出现概率很低的码字一律用"ELSE"代替,以提高编码效率;自适应霍夫曼编码,根据变化的统计规律自适应调整编码规律;算术编码是与霍夫曼编码类似的一种变长编码,不同的是灰度级不局限于整数,也不局限于对单个像素编码,而且使用树型数据结构编码;基于字典的压缩方法将常用的字符、字符串或灰度级用符号表示,建立数据字典作为压缩编码/解码的依据,字串表编码就是在无先验统计知识的情况下较为有效的一种熵编码方式。

有损压缩(包括主观无损压缩和主观有损压缩)的方法有变换编码,即进行正交变换、子带编码、小波变换[92,93]、分形变换等在变换域中完成数据压缩,图像压缩领域的 JPEG 标准就先是采用分块离散余弦变换[94],后又改进为小波变换进行图像压缩的;颜色空间转换,如用 HIS 空间替代 RGB 空间表示颜色;带优化裁减的嵌入式块编码方法,即在比特流的基础上执行嵌入式分块优化编码[95];基于偏微分方程的编码方法,采用自适应三角化和 B-树编码对图像预处理以删除部分冗余像素,然后通过基于偏微分方程的边缘增强式扩散过程对编码结果进行进一步的编解码处理[96];形状自适应图像压缩将图像分割成若干部分(边界和内部纹理区域等),然后对各部分根据其局部特征和颜色分布分别变换编码,最后再合并,由于利用了图像分割结果,各区域内部相似度较高,所以压缩比较大[97];线性样条曲线法,通过在图像的 Delaunay 三角化结果中用样条函数拟合图像中的较为重要的目标像素点,然后用样条曲线信息来表征图像压缩结果达到去除冗余的目的[98];何艳敏对基于稀疏表示的图像压缩方法进行了研究[99],讨论了传统和新型图像编码方法,以及适应新媒体环境的可伸缩编码技术和基于冗余稀疏表示的编码基本框架。

较重要的变换方法、量化方法、编码方法如图 4.7.2 所示[90]。此外,图像压缩技术已有标准的测试数据及评估网站[100]。对于图像压缩效果的评价指标,一类是度量压缩程度的压缩比,另一类是压缩质量比较指标,主要包括均方误差和峰值信噪比等。

4.7.2　方法描述

Tai 等[101]提出一种应用多尺度张量投票同时完成图像去噪和压缩的方法。该方法针对彩色图像首先定义一系列的投票尺度,然后通过投票和组织过程一方面滤出那些在任何尺度下都不符合颜色分布规律的高斯模型的噪声点,另一方面

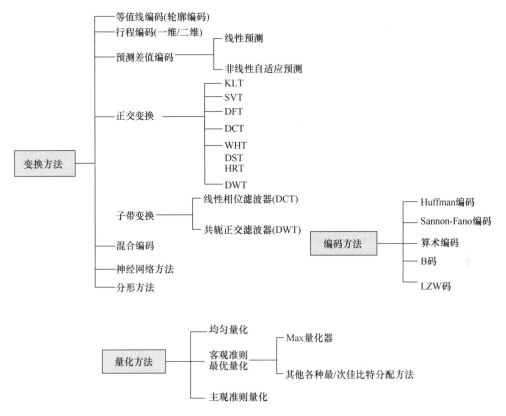

图 4.7.2 图像压缩应用的一些主要方法

选择最佳尺度进行特征提取,最后选择一组有代表性的特征表示原图像,并用张量投票的投票域作为图像重建时应用的"滤波器",从而实现图像去噪和压缩。该方法的计算流程如图 4.7.3 所示。

在图 4.7.3 中,多尺度颜色分析是用最大期望算法计算多个预定义尺度下各像素点颜色分布的高斯模型,获得各尺度下高斯模型的均值矩阵和方差矩阵。

是否符合高斯模型需要在各预定义尺度上分别判别,在任何尺度上都不符合估算模型的点被判为噪声点而舍弃;对剩余的目标点,根据其模型方差的大小判为边界点或区域点。判别标准是若方差较大,则判别点在边界上(颜色变化较大);否则,判为在区域内部(颜色比较平滑)。

接下来分别对边界点和区域内部点进行张量投票,对于边界点集,令 κ 表示各数据点的曲率估计结果,D 为图像局域灰度/色度,N 为邻域大小,实验表明,对于曲线检测,最佳投票域尺度为 $\dfrac{1}{\max(\kappa)}$;对于区域代表点,最佳尺度是 $\dfrac{\max(D)}{N}$。

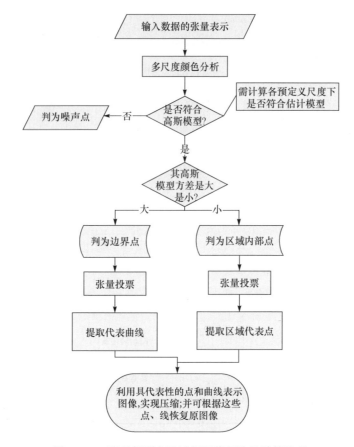

图 4.7.3　张量投票方法进行图像压缩的计算流程

随后是特征点集的选取,定义边长大小为 $\dfrac{1}{2\max(\kappa)}$ 的二维网格对图像进行规则划分,每个网格中最接近中心点的边界点选为具代表性的曲线点;与边界点的处理方法类似,对区域点的采样率为 $\dfrac{\max(D)}{N}$,即用边长大小为 $\dfrac{\max(D)}{N}$ 的二维网格对图像规则划分,取每个网格中最接近中心的区域点作为代表点。

用上述步骤获取的具代表性的点集表示图像,即可实现图像压缩,再通过这些点集及相关颜色模型的逆变换,即可恢复图像,并抑制噪声。

4.7.3　实验结果示例

实验结果如图 4.7.4~图 4.7.6[101] 所示。图 4.7.4(a)为输入图像,大小为 331KB;图 4.7.4(b)为提取出的"代表"点的集合,即对图像的压缩编码,大小为 88.9KB;图 4.7.4(c)展示了最佳尺度的颜色编码,可以用不同的颜色表示不同的尺度大小,此处用灰度表示,背景的最佳尺度和颜色平滑的区域是相似的,存在边界的地方最佳尺度比较接近,都用了黑色表示;图 4.7.4(d)为多尺度分析之后提取出的区域边界;图 4.7.4(e)为对区域边界沿曲线法线方向提取极值曲线的结果;图 4.7.4(f)为利用代表点集和相关颜色模型恢复的图像,可以看到噪声被有效地滤除了;图 4.7.4(g)为不包含区域边界的恢复图像,稍微有点模糊,不同区域的颜色有些混淆;图 4.7.4(h)计算了图 4.7.4(b)与原图像的差分。

(a) 输入图像　　　(b) 代表点集合　　　(c) 最佳尺度的　　　(d) 区域边界(多
　　　　　　　　　　　　　　　　　　　　　颜色编码　　　　　度分析结果)

(e) 区域边界(极　　　(f) 重建图像　　　(g) 无边界的重　　　(h) 重建图像与
　值曲线检测)　　　　　　　　　　　　　　建图像　　　　　　原图像的差分

图 4.7.4　图像压缩示例一

图 4.7.5 是对一自然场景处理的结果。图 4.7.5(a)为输入图像,大小为 351KB;图 4.7.5(b)为重建图像;图 4.7.5(c)为代表数据集,大小为 65.6KB;图 4.7.5(d)为图像中各区域的最佳尺度表示,注意树干和沙漠是在不同尺度下的图像。

(a)输入图像　　　　(b) 重建图像　　　　(c)代表点集合　　　(d) 最佳尺度的颜色编码

图 4.7.5　图像压缩示例二

图 4.7.6 是针对自然景象处理的另一实例。图 4.7.6(a)为输入图像,大小为 441KB;图 4.7.6(b)为重建图像;图 4.7.6(c)为代表数据集,大小为 64.1KB,压缩比近于七分之一;图 4.7.6(d)为对该图像各区域最佳尺度下的颜色编码表示。

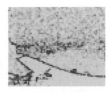

(a)输入图像　　　　(b) 重建图像　　　　(c) 代表点集合　　　(d) 最佳尺度的颜色编码

图 4.7.6　图像压缩示例三

4.8　图像去噪

实际获取的图像一般都因受到某种干扰而含有噪声。噪声可能是传感器或电子元件内部由于载荷粒子的随机运动所产生的内部噪声;电器内部一些部件的机械振动导致电流变化或电磁场变化产生的噪声;外部的天然磁电或工程磁电通过大气或电源线引入系统内部所产生的噪声;照相底片上感光材料的颗粒或磁带磁盘表面的缺陷引起的噪声;光照不均、传输通道的干扰、镜头畸变、量化编码/解码产生的数字化噪声等[102]。此外,还有一些特定图像的噪声,如设备精度、纸张杂质、印刷墨迹、折痕、污渍等产生的文本图像噪声,以及合成孔径雷达成像中不可避免的斑点噪声等。

噪声产生的原因决定其与图像信号的关系及分布特性。有的噪声与图像信号无关,这种噪声称为加性噪声,信道噪声及光导摄像管摄像机扫描图像时产生的噪声属这类噪声;有的噪声与图像信号有关,这种噪声称为乘性噪声,电视图像中由电视光栅线存在而产生的相干"噪声",照片中的颗粒噪声也属此类。噪声按概率分布类型有高斯噪声、瑞利噪声、泊松噪声、脉冲噪声、均匀分布噪声、白噪声、$1/f$噪声、αf^2噪声等。

图像去噪的目的是在去除噪声的同时保留图像细节,并尽可能少地引入假信号。从数学角度分析,这是个逆向的不适定问题。

4.8.1　相关工作

现有的图像去噪方法可以划分为空间域去噪方法和变换域去噪方法。

1. 空域去噪

空间域消除噪声最基本的方法是平滑技术,包括邻域平均法、多图平均、中值滤波等。

邻域平均法,也称均值滤波,可分为线性和非线性两种。对于线性平均,可直接进行算术平均或加权平均,还可适当选取一个阈值,当某像点的灰度与邻域灰度平均值之差的绝对值大于这个阈值时取邻域灰度平均值,或自适应地调整窗口形状和权值;对于非线性邻域平均,可计算几何均值或逆谐波均值[102],同样可加入阈值处理和自适应窗口。这种方法是最小均方误差意义下处理高斯噪声的最佳方法,但线性化处理往往使边缘变得模糊,并使某些区域过度平滑。

如果能在相同的条件下对同一景物获取若干图像,可以用多图平均法消减噪声。实验表明,参加平均的图像数目越多,消减噪声的效果越好。

中值滤波是抑制噪声的非线性处理方法。在中值滤波中,要设定像点的邻域,图像中值滤波后各像点的输出等于该像点邻域中所有像素灰度的中值,即存在一个滑动窗口,窗口内所有像素灰度的中值作为窗中被滤波像点的灰度。像脉冲噪声(椒盐噪声)在空间出现概率不大,中值滤波一般都可以取得较好的效果。经验表明,当出现的正负脉冲噪声概率均小于 0.2 时,中值滤波是可用的,而当脉冲噪声在空间上出现的概率较大时,使用中值滤波可能产生较严重的失真。

鉴于平滑方法不利于保持边缘和纹理,基于偏微分方程的方法加入了各向异性滤波[103]来避免过度平滑。偏微分方程法最早是通过各向异性扩散进行图像去噪,后来又出现了几何流法[104]。但是,基于偏微分方程的方法容易在图像平滑区域留下瑕疵。

Takeda 通过协方差矩阵提供的局部梯度信息,构造具有自适应性的引导核控制扩散方向,建立引导核回归模型,该核根据梯度信息自适应选择邻域大小及方向,通过判断边缘的主方向,对原有的高斯核进行伸缩、旋转和拉伸,使核取向尽可能沿着边缘方向,是一种简单有效的去噪模型,可以推广到图像放大、非均匀采样下的恢复、超分辨等。国内还有不少学者对这一算法进行了改进[105]。

Portilla 等发明了简单有效的高斯尺度混合算法,即在多尺度下进行高斯滤波再整合图像。在此基础上,Guerrero 等提出基于高斯尺度混合过完备金字塔图像去噪算法[106]。

Buades 等提出非局部滤波思想[106,107],将传统邻域滤波中的空间邻域扩展到广义几何意义下的结构邻域,克服了传统邻域滤波局部加权的局限性,充分利用图像中的相似性,为图像去噪研究注入了新的活力。

三维块匹配方法[108]将非局部方法与线性变换阈值、Wiener 滤波、稀疏表示等方法结合,后来又加入形状自适应块匹配三维滤波和主成分分析,是目前公认的好方法。这一方法触发了许多学者的创新思路,将非局部方法与奇异值分解、主成分分析等方法结合[105]。

上述去噪方法具有一定的通用性,还有一些特定领域的去噪方法,例如针对文档图像中特殊的反渗噪声[84],比较突出的是 Otsu 算法,该算法基于求图像的前景和背景的最大方差比,在最小二乘原理基础上推导二值化阈值,使分离度最大的阈值即为最佳阈值,这一方法特别适用于灰度直方图为双峰,且波峰之间间距不大的图像。

2. 变换域去噪

变换域的去噪方法建立在图像经过某种变换后具有一定稀疏性的基础上,是目前图像去噪领域的一大研究热点。

基本的变换域为 Fourier 变换域,根据噪声频谱具有丰富的高频分量的特点,在频域中对图像频谱低通滤波可消减噪声,也可用带阻滤波器或点阻滤波器,但可能滤除某些边界对应的频率分量,而使图像边界变模糊。

Simoncelli 和 Adelson 于 1996 年提出图像去噪的 Bayesian 原理,其后许多小波变换的去噪方法被提出,小波变换是其中研究较多的一种变换方法[105,109],可进一步细分为 B 样条小波、小波系数模极大方法、基于小波系数尺度相关法和基于小波阈值法。

Aharon 等提出 K-SVD 算法。Elad 等[110]针对高斯白噪声应用 K-SVD 算法获取数据字典,在此基础上根据贝叶斯原理对图像进行稀疏表示,反变换后即完成图像去噪。

文献[111]提出基于离散余弦变换的方法,该方法对图像的不同颜色通道进行三点正交变换之后,分别应用局部离散余弦变换变换设置阈值滤除噪声,然后通过相应的反变换恢复图像。Foi 等提出形状自适应离散余弦变换[112]。

何艳敏等[99]通过检测原子库中噪声原子的存在滤除噪声,并在原子库训练中引入基于相关系数的匹配准则和原子库裁剪方案,分别提出基于全局原子库的冗余稀疏去噪和基于空间自适应原子库的冗余稀疏去噪方法。

除上述变换方法之外,图像的多尺度几何变换(如 Bandlet 变换、Contourlet 变换、Brushlet 变换、Grouplet 变换等)[107]、曲波(Curvelet)变换[110]等在图像去噪中也有用武之地。

总体说来,空域的方法往往过渡平滑,图像细节保留不好;基于变换域的方法容易引入假信号。Chatterjee 于 2010 年和 2011 年分别从理论上和实际上给出了图像去噪性能的上界。2010 年,Katkovnik 等对图像去噪方法进行了详尽的综述,在理论上将图像去噪方法分为局部逐点估计、局部多点估计、非局部逐点估计和非局部多点估计四类,并对各种方法进行了详尽分析和实验比较。从比较结果可知,三维块匹配这类非局部多点估计去噪方法相对于其他各类方法在图像去噪上有着明显优势[112]。

4.8.2 方法描述

由于张量投票方法可以通过投票过程增强显著特征,图像中的噪声和次要特征点就会相对得到某种程度的抑制,从而可以利用这一方法进行图像去噪。目前,应用张量投票进行图像去噪有五种思路。

第一种[114]是对输入图像应用张量投票算法处理,然后对各点的结构张量逐点求特征值和相应特征矢量。

令张量矩阵为

$$T = \begin{bmatrix} t_{11} & t_{12} \\ t_{12} & t_{22} \end{bmatrix} \qquad (4\text{-}8\text{-}1)$$

则该矩阵的特征值为

$$\lambda_{1,2} = \frac{(t_{11} + t_{22}) \pm \sqrt{(t_{11} - t_{22})^2 + 4t_{12}^2}}{2} \tag{4-8-2}$$

对张量进行分解，分别构造点显著度图 $P(x, y, \lambda_2, e_2)$ 和曲线显著度图 $C(x, y, \lambda_1 - \lambda_2, e_1)$，并设定阈值 μ_1 和 μ_2，进行如下操作。

① 在 $P(x, y, \lambda_2, e_2)$ 上，若 $\lambda_2 < \mu_1$，则将相应点的张量各分量置零。

② 在 $C(x, y, \lambda_1 - \lambda_2, e_1)$ 上，若 $\lambda_1 - \lambda_2 < \mu_2$，则将相应点的张量各分量置零。

最后根据这两张显著度图复原图像，只需简单的张量叠加。为使显著度大的地方多保留一些特征点，改善去噪效果，还可对阈值确定方法进行改进，即定义为关于每个像素的函数，且靠近显著度的局部极值的地方，阈值相对小，而显著度较小的地方，阈值取得较大。

第二种思路是将张量投票与 ROF(rudin-osher-fatemin)模型结合[107]，令 f 表示观察到的图像，或称为含噪图像，μ 为理想的无噪图像，n 为噪声，且 $f = \mu + n$，原始的 ROF(rudin-osher-fatemin)模型为

$$\min_{\mu} \left(\int_{\Omega} |\nabla \mu| \, \mathrm{d}x + \frac{\lambda}{2} \int_{\Omega} (\mu - f)^2 \, \mathrm{d}x \right) \tag{4-8-3}$$

其中，$\int_{\Omega} |\nabla \mu| \, \mathrm{d}x$ 为平滑性约束的正则项；$\frac{\lambda}{2} \int_{\Omega} (\mu - f)^2 \, \mathrm{d}x$ 为保真项；λ 为调整正则项和保真项之间重要性比例关系的常数。

加入张量投票方法改进后，参数 λ 不再是个常数，而是用式(4-8-4)计算，即

$$\lambda = 1/k(x) = 1/(-b \cdot \mathrm{cs}(x) + K), \quad K > b > 1 \tag{4-8-4}$$

其中，$\mathrm{cs}(x)$ 为 x 处根据张量投票结果计算的曲线显著度函数，即

$$\mathrm{cs}(x) = \frac{\lambda_1(x) - \lambda_2(x)}{\max\limits_{x \in \Omega} (\lambda_1(x) - \lambda_2(x))} \tag{4-8-5}$$

式中，$\lambda_1(x)$ 和 $\lambda_2(x)$ 为该处投票后张量矩阵的最大特征值和最小特征值

于是，改进后的模型变为

$$\min_{\mu} \left(\int_{\Omega} k(x) \cdot |\nabla \mu| \, \mathrm{d}x + \frac{1}{2} \int_{\Omega} (\mu - f)^2 \, \mathrm{d}x \right) \tag{4-8-6}$$

其中，$k(x)$ 为包含张量投票信息改进的参数方程，用来平衡正则项和保真项所起的作用，具体计算过程采用 Chambolle 对偶算法求解[107]。

第三种[115]是朱叶青等针对张量投票在图像去噪过程中对于对称图像存在的张量叠加计算量冗余的问题，提出利用相位信息检测图像对称性，根据检测出的图像对称性简化投票域，最后利用张量投票的解释过程对特征点进行分类，直接滤除离群点，保留曲线点和交汇点($\lambda_1 - \lambda_2 > \lambda_2$ 的点和 $\lambda_1 \approx \lambda_2 > 0$ 的点)。

第四种是将张量投票与全变分能量最小化模型结合实现图像去噪[116]。该方法定义表征图像局部结构特征的相干性函数，即

$$c(\lambda)=|\lambda_1 \cdot \lambda_2|+|\lambda_1-\lambda_2|^2 \qquad (4\text{-}8\text{-}7)$$

当 $c(\lambda)\rightarrow0$ 时,说明张量矩阵特征值都很小,该点处于图像的平坦区域,希望以扩散为主,全变分能量最小化模型的正则项起主要作用;当 $c(\lambda)\gg0$,说明其张量矩阵的特征值都比较大或者差值较大,该点处于图像边缘或者是角点/T 形局部结构区域,希望弱化扩散行为,保持边缘和细节特征,全变分能量最小化模型的保真项起主要作用。

定义显著度函数为

$$s(\lambda)=d+\exp(-[|\lambda_1 \cdot \lambda_2|+|\lambda_1-\lambda_2|^2]) \qquad (4\text{-}8\text{-}8)$$

其中,d 为与噪声强度有关的控制参量,可以取噪声方差的两倍[116]。

如果将式(4-8-8)定义的显著度函数乘上全变分能量最小化模型的扩散项再积分,就可得到基于频率的张量投票与全变分能量最小化结合的图像去噪与复原模型。显著度函数一方面可以平衡正则项和保真项的作用,另一方面可以弱化扩散过程中梯度的作用。

第五种参见 4.7 节张量投票在图像压缩中的应用。该方法在压缩的过程中,同时达到了去噪的效果。

综合分析张量投票在图像处理领域的应用可以发现,张量投票在本质上还是将问题转化为曲线/交汇点检测问题,只是针对不同的应用,需要对输入、输出数据做不同的预处理和后处理。

4.9　图像修复

在数字图像的获取、处理、压缩、传输和解压缩过程中,很多原因可能造成信息缺损。所谓图像修复是对图像上信息缺损区域进行填充的过程,其目的是恢复信息的完整性,尽量使观察者无法察觉图像曾经缺损或已被修复。图像修复与降质图像恢复有本质区别,主要过程是由已知推导未知。这一技术最初是被用来对中世纪的美术作品进行修复,为修补古老的艺术作品提供了安全便捷的途径。随着图像修复技术的发展,这项技术还在许多实际应用中填充移除某些目标或遮挡物后留下的缺损区域;有时为了提高图像质量,图像修复还与图像压缩、去噪、超分辨处理,以及目标检测等结合使用。

Bertalmio 等[117]首次提出图像修复技术这个术语,他们的工作使得图像修复的研究和应用达到一个飞跃。随着技术的发展,越来越多的领域期望能够对数字图像进行一些修改,并且达到人眼察觉不出来的效果。因此,图像修复技术成为计算机图形学和机器视觉中的一个研究热点,在文物保护、多余目标物体剔除(如视频图像中删除部分人物、文字、小标题等)、影视特技制作、图像缩放、图像有损压缩、视频通信错误隐匿等方面有重大的应用价值[117]。用户只需选择待修复区域,计算机便自动完成余下的工作,从而大大减少人工处理的时间和精力。

4.9.1　相关工作

从 19 世纪 80 年代起,图像修复方面的主要工作是应用统计学知识进行随机修复,还有一些研究集中于边缘检测和尺度空间滤波。2000 年以前的工作主要围绕各向异性滤波开展,比较典型的有 1984 年 Geman 利用模拟退火算法解决滤波过程中的优化问题,以及 1992 年 Perona 和 Malik 提出的各种各向异性扩散方程。发展到现在,数字图像修复技术的可以分为局部方法和非局部方法。

局部方法起源于 Bertalmio 等[117]引入到图像处理中的基于偏微分方程的数字修复技术,主要用于修复小尺度非纹理结构破损的图像区域。这类方法以基于几何图像模型的变分修补技术为代表,主要思路是模仿修补师的手工修复过程,通过建立图像的先验模型和数据模型,将修补问题转化为一个泛函求极值的变分问题,包括全变分(total variation, TV)模型、Euler's elastica 模型、Mumford-Shah 模型、Mumford-Shah-Euler 模型等,上述模型依次是对前一模型的改进。Bornemann[119]引入一阶传输方程对变分方法进行了改进,使修复过程变为非迭代式,提高了算法的运行效率。由于偏微分方程与变分法可以通过变分原理相互等价推出,因此把这一类方法统称为基于变分 PDE 的图像修复算法。除此以外,Elad 等[120]应用 MCA(morphological component analysis)方法修复卡通图像中的纹理结构,这是将稀疏表示和变分方法结合的一种方法。Caia 等[121]引入紧致框架来解决图像修复问题,提出一种迭代算法,并依据凸性分析和优化理论给出了收敛性证明。Elango 等[122]将 CNN(cellular neural network)应用到图像修复中,处理信噪比较低的合成图像。

非局部方法主要用于填充图像中大块缺失信息[118],其中基于模型的纹理合成技术[123]的主要思想是从待修补区域的边界上选取一个像素点,以该点为中心,根据图像的纹理特征,选取大小合适的纹理块进行填补;Hung 等[124]通过引入 Bézier 曲线修复图像缺失部分的边缘轮廓对这种方法进行了改进;Arias 等[125]将基于模型的纹理合成统一到变分理论框架之中,从而将非局部修复和局部修复进行了整合;Xu 等[126]将稀疏表示引入到基于模型的纹理合成方法中来,对自然图像分块计算其优先级和表示方法,根据优先级分块进行基于模型的纹理合成过程;Bertalmio 等[127]将图像分解为结构部分和纹理部分,结构部分用非纹理结构修复算法修补,纹理部分用纹理合成方法填充。样图纹理合成技术是近几年迅速发展起来的新型纹理拼接技术,利用给定的小区域纹理样本,根据表面的几何形状拼合整个曲面的纹理。

4.9.2　方法描述

Jia 和 Tang[128]应用张量投票算法进行自然景观图像的目标移除和图像修复

工作,由于没有加入任何先验信息和模型,只是应用了连续律,所以相对于人眼视觉恢复的效果还有一定的差距。这个方法的最大优点体现在对图像中轮廓曲线的修复上发挥了张量投票的优势,甚至可以修复主观轮廓。

从图像处理角度来看,图像修复就是根据待修补区域周围的信息,将图像填充到待修补区域中。实际的做法是根据缺损区域周边信息填充待修补区域。大多数的图像修复问题的数据模型具有以下形式[118],即

$$u^0 \mid_{\Omega \backslash D} = [k * u + n]_{\Omega \backslash D} \qquad (4\text{-}9\text{-}1)$$

其中,u^0 为观察图像;u 为需要复原的目标图像;k 为退化函数;n 为加性白噪声;" $*$ "表示卷积;Ω 表示整个图像区域;D 表示信息丢失的待修补区域;$\Omega \backslash D$ 表示整个图像区域除去已丢失信息的待修复的区域;u^0 为 $\Omega \backslash D$ 上可利用的图像部分。

假设 n 为高斯噪声,对于数据模型的能量函数 E,常用最小均方误差定义[118],即

$$E[u^0 \mid u] = \frac{\lambda}{2} \int_{\Omega \backslash D} [k \cdot u - u^0]^2 \mathrm{d}x \qquad (4\text{-}9\text{-}2)$$

大多数图像修复算法都是在最小化式(4-9-2)所示的能量函数模型意义下进行图像修复的。

张量投票法进行图像修复主要分两步。

Step 1,将输入图像进行基于纹理的分割,并通过二维张量投票连接被分割的曲线生成图像的完整分割。

Step 2,利用 N-D 张量投票合成丢失的色彩及纹理信息。

算法具体流程如图 4.9.1 所示。其中,基于纹理的图像分割和基于统计特征的区域合并采用常规的图像处理方法[128];边界曲线的连接需要通过二维张量投票增强特征点的显著度,同时计算出各点的法矢量,然后沿某一法向搜索特征值之差为局部极大值的点作为最佳曲线点。令 P_{x_i} 代表最佳曲线点,z 为搜索方向,z_j 表示该方向的第 j 个点,则最佳曲线点由式(4-9-3)所示的原则选出,即

$$P_{x_i} = \max\{P_{x_i, z_j}(\lambda_1 - \lambda_2)\}, \quad 1 \leqslant j \leqslant n \qquad (4\text{-}9\text{-}3)$$

其中,x_i 表示该点的位置矢量;n 为该方向上的采样密度。

当最佳曲线点的集合 $\{P_{x_i}\}$ 确定后,采用 B 样条曲线对这些点连接形成完整的边界曲线。如果缺失区域较大,则采用高斯金字塔结构在相继的多个尺度上连接。一般情况下,缺损区会有多条曲线需要连接,因此必须设置连接顺序:先根据相似度将所有待连接点对排序;然后处理所有点对,如果该点对相邻区域已经被连接,则忽略;否则在该点对连线不与其他任何已有曲线相交的情况下将其连接。处理完所有点对之后,检测是否仍存在非封闭区域,如果存在,则推导新的曲线将缺口连接。

自适应尺度选择根据式(4-9-4)计算图像各点的结构张量:

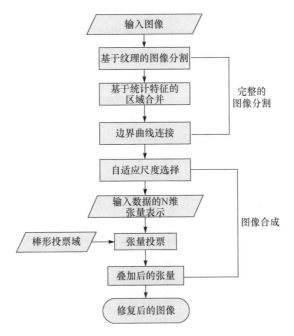

图 4.9.1　算法的流程图

$$M_\sigma(x,y) = G_\sigma(x,y)\left[(\nabla I)(\nabla I)^{\mathrm{T}}\right] \qquad (4\text{-}9\text{-}4)$$

其中，$G_\sigma(x,y)$ 表示高斯微分算子，σ 表示尺度，I 表示像素灰度矩阵。

　　高斯微分算子的尺度可置 1 以简化计算，因为张量投票对窗口中心及边界元素是一视同仁的。当尺度参数从 1 变化到图像的最大分辨率时，依次计算各点结构张量的迹 $\mathrm{tr}(M_\sigma(x,y))$，当 $\mathrm{tr}(M_{\sigma'}(x,y)) < \mathrm{tr}(M_\sigma(x,y))$ 时，说明 $\mathrm{tr}(M_\sigma(x,y))$ 为局部极值，选作最佳尺度。

　　一旦确定了图像的完整分割和最佳尺度，就可根据图像中已有的颜色和纹理信息对缺失部分的数据合成。这里依据纹理数据之间的马尔可夫特性使用 N-D 张量对图像中的像素编码，N 代表邻域尺度的大小，每个像素都被编码成一个 N-D 的棒形张量。编码方式如图 4.9.2 所示，在像素 a 上给定一个以 a 为中心的 $n \times n$ 的模板窗口，通过产生一个维数为 $N(N = n \times n + 1)$ 的特征向量，可以把图转变成一个棒形张量；如果输入为彩色图像，则转换为灰度图像，相应的灰度等级要

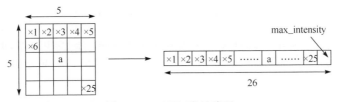

图 4.9.2　N-D 张量编码

与颜色深度相对应。

　　编码之后就是在像素点的分割区域内,利用颜色和纹理特征的局部相关性,通过 N-D 张量投票在 N-D 空间投票,取对该点投票显著度最大点的灰度值对缺失部分填充,从而实现图像修复。其中,投票显著度 s 的计算公式为:

$$s=(\lambda_1-\lambda_2)\cos\alpha \tag{4-9-5}$$

其中,λ_1 和 λ_2 分别为张量投票之后的最大和次大特征值;α 为投票者和接收者之间的矢量角。

　　上述方法还可扩展到三维遥感图像,不同之处有三点,即数据表示需对每点增加深度信息并进行数据重采样;边界曲线连接扩展到三维,需采用三维曲线检测算法检测三维表面的不连续点;需对缺失区域构建网格并进行分割,最后在每个网格面片上进行修复。

　　除了上述方法之外,还有人应用张量投票进行自适应图像修复[129],对于小区域修复问题,在人工标记修复区域的基础上,先应用张量投票计算待修复区域的优先级,然后逐级修复;对于大范围修复问题,先应用张量投票进行结构修复,然后再次应用张量投票对结构内部用类似小区域修复的方法进行纹理填充,最后输出修复图像。具体计算流程分别如图 4.9.3 和图 4.9.4 所示。

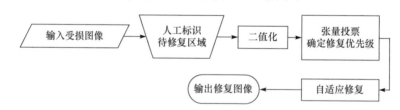

图 4.9.3　张量投票自适应修复小区域的计算流程

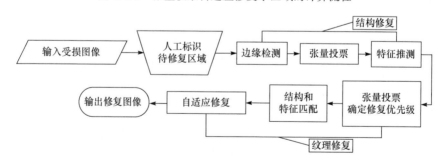

图 4.9.4　张量投票自适应修复大区域的计算流程

　　张量投票方法确定的修复优先级为其张量矩阵分解后圆形分量和棒形分量的模,计算公式为

$$\sqrt{(\lambda_1-\lambda_2)^2+\lambda_2^2} \tag{4-9-6}$$

　　自适应修复的过程是通过选择一定大小的方形邻域窗口,计算其中有效像素点、缺失或噪声像素点的比例来进行的。如果有效像素点占比例较大,则用该窗口平均颜色信息修复缺失点;如果缺失或噪声像素点的比例较大,则用全局平均颜色信息来修复受损点;如果两者的比例均小于设定阈值,则通过增大窗口大小,直到重新计算的窗口内两者的比例满足比例要求或者窗口大小超过一定限度(实际运行过程中取经验值 21×21)为止。该部分算法运行的比例阈值如表 4.9.1 所示。

表 4.9.1　自适应修复算法运行阈值表

窗口大小	有效像素点比例	缺失或噪声像素点比例
3×3	7	20
5×5	8	22
7×7	9	24
9×9	10	26
11×11	12	28
13×13	14	30
15×15	16	32
17×17	18	34
19×19	20	36
21×21	22	38

　　对于大区域缺失图像的修复,算法包括结构修复和纹理修复两大主要步骤。结构修复算法是从已知区域中的边缘结构特征,用张量投票方法推测未知区域的边缘结构。修复后完整的结构又可用于纹理修复中的优先权计算。在纹理修复时,具有最高优先权的图像首先得到修复,即优先修复具有明显结构和纹理特征的缺失数据。

　　在图 4.9.4 中,第一次张量投票是在边缘图基础上进行的,其特征推测实际上发挥的是张量投票在边界修复方面的作用,接下来应用张量投票确定修复优先级与小尺度的情况有所不同,部分采用 Criminisi 算法[123]中的优先级计算方法,在其基础上增加结构项$(\lambda_1-\lambda_2)\lambda_2$,将 Criminisi 算法中的优先级作为纹理项,并乘上加权系数 α,两者之和作为像素点的修复优先级;然后按照各像素点优先级从大到小的顺序,逐次遍历图像,在已知区域搜索以 RGB 空间的欧式距离为匹配标准的匹配图像块,并替换待修复区域、更新优先级函数,直至所有目标区域修复完成。

　　许毅平应用张量修复和辐射校正完成了高光谱图像的自适应阴影去除[130]。该方法通过张量投票获得阴影区域的预修复图像,然后推测阴影区域的光照和亮度统计特性,再利用辐射传输模型对阴影区进行自适应局部增强处理,实现对阴影区域的信息修复。基于张量投票的预修复主要包括阴影区张量投票预修复和阴影区图像增强两个主要阶段,其中预修复的纹理修复过程与文献[129]相同,只是张量投票方法在此处预修复之后,需对预修复图像进行灰度统计,获得阴影区域的灰度动态范围,最后利用辐射传输模型通过图像增强算法增强阴影区域,获得最终的去阴影图像。具体算法流程如图 4.9.5 所示。

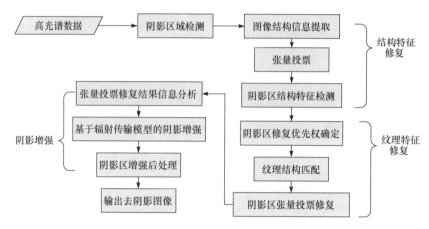

图 4.9.5　张量投票应用于高光谱图像阴影去除的计算流程

基于张量投票的图像修复方法还可用于空域信息隐藏[131],即针对视频传输过程中的误码问题,首先根据边缘点数目对丢失宏块进行分类,分为平坦块、边缘块和纹理块,其中平坦块和边缘块分别用双线性插值和方向性插值来修复;纹理块采用张量投票方法进行修复,用棒形和圆形分量的模分别表示此处曲线和交汇点结构的显著度,并通过局部极值搜索确定纹理块中的曲线和交汇点,然后进一步细分为小块,调用方向性插值来填充。

4.9.3　实验结果示例

图 4.9.6～图 4.9.8 给出了应用文献[128]中的方法去除一些二维图像中的遮挡物的示例。图 4.9.6 是对海滩图像的处理结果。图 4.9.6(a)为原始图像,在此想去除的部分是其中的高椰子树,如图 4.9.6(b)所示对其进行标识之后,去除并修复的结果如图 4.9.6(c)所示。

(a) 原始图像　　　　　　　(b) 标识图像　　　　　　　(c) 修复图像

图 4.9.6　海滩图像修复结果

图 4.9.7 是对路标图像的修复结果。图 4.9.7(a)为包含路标的原始图像，图 4.9.7(b)为表示图像，图 4.9.7(c)为移除图中路标之后的修复结果。

(a) 原始图像　　　　　　(b) 标识图像　　　　　　(c) 修复图像

图 4.9.7　路标图像修复结果

图 4.9.8 是对花园图像的修复结果，此处对中间过程进行了展示。图 4.9.8(a)显示了原始图像之一；图 4.9.8(b)为抹除了树干之后的图像；图 4.9.8(c)是仅通过纹理合成的修复结果，可以看到树干部分的景物过渡不自然，还有树干留下的瑕疵；图 4.9.8(d)为图像分割结果；图 4.9.8(e)展示了应用张量投票进行曲线连接的结果；图 4.9.8(f)为最终处理结果，即结构修复和纹理合成的综合。这一系列的实验结果展示了前面所述的处理流程，抹除了一部分物体的图像首先被采用区域分裂和合并算法分割；分割完成后，应用张量投票算法进行曲线连接，从而完成结构修复，使得缺失区域也被分割为若干部分。在此基础上，对各部分分别进行纹理填充，最后在对结构修复和纹理填充的结果合成。图像修复的创始人 Bertalmio

(a) 输入图像之一　　　　　　　　　　(b) 标识图像

(c) 纯纹理合成处理结果　　　　　　　　(d) 图像分割

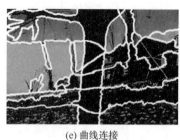 

(e) 曲线连接　　　　　　　　　　　　(f) 合成结果

图 4.9.8　花园图像修复结果

等[117]指出,图像修复是一个主观的过程,依赖于人眼对图像的感知理解,必须遵循如下原则。

① 整体性,即图像的整体决定如何修复受损区域,因为图像修复的目的就是恢复图像的完整性。

② 邻域一致性,即待修复区域周围的结构信息必须延伸至该区域内部,修复区域中像素的灰度或颜色信息必须与周围的颜色相协调。

③ 细节的吻合性,即细节信息的描绘要与图像的整体一致。

上述原则虽然概括得很好,但当 Bertalmio 等引入偏微分方程进行图像修复时,发现这些原则在实际中很难操作。Chan 等针对非纹理图像开创性地提出局部修复的概念,从香农定理和视觉上的局部推断、模式识别与尺度影响等方面,阐述了局部性是降低修复问题复杂性和开展低层视觉修复研究的一条有效途径。他们认为局部性、边缘的修复和对噪声的鲁棒性是修复的重要方面。从这一角度分析,张量投票方法与这些标准较为吻合。

4.10　小结与分析

本章列举了张量投票算法在图像处理领域的一些应用。在此,张量投票方法将各种实际问题转化为点、线的感知组织问题,首先需要根据具体应用构造相应数据的张量表示,然后通过投票过程施加感知组织的连续性规律。从应用示例可以看出张量投票方法的可扩展性和广阔的应用前景。

本章各小节可以划分为两部分。第一部分可概括为点/线特征检测,包括曲线/交汇点检测、端点检测和边界提取/增强/修复等,是张量投票方法的直接应用。第二部分是抽象/组合特征检测,包括取向估计、图像灰度/颜色校正、文字处理、图像压缩、去噪和图像修复等。其中取向属于点/线检测基础之上应用张量投票计算出的抽象特征,而其他几项则是根据处理目标的不同,将问题转化为针对某种特征点集进行曲线/交汇点检测的问题。例如,图像灰度/颜色校正实质上是把灰度/颜色特征抽象成特征空间中的点,然后通过张量投票施加平滑性约束进行修正,修正之后的灰度/颜色特征即可用来调整图像中像素的灰度/颜色值;文字处理中应用张量投票一方面是曲线/交汇点检测和边界提取的综合应用(即文字的骨架化和笔画交汇点提取),另一方面则是对文字的中心点通过张量投票进行取向估计,从而检测出倾斜角用于倾斜校正;张量投票为图像压缩引入了新的思路,即检测出图像的主要曲线,加上颜色填充信息共同编码,通过记录这些主要信息的方式实现图像压缩,投票过程对噪声的抑制作用更是为压缩锦上添花;图像去噪也是在对特征的检测和增强的基础上,根据投票解释之后计算出的特征值大小抑制噪声和离群点;在图像修复中,张量投票实际上是利用图像其他区域的灰度/颜色变化信息对缺失区域的灰度/颜色信息进行"推导",即用投票方式计算出待修复区域的灰度/颜色变化曲线,用以填充相应区域,完成修复工作。

除了上述应用之外,张量投票在点云识别[132]、多源遥感图像配准[133]、图像超分辨[134]、网格分割[135,136]、网格特征提取[137]等领域均有应用。

综合分析张量投票在图像处理领域的应用可以发现,张量投票本质上还是将问题转化为曲线/交汇点检测问题,只是针对不同的应用,需要对输入、输出数据做不同的预处理和后处理。

参 考 文 献

[1] Medioni G, Lee M S, Tang C K. A Computational Framework for Feature Extraction and Segmentation(2nd). The Netherlands: Elsevier Science, 2002.

[2] Hough P V C. Machine analysis of bubble chamber pictures//Proceedings of International conference High Energy Accelerators and Instrumentation. 1959: 554-558.

[3] Deans S R. The Radon Transform and Some of Its Applications, New York: John Wiley & Sons, 1983.

[4] Fan H J, Zhao L B, Tang Y D. Accurate and efficient curve detection in images: the importance sampling Hough transform. Pattern Recognition, 2002, 35(7): 1421-1431.

[5] Clark F O. Decomposition of the Hough transform: curve detection with efficient error propagation//Proceedings of the European conference on computer vision. 1996: 263-272.

[6] Clark F O. Constrained Hough transforms for curve detection. Computer vision and image understanding. 1999, 73(3): 329-345.

[7] Ballard D. Generalizing the Hough transform to detect arbitrary shapes. Pattern recognition, 1981, 13(1): 111-122.

[8] Xu L, Erkki O, Pekka K. A new curve detection method: randomized Hough transform. Pattern recognition letters, 1990, 11(2): 331-338.

[9] Raghupathy K. Curve tracing and curve detection in images. Cornell: Cornell university (Master thesis), 2004.

[10] van Ginkel M, van Vliet L J, Verbeek P W, et al. Robust curve detection using a radon

transform in orientation space applied to fracture detection in borehole images// Proceedings of 7th Annual Conference of the Advanced School for Computing and Imaging. 2000: 299-306.

[11] Calway A D, Wilson R. Curve extraction in images using the multi-resolution Fourier transform//IEEE International Conference on Acoustics, Speech, and Signal Processing. 1990: 2129-2132.

[12] 邹勤. 低信噪比路面裂缝增强与提取方法研究. 武汉: 武汉大学博士学位论文, 2012: 2-4.

[13] Saitoh F. Curve extraction using genetic algorithm based on closeness and continuity// The International Association for Pattern Recognition Workshop on Machine Vision Applications. 1998: 13-16.

[14] Park J W, Lee J W, Jhang K Y. A lane-curve detection based on an LCF. Pattern Recognition Letters, 2003, 24(1): 2301-2313.

[15] Chen H Q, Gao Q G. Integrating Color and Gradient into Real-Time Curve Tracking and Feature Extraction for Video Surveillance// Video Surveillance. 2011: 217-230.

[16] Felzenszwalb P, McAllester D. A Min-cover approach for finding salient curves// IEEE Workshop on Perceptual Organization. 2006: 45.

[17] August J, Zucker S. Sketches with curvature: the curve indicator random field and Markov processes. IEEE Transaction Pattern Analysis and Machine Intelligence, 2003, 25(4): 387-400.

[18] van Piggelen, Brandsma H E T, Manders H, et al. Automatic curve extraction for digitizing rainfall strip charts. Journal of Atmosphere. Oceanic Technol., 2011, 28(7): 891-906.

[19] Fan H J, Zhao L P, He S Y, et al. A new open curve detection algorithm for extracting the laser lines on the road//Advanced Engineering Forum. 2012: 205-210.

[20] Martínez Z, Ludeña C. An algorithm for automatic curve detection. Computational Statistics & Data Analysis, 2011, 55(6): 2158-2171.

[21] Harris C G, Stephens M. A combined corner and edge detector//Proceedings of the 4th Alvey Vision Conference. 1988: 189-192.

[22] Smith S M, Brady J M. SUSAN-A new approach to low level image processing. International Journal of Computer Vision, 1997, 23(1): 45-78.

[23] Liu S T, Tsai W H. Moment-preserving corner detection. Pattern Recognition, 1990, 23(1): 441-460.

[24] Liu W Y, Li H, Zhu G X. A fast algorithm for corner detection using the morphologic skeleton. Pattern Recognition Letters, 2001, 22(8): 891-900.

[25] Trajkovic M, Hedley M. Fast Corner Detection. Image and Vision Computing, 1998, 16(2): 75-87.

[26] Mokhtarian F, Suomela R. Robust image corner detection through curvature scale space. IEEE Transaction on Pattern Analysis and Machine Intelligence, 1998, 20(12): 1376-1381.

[27] Wang H, Brady M. Real-time corner detection algorithm for motion estimation. Image and

Vision Computing, 1995, 13(9): 695-703.

[28] Oh H H, Chien S I. Exact corner location using attentional generalized symmetry transform. Pattern Recognition Letters, 2002, 23(11): 1361-1372.

[29] Seung J P, Muhammad B A, Rhee S H, et al. Image corner detection using Radon Transform// Proceedings of the International Conference on Computational Science and its Applications(Lecture Notes in Computer Science Volume 3046-Computational Science and Its Applications). 2004: 948-955.

[30] Joost van de Weijer, Theo Gevers, Jan-Mark. Edge and Corner Detection by P hotometric Quasi-Invariants. IEEE Transactions on pattern analysis and machine intelligence, 2005, 27(4): 625-630.

[31] 张恒, 于起峰, 丁晓华, 等. 基于加权 Gabor 梯度的新型多尺度角点检测方法. 中国图象图形学报, 2007, 12(8): 1377-1382.

[32] 章为川, 水鹏明, 朱磊. 利用各向异性高斯方向导数相关矩阵的角点检测方法. 西安交通大学学报, 2012, 46(11): 91-98.

[33] 高峰, 文贡坚, 卢焕章. 结合分形特征及边缘信息的不变角点提取方法, 信号处理, 2010, 26(7): 1066-1073.

[34] Coleman S, Scotney B, Kerr D. Integrated Edge and Corner Detection//Proceedings of the 14th International Conference on Image Analysis and Processing. 2007: 653-658.

[35] Sun W, Yang X. Image corner detection using topology learning. The journal of china universities of posts and telecommunications, 2010, 17(6): 101-105.

[36] 沈大江, 王峥, 田金文. 基于张量投票算法的 SAR 图像道路提取方法. 华中科技大学学报(自然科学版), 2009, 37(4): 24-27.

[37] 邵晓芳, 姚伟, 孙即祥, 等. 基于视觉竞争合作机制的主观轮廓提取. 中国图象图形学报, 2005, 10(8): 1024-1028.

[38] 孙即祥. 图像分析. 北京: 科学出版社, 2003.

[39] 韩军伟, 郭雷. 噪声图像中提取边界的随机启发式搜索方法. 中国图像图形学报, 2001, 12(1): 1184-1190.

[40] Ma W Y, Manjunath B S. Edge Flow: a framework of boundary detection and image segmentation//IEEE Conference on Computer Vision and Pattern Recognition. 1997: 744-749.

[41] 于天虎, 毛兴鹏, 王国谦, 等. 一种基于灰度的梯度边界检测优化算法. 计算机应用研究, 2010, 27(1): 361-364.

[42] Kass M, Witkin A, Terzopoulos D. Snakes: active contour models. International Journal of Computer Vision, 1988, 1(1): 321-331.

[43] Caselles V. Geodesic active contours. International Journal of Computer Vision, 1997, 22(1): 61-79.

[44] Mumford D, Shah J. Optimal approximations by piecewise smooth functions and associated variational problems. Communications on Pure and Applied Mathematics, 1989, 42(5): 577-685.

[45] Ethan S, Tony F C, Xavier B. Completely convex formulation of the chan-vese image segmentation. IEEE Transactions on Image Processing, 2001, 10(2): 266-277.

[46] Freeman W T, Adelson E H. The design and use of steerable filters. IEEE Transactions on Pattern Analysis and Machine Intelligence, 1991, 13(9): 891-906.

[47] Martin D, Fowlkes C, Malik J. Learning to detect natural image boundaries using local brightness, color and texture cues. IEEE Transaction Pattern Analysis and Machine Intelligence, 2004, 26(5): 530-548.

[48] Ren X. Multi-scale improves boundary detection in natural images // Proceedings of the 10th European Conference on Computer Vision. 2008: 533-545.

[49] Zhu Q, Song G, Shi J. Untangling cycles for contour grouping//Proceedings of the 11th IEEE International Conference on Computer Vision. 2007: 159.

[50] Parent P, Zucker S W. Trace inference, curvature consistency, and curve detection. IEEE Transaction Pattern Analysis and Machine Intelligence, 1989, 11(8): 823-839.

[51] Williams L R, Jacobs D W. Stochastic completion fields: a neural model of illusory contour shape and salience. Neural Computation, 1997, 9(4): 837-858.

[52] Elder J, Zucker S. Computing contour closures//Proceedings of the 4th European conference on computer vision. 1996: 399-412.

[53] Ren X, Fowlkes C, Malik J. Scale-invariant contour completion using conditional random fields// IEEE International Conference on Computer Vision. 2005: 1214-1421.

[54] Arbelaez P, Maire M, Fowlkes C, et al. Contour detection and hierarchical image segmentation. IEEE Transactions on Pattern Analysis and Machine Intelligence, 2011, 33(5): 898-916.

[55] Ren X F, Bo L F. Discriminatively trained sparse code gradients for contour detection// Neural Information Processing Systems Conference. 2012: 85-97.

[56] Maire M, Arbelaez P, Fowlkes C, et al. Using Contours to Detect and Localize Junctions in Natural Images//Advances in Visual Computing Lecture Notes in Computer Science, 2010: 296-305.

[57] Pati Y, Rezaiifar R, Krishnaprasad P. Orthogonal matching pursuit: recursive function approximation with applications to wavelet decomposition//The 27th Asilomar Conference on Signals, Systems and Computers. 1993: 40-44.

[58] The Berkeley Segmentation Dataset and Benchmark. http: //www. eecs. berkeley. edu/ Research/Projects/CS/vision/bsds/[2015-06-27].

[59] 王伟. 几何变分理论在图像处理中的应用. 武汉: 华东师范大学博士学位论文. 2010.

[60] Jia J Y, Tang C K. Tensor Voting for Image Correction by Global and Local Intensity Alignment. IEEE Transactions on Pattern Analysis and Machine Intelligence, 2005, 27(1): 36-50.

[61] Kim S J, Pollefeys M. Robust radiometric calibration and vignetting correction. IEEE Transaction on Pattern Analysis and Machine Intelligence, 2008, 30(4): 562-576.

[62] Olsen D, Dou C Y, Zhang X D, et al, Edward hildum. radiometric calibration for AgCam. Remote Senses, 2010, 2(2): 464-477.

[63] Szeliski R. Video mosaics for virtual environments. IEEE Computer Graphics and Applications, 1996, 1(1): 22-30.

[64] Szeliski R, Shum H Y. Construction of panoramic image mosaics with global and local a-lignment. International Journal of Computer Vision, 2000, 36(2): 101-130.

[65] Davis J. Mosaic of scenes with moving objects// IEEE Conference on Computer Vision and Pattern Recognition. 1998: 354-360.

[66] Uyttendele M, Eden A. Eliminating ghosting and exposure artifacts in image mosaics // Proceedings of International Conference on Computer Vision and Pattern Recognition. 2001: 509-516.

[67] Schechner Y Y, Nayar S K. Generalized mosaicing: wide field of view multispectral ima-ging. IEEE Transactions on Pattern Analysis and Machine Intelligence, 2002, 24(10): 1334-1348.

[68] Mitsunaga T, Nayar S. Radiometric self calibration//Proceedings of IEEE Conference on Computer Vision and Pattern Recognition, 1999: 1374-1380.

[69] Healey G E, Kondepudy R. Radiometric CCD camera calibration and noise estimation. IEEE Transaction Pattern Analysis and Machine Intelligence, 1994, 16(3): 267-276.

[70] Edirisinghe A, Chapman G E, Louis J P. Radiometric corrections for multispectral air-borne video imagery. Photogrammetric Eng. & Remote Sensing, 2001, 67(8): 915-924.

[71] Seon Joo Kim, Marc Pollefeys. Robust radiometric calibration and vignetting correction. IEEE Transactions on Pattern Analysis and Machine Intelligence, 2008, 30(4): 562-576.

[72] Kang E Y, Cohen I, Medioni G. A graph-based global registration for 2D mosaics//Pro-ceedings of the 15th International Conference on Pattern Recognition. 2000: 256-260.

[73] Grossberg M, Nayar S K. Modeling the space of camera response functions. IEEE Trans-actions on Pattern Analysis and Machine Intelligence, 2004, 26(10): 1272-1282.

[74] Li S, Gu J W, Yamazaki S, et al. Radiometric calibration from a single image // Proceed-ings of the IEEE Conference on Computer Vision and Pattern Recognition. 2004: 938-945.

[75] Lee J Y, Matsushita Y, Shi B X, et al. Radiometric calibration by rank minimization. IEEE Transactions on Pattern Analysis and Machine Intelligence, 2013, 35(1): 144-156.

[76] Farid H. Blind inverse gamma correction. IEEE Transactions on Image Processing, 2001, 10(10): 1428-1433.

[77] The free encyclopedia. Optical character recognition. http: //en. wikipedia. org/wiki/Op-tical_character_recognition[2015-06-27].

[78] 郭军, 马跃, 盛立东, 等. 发展中的文字识别技术. 电子学报, 1995, 23(10): 184-187.

[79] 叶齐祥. 图像和视频文字检测技术研究. 北京: 中国科学院计算技术研究所博士学位论文, 2006.

[80] 程艳芬. 离线阿拉伯手写体光学文字检测方法研究. 武汉: 武汉理工大学博士学位论文, 2009.

[81] 王家全, 李爱中. 部件在印刷体汉字识别中的应用. 微机发展, 1998, 1: 17-19.

[82] 苏统华. 脱机中文手写识别——从孤立汉字到真实文本. 哈尔滨: 哈尔滨工业大学博士学位论文, 2008.

[83] 孙羽菲. 低质量文本图像 OCR 技术的研究. 北京: 中国科学院研究生院(计算技术研究所)博士学位论文, 2011.

[84] 田大增. 视觉文档图像识别预处理. 石家庄：河北大学博士学位论文，2007.

[85] 郭平欣，张淞芝. 汉字信息处理技术. 北京：国防工业出版社，1985.

[86] Lee M S, Medioni G. A unified framework for salient curves, regions, and junctions inference//Proceedings of the 3rd Asian Conference on Computer Vision. 1998：315-322.

[87] 魏琳，陈秀宏. 基于张量投票和成份标注的彩色文本的分割. 计算机工程与设计，2009，30(2)：478-480.

[88] Nguyen T D, Park J, Lee G. Tensor voting based text localization in natural scene images. IEEE Signal Processing Letters，2010，17(7)：639-642.

[89] Nguyen T D, Park J, Lee G. Using 2D tensor voting in text detection //2010 IEEE International Conference on Acoustics Speech and Signal Processing. 2010：818-821.

[90] 孙即祥. 图像压缩与投影重建. 北京：科学出版社，2006.

[91] 李进，金龙旭，李国宁. 适于星上应用的高光谱图像无损压缩算法. 光谱学与光谱分析，2012，32(8)：2264-2270.

[92] Ronald A D, Jawerth B, Lucier B J. Image compression though wavelet transform codeing. IEEE Transaction on Information Theory，1992，38(2)：719-746.

[93] Grgic S, Grgic M, Zovko-Cihlar B. Performance analysis of image compression using wavelets. IEEE Transactions on Industrial Electronics，2001，48(3)：682-695.

[94] Ahmed N, Natarajan T, Rao K R. Discrete cosine transform. IEEE Transaction on Computers，1974，1(1)：90-93.

[95] Taubman D. High performance scalable image compression with EBCOT. IEEE Transactions on Image Processing，2000，9(7)：1158-1170.

[96] Galic I, Weickert J, Welk M, et al. Towards PDE-based image compression //Lecture Notes in Computer Science：Variational, geometric, and level set methods in computer vision-Third International Workshop. 2005 ：37-48.

[97] Ding J J, Huang J D. Image compression by segmentation and boundary description. Taipei：National Taiwan University(Master's Thesis)，2007.

[98] Demaret L, Dyn N, Iske A. Image compression by linear splines over adaptive triangulations. IEEE Signal Processing Letters，2006，13(5)：281-284.

[99] 何艳敏. 稀疏表示在图像压缩和去噪中的应用研究. 合肥：中国科技大学博士学位论文，2011.

[100] Rawzor-Lossless compression software for camera raw images, Image Compression (Benchmark). http：//www. imagecompression. info/[2015-06-27].

[101] Tai Y W, Tong W S, Tang C K. Simultaneous image denoising and compression by multiscale 2d tensor voting //Proceedings of the 18th International Conference on Pattern Recognition. 2006：818-821.

[102] 孙即祥. 图像处理. 北京：科学出版社，2003.

[103] 辛巧. 偏微分方程及其在图像去噪和分割中的应用. 重庆：重庆大学博士学位论文，2011.

[104] 王泽龙，朱炬波. Beltrami 流及其在图像去噪中的应用. 国防科技大学学报，2012，34(5)：137-141.

［105］刘红毅. 结构保持的图像去噪方法研究. 南京：南京理工大学博士学位论文. 2011.

［106］Buades A, Coll B, Morel J M. A review of image denoising algorithms, with a new one. Multiscale Model Simulation, 2006, 4(2)：490-530.

［107］王伟. 几何变分理论在图像处理中的应用. 武汉：华东师范大学博士学位论文, 2011.

［108］Buades A, Coll B, More J M. Image denoising methods：a new nonlocal principle. SIAM Review, 2010, 52(1)：113-147.

［109］Javier P, Vasily S, Martin J W, et al. Image denoising using scale mixtures of Gaussians in the wavelet domain. IEEE Transactions on Image Processing, 2003, 12 (11)：1338-1351.

［110］Elad M, Aharon M. Image denoising via sparse and redundant representations over learned dictionaries. IEEE Transactions on Image Processing, 2006, 15(12)：3736-3745.

［111］Image Processingon Line. DCT image denoising：a simple and effective image denoising algorithm. http：//dx. doi. org/10. 5201/ipol. 2011. ys-dct. ［2011-02-12］.

［112］侯迎坤. 非局部变换域图像去噪与增强及其性能评价研究. 南京：南京理工大学博士学位论文, 2012.

［113］Gayathri R, Sabeenian R S. A survey on image denoising algorithms. International Journal of Advanced Research in Electrical, Electronics and Instrumentation Engineering. 2012, 1(5)：456-462.

［114］秦菁. 张量投票算法及其应用. 武汉：华东师范大学硕士学位论文, 2008.

［115］朱叶青, 黄文明. 基于张量投票的图像去噪算法研究. 通信技术, 2011, 44(5)：110-112.

［116］柳婵娟. 基于频率和张量投票的图像去噪及仿真研究. 系统仿真学报, 2013, 25(2)：333-338.

［117］Bertalmio M, Sapiro G, Caselles V, et al. Image inpainting //Proceedings of ACM Special Interest Group for Computer Graphics. 2000：417-424.

［118］吴亚东, 张红英, 吴斌. 数字图像修复技术. 北京：科学出版社, 2010.

［119］Bornemann F, März T. Fast image inpainting based on coherence transport. Journal of Mathematical Imaging and Vision, 2007, 28(3)：259-278.

［120］Elad M, Starck J L, Querre P, et al. Simultaneous cartoon and texture image inpainting using morphological component analysis(MCA). Applied Computation Harmon. Analysis, 2005, 19(1)：340-358.

［121］Caia J F, Chana R H, Shen Z W. A framelet-based image inpainting algorithm applied and computational harmonic analysis, Special Issue on Mathematical Imaging-Part II, 2008, 24(2)：131-149.

［122］Elango P, Murugesan K. Digital image inpainting using cellular neural network. International Journal of Open Problems Computation Mathematics, 2009, 2(3)：439-450.

［123］Criminisi A, Perez P, Toyama K. Region filling and object removal by exemplar-based image inpainting. IEEE Transactions on Image Processing, 2004, 13(9)：1200-1212.

［124］Hung J C, Hwang C H, Liao Y C, et al. Exemplar-based image inpainting base on structure construction. Journal of Software, 2008, 3(8)：57-64.

［125］Arias P, Facciolo G, Caselles V, et al. A variational framework for exemplar-based image inpainting. International Journal of Computer Vision，2011，93(3)：319-347.

[126] Xu Z B，Sun J. Image inpainting by patch propagation using patch sparsity. IEEE Transactions on Image Processing，2010，19(5)：1153-1164.

[127] Marcelo B，Luminita V，Guillermo S，et al. Simultaneous structure and texture image inpainting. IEEE Transactions on image processing，2003，12(8)：882-890.

[128] Jia J Y，Tang C K. Inference of segmented color and texture description by tensor voting. IEEE Transaction on Pattern Analysis and Machine Intelligence，2004，26(6)：771-786.

[129] 史文中，田岩，黄应等. 基于张量投票的激光扫描数据修复方法. 系统工程与电子技术，2009，31(11)：2724-2727.

[130] 许毅平. 基于高光谱图像多特征分析的目标提取研究. 武汉：华中科技大学博士学位论文. 2008.

[131] 于楠，龚声蓉. 基于张量投票的空域错误隐藏算法. 通信学报，2011，32(10)：127-142.

[132] 叶爱芬. 基于自适应张量投票的视觉特征结构提取研究. 苏州：苏州大学硕士学位论文，2011

[133] 温红艳. 遥感图像拼接算法研究. 武汉：华中科技大学博士学位论文，2009.

[134] 胡水祥，黄东军. 基于张量投票的图像超分辨率算法. 科技广场，2010：87-90.

[135] 舒振宇，汪国昭. 基于张量投票的快速网格分割算法. 浙江大学学报(工学版)，2011，45(6)：999-1005.

[136] 易兵，刘振宇，谭建荣. 边界保持的网格模型分级二级误差简化算法，2012，24(4)：427-434.

[137] 张慧娟，耿博，汪国平. 采用张量投票理论的三角网格特征边提取算法. 计算机辅助设计与图形学学报，2011，23(1)：62-70.

第 5 章　张量投票在机器视觉领域的应用

我们在第 4 章讨论的是由图像到图像的处理方法及由图像到理解的处理分析方法,然而在实际应用中仅仅依靠单幅图像信息还不足以用来对目标或场景进行正确的检测、分析和理解。于是利用多幅图像的信息,并使其信息相互补充,使计算机具有通过二维图像感知三维信息的能力是可能获得目标或场景的更为客观本质的重要途径之一。张量投票方法从二维空间到三维,甚至更高维空间的扩展使其应用从图像处理领域扩展到机器视觉领域。本章以三维重建、科学计算可视化、运动图像分析等内容为重点介绍张量投票在机器视觉领域的重要应用,即如何由图像提取或重建三维,甚至更高维空间的信息。

客观世界在几何空间上是三维的,人们对外界的感知认识首先是各种三维物体,三维信息获取是人类活动中最重要,也是最基本的信息之一。根据光源的不同,可将三维深度数据生成方法分为主动线索法和被动线索法。其中主动线索需要特别的光源提供结构信息,如雷达成像、结构光成像、全息干涉成像、磁共振成像等,具有精度高、抗干扰性能好和实时性强等特点,但系统成本高、不宜推广。被动线索法则包含了由阴影恢复形状、纹理恢复形状、手动交互操作法、立体视觉法、运动图像序列法、光度立体学方法等,被动线索法因其灵活性和对设备、目标限制较少而获得广泛应用。张量投票方法[1]在基于图像的三维重建中的应用在被动线索法中的立体匹配和由阴影恢复形状。

科学计算可视化简称可视化技术,最先由美国国家科学基金会作为一个全新的领域于 1987 年提出,意指将图形和图像技术应用于科学计算,把人们很难理解的抽象数据场转换为形象直观的图像信息,并结合人机交互技术进行分析,目的在于能用图形图像直观形象地观察和认识客观事物。随着电子技术、计算机技术及相关学科的迅速发展,可视化技术的含义已大大扩展,按应用领域划分包括以医学图像可视化为代表的数据可视化、以流体力学分析为代表的信息可视化、金融通信领域的数据挖掘为代表的知识可视化;按照数据类型可细分为以医学图像可视化为代表的标量场可视化、以流场可视化为代表的矢量场可视化和张量场可视化。张量投票在科学计算可视化领域的应用包括医学图像的三维可视化、流可视化、涡流检测、三维曲线/曲面提取、地形可视化及断层检测等[1]。

运动图像分析的目标是从运动物体的图像序列中提取出正确的速度矢量,主要涉及一个从某一图像序列中计算其可见点的三维速度矢量在成像表面上投影的过程,有些文献也称之为光流场计算或运动估计,是视频压缩、三维重建、运动目标检测、活动检测和关键帧提取等许多机器视觉问题的关键技术之一。在运动图像分析方面,张量投票可应用于光流场估计和目标跟踪。

5.1　立 体 匹 配

通过三角测量原理计算从不同视点获得同一场景的两幅或多幅图像像素间的位置偏差来推断场景中目标物体的三维信息的方法被称为立体视觉(stereo vision),一般包括图像获取、摄像机标定、特征提取、立体匹配、深度计算、三维场景重建六个过程[2,3]。立体视觉是机器视觉的主要研究内容之一,而立体匹配则是立体视觉进行三维重建过程中的关键技术之一。此外,因为许多重要视觉理论和应用首先要考虑图像之间的对应关系,以便消除成像条件不同引起的畸变,为其后的识别、定位和差异分析提供准确信息,因此立体匹配是立体视觉乃至机器视觉领域中重要的基础问题之一[2]。

立体匹配是建立同一场景的双目或多日图像中特征点之间的对应关系的过程。当空间三维场景被投影为二维图像时,同一场景在不同视点下的成像会有很大不同,而且场景中的诸多因素(如光照背景、几何形状、环境特征、噪声干扰等)最终都以像素灰度值的形式反映出来,因此要准确地对包含如此之多不利因素的图像进行无歧义匹配,难度是非常大的。在处理过程中,既涉及图像校正、图像增强、噪声抑制等预处理,又涉及图像特征提取、特征描述等中层处理过程,还要涉及高层匹配、优化处理等方法[2]。

本节首先对立体匹配的相关工作进行概要介绍,接下来讨论张量投票是如何解决立体匹配问题的,最后是实验结果示例。

5.1.1　相关工作

立体匹配的研究始于 20 世纪 70 年代中期,以 Marr 和 Poggio 等为代表的一些研究者提出一整套视觉计算的理论来描述视觉过程,其核心是从图像恢复目标的三维形状。1981 年以前的研究主要集中在立体重建的基本原理、评估标准等问题上;1981 年以后,大量匹配方法被提出,并引进了层次处理观念、三目约束等;90年代早期,开始有人研究立体匹配在摄影测量、三维重建、基于图像的绘制技术、虚拟现实等特定领域的应用,以及遮挡、主动与动态立体匹配、实时实现等问题;1993~2003 年,立体匹配技术重于遮挡处理和实时系统;近 10 年来,实时稠密立体匹配已成为现实[2]。

下面根据立体匹配算法涉及的基本概念,采用的数据表示法、约束条件、求解方法等对相关工作分别阐述。

1. 视差

视差是立体视觉中一个重要而基本的概念,该词本义是描述同一目标特征点在人类视觉的左眼和右眼视网膜中成像的位置差。在机器视觉中,视差经常被看做反向深度的同义词[3,4]。文献[2]证明了视差与深度信息在像平面坐标系下成反比关系,而在计算机图像扫描坐标系统下近似为线性关系。视差图是用图像的灰度差异来表示视差信息的。立体视觉技术恢复图像深度只需求出视差图,然后通过换算即可得深度图。常用的视差计算方法有梯度下降法和曲线拟合法,有些算法还能达到亚像素级的计算精度,从而可用较小的计算代价提高立体匹配的分辨率。

2. 数据表示

大多数立体匹配方法对参考图像计算单值视差函数 $d(x,y)$ 得到深度图,也有一些方法,尤其是多目立体匹配方法,使用张量表示[3]、基于体素的表示[5,6]、分层[7]表示、完整三维模型[8]、三角网或多边形网格[9]、水平集[10]、多值[11]等数据表示。深度图的表示方法对每一像素只赋予一个深度值,无法显示遮挡的背景区域。多值、基于体素的表示等方法解决了部分遮挡和具有混合像素的问题,但有混叠现象且难于求解。张量表示和分层的方法将全局特征和局部特征结合进一步解决了问题。其余的表示方法在匹配过程增加了一个类似三维可视化的过程。

3. 约束条件

70 年代 Marr 创立的视觉计算理论[12]对立体视觉的发展产生了重大影响,其主要内容之一是立视匹配的三大约束,即唯一性、相容性和连续性。后来研究者又提出一些约束条件来剔除误匹配。这些约束条件可分为三个部分[2]:第一部分是对图像获取过程建立的几何约束,主要包括极线约束和唯一性约束;第二部分是基于场景的光学测定学性质,主要有光度测定学相容性约束和几何相似性约束;第三部分是根据典型场景中物体的某些共有性质,如视差光滑性约束、轮廓视差约束、特征相容性约束、视差范围约束、视差梯度范围约束、相位约束、次序约束和互应性约束。

4. 匹配测度

所有的立体匹配算法都会采用某种方式度量图像基元之间的相似度,即匹配测度。匹配过程中经常用到的匹配测度包括归一化互相关、归一化差平方和和绝对差和;不经常用的有匹配窗口内(相应点灰度的)差平方和、差绝对值和,这两种方法都对噪声敏感,因此被分别改进为归一化差平方和序贯相似度检测方法。除此以外,Birchfield 和 Tomasi 提出利用线性插值来减小测度对图像采样效应的敏感度,被称为 Birchfield 测度[2]。最近,污化高斯法[13]、自适应加权方法[14]、秩和统计转换方法[15]、绝对差和统计转换的结合[16]、自适应不相似测度[17]、简化二次方程被相继提出,这些方法在聚合过程中限制误匹配的影响,鲁棒性较强。

5. 匹配窗口

匹配窗口的定义有单像素、固定大小窗口和自适应窗口三种。比较经典的是 Kanade 和 Okutomi 于 1994 年提出的通过测算局部灰度和视差变化来选取适当窗口的方法[2]。为提高匹配精度,很多算法还采用交叠区域用于匹配代价计算的整合[16]。

6. 求解过程

现有方法可分为基于窗口的局部算法和基于能量函数的全局算法。局部算法通常是在前面两步计算的基础上,为每一像素选取一个与最小匹配代价相关的视差值,因此其优化策略是"胜者为王"。例如,块匹配是在一定区域搜索令窗口匹配值达到最大或匹配错误达到最小,梯度优化是最小化某个表达了一定区域内图像梯度与对应点灰度差之间的关系,特征匹配是匹配相互关联的特征而不是图像素强度值本身。全局算法是寻找一个使全局能量最小的视差函数[18],优化策略[2]主要有动态规划(通过确定两列有序基元之间的最佳路径来确定扫描线上的视差分布)、置信扩展(通过马尔可夫网络中的信息传递来确定视差分布,2003~2007 年在 Middlebury 网站上一直排名第一)、本质曲线(将扫描线转换到本征曲线空间后再作为最近邻域搜索问题来解决)、图割(通过确定图的最大流中的最小割来确定视差分布)、非线性扩散(通过局部扩展来聚集支持区域)、无对应方法(根据目标函数来改变场景模型)、合作优化[19](cooperative optimization,通过交联区域的信息整合来优化视差计算结果)、条件随机场[20](通过建立条件随机场模型,用样本训练模型参数后求解立体匹配问题)。求解过程还可以通过迭代式区域投票、插值、不连续点修正、亚像素级增强等策略优化视差计算结果,以及采用 GPU 进行加速[16]。

7. 评价标准

现有的匹配算法评价手段主要有三种:一种是将匹配获得的视差结果与手工实测数据做比较;二是已知成像模型的情况下,利用预测误差来评价算法的特性,预测的方法既可利用像对的匹配结果预测新视点处的第三幅图像与实拍图像比较,也可从获取的深度图中产生新的视图估计原基准图像并与原基准图像比较而得预测误差;第三种是将立体匹配算法划分为各个相对独立的模块,利用标准图像分析和评价各个模块对整个算法性能的影响。

Middlebury 测试网站[20] 提供了 Tsukuba、Map、Sawtooth、Venus、Teddy 和 Cones 六对立体像对,及其视差标准图供相关研究人员对各自的算法进行测试。为了对各种算法进行定量比较,Scharstein 等提出均方根误差和错误匹配百分比两类定量指标。为了更好地衡量算法在不同区域的效果,Scharstein 等从图像中提取出三类典型区域进行测试,即平坦区域、遮挡区域和视差不连续区域,分别统计各区域的均方根误差和错误匹配百分比来对算法进行评估。平坦区域是指参考图像固定大小的窗口内灰度水平方向的梯度值低于某一阈值的区域。遮挡区域是指匹配图像中被遮挡的区域。视差不连续区域是指邻域像素之差超过一定阈值的邻域像素组成的区域。

5.1.2　方法描述

张量投票方法解决立体视觉问题使用的基本约束是 Marr 提出的唯一性约束和连续性约束,同样需要处理噪声干扰、图像特征模糊、曲面不连续及部分遮挡等问题。张量投票方法与相关工作的差异主要体现在以下六个方面[1,21]。

① 将立体视觉问题看做是感知组织问题——自然场景中的光滑平面呈现为三维视差空间中的光滑平面,认为三维空间中的每个点都只能有一个"角色",即为曲面上的普通点、曲面上的特殊点、曲面的不连续点、无效的离群点等[1],其目标就是将有相容法向量的空间邻域点组织起来。

② 无需迭代和初始化、不依赖于参数设置,可以比较有效地处理不连续点和半遮挡问题。

③ 将立体视觉的特征匹配、深度计算以及三维重建等过程并行处理,一改以往串行执行的风格。

④ 通过比较曲面显著度进行特征点之间的匹配。

⑤ 除了应用极点几何约束之外,利用了大量的邻域信息推导各点的局部特性。

⑥ 只被一个相机拍到的区域会自动叠加到场景的分层表示之中。

张量投票方法进行双目立体匹配的流程图如图 5.1.1 所示。初始的视差估计是通过传统的互相关法获取的,即通过计算相应扫描线上的归一化互相关来得到初始的三维视差数组,可能的特征匹配对是设定阈值选取与归一化互相关最大值接近程度在一定百分比之内的点对形成的,共用同一扫描线的边缘碎片被识别为可能匹配对。随后张量投票算法被应用了四次。

第一次是假定视差应符合连续律分布而位于一个连续曲面上或为曲面的不连续点,对视差结果通过匹配点的曲面显著度计算,在每条视线上保留显著度最大的匹配对,而舍弃显著度较低的匹配对。

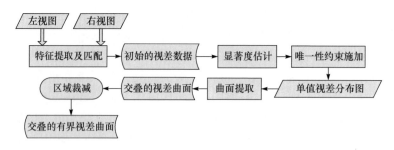

图 5.1.1　双目立体匹配计算流程

第二次是施加唯一性约束的过程中,每次都会移除显著度最低的匹配点及其邻域信息,然后通过张量投票重新计算匹配信息,直至满足唯一性约束,对于视差图执行同样的操作施加唯一性约束。

第三次是应用张量投票的方法在整个视差空间检测极值曲面,以进一步评估视差计算的正确性并修正。

第四次投票是在区域裁剪的过程中,先将输入图像与相应的视差图点乘,然后根据曲面突变的不连续线结合单目信息定位交叠区域(因交叠区域多发生于存在遮挡边界的地方,遮挡的边界就对应了曲面突变的位置连线,因此可以通过分析相关数据沿视差曲面的分布来提取遮挡的边界及杂散曲面),再将预处理阶段提取的边缘投影到交叠的曲面部分,接下来应用张量投票分析曲面上匹配数据的分布,修复被遮挡的边界并将杂散或虚假表面区域去除,最后输出的是交叠的有界视差曲面。

张量投票方法用于多目立体匹配的流程如图 5.1.2 所示。多目立体视觉的输入是两幅以上图像,文献[23]对相关工作进行了综述。文献[24]给出了多目立体匹配的计算流程及实验结果。张量投票方法对所有输入图像一视同仁,要求每一图像特征至少在其中两幅图像中可见,摄像机定标信息可预先提供,也可增加摄像机定标这一计算步骤采用现有算法获得。该方法将特征匹配和结构重建统一在张量投票的计算框架之下,用曲面"显著度"替代了传统方法中采用的"互相关"来作为正确匹配的标准,将多目匹配的计算复杂度控制在合理范围之内。

多目立体匹配计算流程如图 5.1.2 所示。首先进行特征提取及匹配,然后根据匹配结果进行两次张量投票运算,最终重建三维曲面及相应的边界曲线。特征提取及匹配是通过在相继图像之间运行互相关算法进行的,为了克服相关法的缺陷,输入图像两两组合产生的所有可能的匹配对都会在三维空间根据摄像机定标信息重建,并初始化为棒形张量,使其中心线法向指向相机光学中心,作为张量投票算法的输入,分别进行一阶和二阶松散投票。投票之后从一阶松散投票结果可提取数据极性信息,用于协助检测深度不连续点、曲线端点和离群点;从二阶松散投票结果可获得特征显著度,用于检测曲面点、曲线点或交汇点等(具体判断标准参见 3.3.2 节)。如果多个匹配点落入同一体素,证明这一匹配关系被多幅视图所支持。实验结果表明,这一做法大大提高了正确匹配概率。

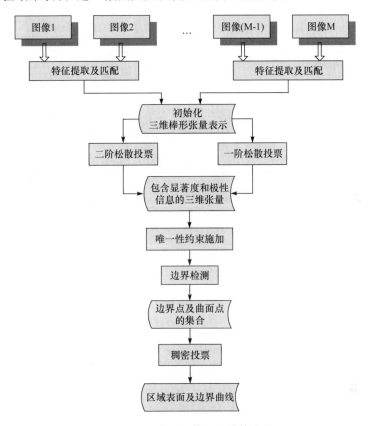

图 5.1.2 多目立体匹配计算流程

通过投票获取显著度之后,便可沿视线方向施加唯一性约束,选出显著度最强的匹配,曲面显著度较强的点很可能属于某一光滑表面;曲线显著度较强的点很可能属于某一三维曲线或者三维表面的边界;交汇点显著度较高的可能是曲线交点。边界曲线和曲线端点会进一步筛选,筛选原则是在一系列极性矢量几乎平行的点中,选择外围点。

最后,通过将稠密投票与特征匹配相结合[25],可通过极值曲面和极值曲线的搜索分别完成三维曲面和曲线的检测,定位精度可达亚像素级。

5.1.3 实验结果示例

图 5.1.3 是双目立体视觉的一个例子,其中图 5.1.3(a)的上下两图分别为左

右视图像,图 5.1.3(b)的上下两图分别为视差计算结果,图 5.1.3(c)中的上下两图分别是左右视图叠加上视差的结果。

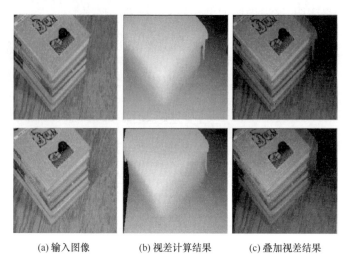

(a)输入图像　　　　(b)视差计算结果　　　　(c)叠加视差结果

图 5.1.3　双目立体视差计算示例一

图 5.1.4 是对与图 5.1.3 相同的输入图像(图 5.1.4(a)和图 5.1.4(b))进一步处理并重建三维图像的结果。这里按照算法的计算流程给出了各步的运行结果,图 5.1.4(c)和图 5.1.4(d)给出了初始的特征提取及匹配的计算结果。初始的视差在图 5.1.4(e)中显示。图 5.1.5 演示了视差的显著度计算,其中上方的图沿立方体表面划出了一条扫描线,下方的图给出了沿线视差的显著度估计结果,像素的亮度与显著度成正比。可以看出,视差的显著度与该点是否在物体表面有关系。图 5.1.4(f)和图 5.1.4(g)是曲面/边界提取的结果及交叠的视差曲面。图 5.1.4(h)是提取出的存在交叠的有界视差曲面。图 5.1.4(i)展示了完成区域裁剪和纹理映射的结果。可以看出,应用张量投票进行立体匹配,克服了一维或二维空间邻域点的局限性,在获取显著度信息后同时处理匹配和表面重建。

(a)输入左图像　　　　　　(b)输入右图像　　　　　　(c)初始匹配结果(左图)

(d) 初始匹配结果(右图)　　　　　(e) 视差图　　　　　　(f) 检测出的曲面和边界

(g) 相关视差分布　　　　　(h) 有界视差曲面　　　　(i) 区域裁剪及纹理映射的结果

图 5.1.4　双目立体视差计算示例二

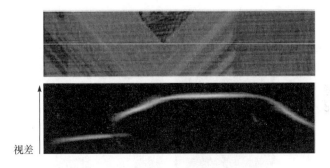

视差

图 5.1.5　视差的显著性计算示例

　　区域裁减的计算过程如图 5.1.6 所示,其中图 5.1.6(a)是叠加了视差的输入图像,阴影是被半遮挡的背景;图 5.1.6(b)为检测到的交叠区域;图 5.1.6(c)～图 5.1.6(e)分别是对交叠区域进行边缘检测并计算边缘的区域边界显著度和曲线显著度;图 5.1.6(f)是依据显著度计算结果进行区域裁减的结果。

　　Renault part 场景的实验结果如图 5.1.7 所示,其中图 5.1.7(a)是输入的左视图像;图 5.1.7(b)是右视图像;图 5.1.7(c)显示初始匹配及视差计算结果;图 5.1.7(d)是优化的视差计算结果;图 5.1.7(e)展示在视差空间提取出的曲面及角点。可以看到,左边被遮挡的大部分区域都被正确地检测到,纹理特征也得到保留,图中没有纹理的区域在实验中被随机赋值。

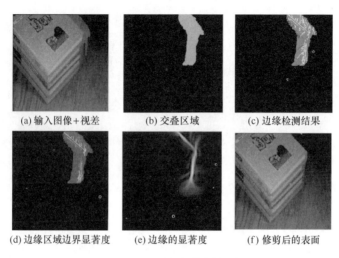

(a) 输入图像+视差	(b) 交叠区域	(c) 边缘检测结果
(d) 边缘区域边界显著度	(e) 边缘的显著度	(f) 修剪后的表面

图 5.1.6　区域裁减计算示例

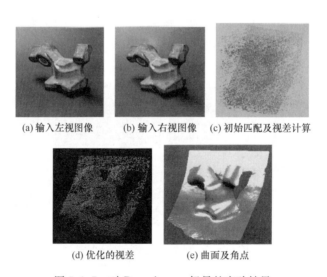

(a) 输入左视图像　　　　(b) 输入右视图像　　　　(c) 初始匹配及视差计算

(d) 优化的视差　　　　(e) 曲面及角点

图 5.1.7　对 Renault part 场景的实验结果

　　多目立体视觉的应用实例之一如图 5.1.8 所示,其中算法输入为一幅复杂场景"lighthouse"的多张图片,覆盖了 360 度的视角。图中的景物大多数三维表面都是平面,但是没有任何一个特征是在所有视图中都可见的,而且纹理不均匀,其中四幅图像如图 5.1.7(a)所示;张量投票算法输入的初始匹配数据如图 5.1.7(b)所示;图 5.1.7(c)显示应用张量投票进行松散投票的计算结果,由于建筑物上各点特征比较独特,匹配过程相对简单,而岩石部分就相对复杂;算法的输出为稠密投票的计算结果,如图 5.1.7(d)所示。

(a) 输入的36幅图像中的4幅　　　　　　　　　　(b) 松散投票的输入(含噪声)

(c) 松散投票的输出图像中的4幅　　　　　　　　　(d) 稠密投票的输出结果

图 5.1.8　多目匹配的计算结果

　　由上述实验可以看出,张量投票方法将立体匹配问题转化为三维空间的曲面提取问题,其优势所在正应对了立体匹配面临的难点,即光照变化、遮挡、重复纹理、无纹理区域和视差不连续性。

5.2　阴影恢复形状

　　在机器视觉中,恢复三维形状的技术被称为由 X 恢复形状(shape from X)技术,其中 X 可以是阴影、运动或纹理等[26]。阴影恢复形状(shape from shading)的任务是从一幅或多幅图像中的阴影推导场景的三维描述,具体来说就是利用图像恢复各空间点的深度信息,进而计算各点的法向、梯度或倾角。这项技术在机器人视觉、文字图像的变形校正、焊点图像的三维恢复、地貌恢复、人脸图像的三维重建等领域有初步应用,在医学图像处理领域有很大的应用潜力,尤其适用于机载、星载、弹载等环境中的目标跟踪、物体识别、武器系统精确定位等许多其他方法难以应用的场合[27]。因为由阴影恢复形状的本质是要从二维信息推导三维信息,需要逆向推导并存在多解,这一研究领域一直进展缓慢。

5.2.1　相关工作

由阴影恢复形状利用成像表面亮度的变化解析物体表面的矢量信息,从而转换为表面的深度信息。一般的解决思路如下。

① 设定光源的距离和照射方式(正交型还是透视型),并建立一个光照反射的数学模型。

② 设定约束条件以逆向求解欠定问题,因为图像阴影形成机制非常复杂,只有设定一系列的约束条件,才有可能通过解一组简化的方程组得出一些推导结果。这也是利用阴影进行特征推导的难点所在。

③ 推导图像的亮度/灰度信息与图像三维形状之间的关系,由阴影恢复形状的算法有二种评价标准,即深度值误差的均值和方差、表面梯度误差的均值、运行时间。

1. 光照的反射模型

首先,在光照的反射模型方面,主要有以下三种模型。

① 漫反射模型。假定光源为无限远处点光源或均匀照射的平行光(图 5.2.1),成像的几何关系是垂直投影,目标表面为理想散射表面,只有漫反射,而照射到表面的光能由从光源位置看到的表面面积决定,即

$$I_L = A\rho\cos\theta_i \tag{5-2-1}$$

其中,A 为光照强度;ρ 为目标表面的反射率;θ_i 为入射角;$\cos\theta_i$ 为缩减的面积系数。

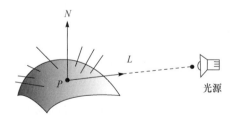

图 5.2.1　Lambertian 漫反射模型

② 镜面反射模型。镜面反射时,光线的入射角等于反射角,即

$$I_s = B\delta(\theta_i - 2\theta_r) \tag{5-2-2}$$

其中，I_s 为镜面反射亮度；B 是光强；θ_i 为光源方向与视线方向的夹角；θ_r 为视线方向与表面法向之间的夹角。

Torrance 和 Sparrow[27] 对这一模型进行了改进，使之与实际情况更为接近，但是计算比较复杂，Healey 和 Binford 在此基础进行了简化，提出一个高斯分布的光照模型，即

$$I_s = K e^{-\left(\frac{\alpha}{m}\right)^2} \tag{5-2-3}$$

其中，K 为表征强度的常数；令 H 表示视线与光源方向夹角的平分线；α 是表面法向与 H 的夹角；m 表征表面的粗糙程度。

③ 混合模型。现实世界中的大多数表面都不是纯漫反射或纯镜面反射，而是两者的结合，于是有人提出混合模型，即

$$I = (1-\omega)I_L + \omega I_S \tag{5-2-4}$$

其中，ω 为加权值。

除了上述模型之外，还有一些更复杂的模型组合。这些模型组合虽然较漫反射模型和镜面反射模型更接近实际情况，但还是因为计算复杂未被广泛采用。目前使用最广泛的模型是漫反射模型。为提高算法的实用性，需要设计更复杂的反射模型和光照模型，在与实际情况相符的同时兼顾计算的可行性和复杂度。在这一方面，Vogel 等[28]通过对图像进行分割和预处理改善了对一些结构简单的自然图像的处理效果；Zhu 等[29]提出引入对物体表面的全局约束来解决一些计算过程中存在的模糊性。

2. 约束条件

在由阴影恢复形状的第二步中，添加的约束条件主要如下[27,30]。

① 亮度约束，亮度计算误差的平方积分最小。

② 平滑性约束，曲面在 x 和 y 方向的二阶偏导数平方和最小，也称为可积分性约束。

③ 灰度梯度约束，将恢复的表面在 x 和 y 方向的灰度梯度与输入图像的对应值分别求平方差，然后取在 x 和 y 方向上的和积分，要求积分值最小。

④ 归一化法向约束，要求所恢复表面法向的归一化范数与单位矢量范数之差的积分和最小。

⑤ Dirichlet 边界条件，也称常微分方程或偏微分方程的"第一类边界条件"，指定微分方程的解在边界处的值。

⑥ Neumann 边界条件，即常微分方程或偏微分方程的"第三类边界条件"。纽曼边界条件指定了微分方程的解在边界处的微分。

3. 三维信息表述方式

在推导图像的亮度/灰度信息与图像三维形状信息之间的关系时,其三维形状信息可用以下三种方式描述[26]。

① 深度图,从摄像机到目标表面点的相对距离或目标表面点相对于 xy 平面的高度。

② 表面法向 (n_x, n_y, n_z),即垂直于目标表面的切平面的矢量方向。

③ 表面梯度 $(\partial z/\partial x, \partial z/\partial y)$、倾角 ϕ 和 θ,即深度值在 x 和 y 方向上的变化率,倾角 ϕ、θ 与表面法向的关系为 $(n_x, n_y, n_z) = (l\sin\phi\cos\theta, l\sin\phi\sin\theta, l\cos\phi)$,其中 l 为表面法矢量的幅度。如果用法向表示,问题就转化为求解三元一次线性方程;如用梯度表示,问题就转化为二元非线性方程;如果将表面取向、梯度与图像亮度之间的关系建立起方程,就是研究者通常所说的反射图。

在上述方法中,深度图是最基本的表述方式,其他两种方式实际上是在深度图的基础上进一步推导一些信息,如表面的法向或梯度。

4. 计算方法

由阴影恢复形状的方法是 Horn 和 Brooks[26]于 20 世纪 70 年代最先提出,随后的 20 年研究者一直致力于计算方法的研究,由于计算结果一直不理想,20 世纪 90 年代由阴影恢复形状方法的准确性和收敛性引起了研究者的重视(表 5.2.1)。历经几十年的发展,现有的方法可以分为两类。

第一类可称为全局法。这类方法有两种求解思路,一种是利用像亮度、平滑性这样的全局约束构造代价函数,然后应用变分法迭代优化计算,当使得代价函数最小化时,得到问题的解;另一种是对反射强度图线性化,然后求解。

第二类可称为局部法,采用局部约束。这类方法有两种求解思路,一种是从图像中的奇点(亮度极大值点)扩散形状信息;另一种是用球面或柱面等拟合形状。

表 5.2.1　由阴影恢复形状的方法分类汇总

分类	提出者	约束条件	三维表示	主要思路及特点
全局法	Brooks & Horn[26]	平滑性约束、亮度约束 Dirichlet & Neumann	表面法向	预知被遮挡的边界信息用于初始化,曲面高度恢复过程从边界开始,逐渐增加曲面高度
	Vega & yang[26]	平滑性约束、可积分约束、Dirichlet & Neumann	表面法向	加入启发式搜索提高 Brooks 和 Horn 方法的稳定性
	Zheng & Chellappa[31]	灰度梯度约束,Dirichlet & Sonner	表面法向	采用金字塔数据结构提高运算速度,无需对曲面边界进行初始化

续表

分类	提出者	约束条件	三维表示	主要思路及特点
全局法	Lee & Kuo[32]	亮度约束和平滑性约束	表面梯度	采用三角化拼接对表面近似,建立各拼接三角形灰度与其顶点深度关系求解,无需初始化
	Ragheb & Hancock[33]	亮度约束和平滑性约束	表面法向	引入贝叶斯方法建立混合模型进行迭代计算,实验结果表明这种方法对符合 specular 模型的图像比较有效
	Kimmel,Bruckstein & Siddiqi	可积分性约束	深度图	曲面重构作为从阴影恢复形状过程可积部分来实现.利用水平集理论,求解一个图像辐照度方程
	Ben-Ezra & Nayar[34]	亮度约束	表面法向	针对场景中的透明物体设计,通过非线性迭代过程计算出光照方向及表面法向,实验结果表明这种方法的计算复杂,收敛性差
	Malik & Maydan[35]	亮度约束	表面法向	提取分段平滑曲面的方法,唯一一种可处理分段平滑曲面的方法
	Pentland[36]	亮度约束	表面梯度	在频域建立表面梯度和表面高度的线性关系,对反射方程通过 Fourier 和反 Fourier 变换进行线性化求解
	Tsai & Shah[37]	亮度平滑性约束	表面梯度	先对梯度进行离散化近似,针对表面高度值线性化反射函数,基于深度信息建立反射方程,通过雅可比迭代求解,无需求解逆矩阵,算法简单高效
局部法	Oliensis[38]	亮度约束和平滑性约束	深度图	表面形状从奇点(singular points)开始用球面拟合的方式重构
	Rouy & Tourin[39]	亮度约束和平滑性约束	深度图	基于 Hamilton-Jacobi-Bellman 方程的扩散方法
	Bichsel & Pentland[40]	亮度约束和平滑性约束	深度图	根据对奇异点初始化结果向其八个邻域方向扩散深度信息,然后依次递推,适于重构复杂的自然地表

续表

分类	提出者	约束条件	三维表示	主要思路及特点
局部法	Lee & Rosenfeld[41]	灰度梯度约束	表面梯度;倾角	假定表面的每个点周围的小区域都可以用球面近似,利用图像灰度的一阶导数计算表面在光源所在坐标系中的倾角,无需设定参数
	Kimmel[42]	亮度约束和平滑性约束	表面梯度;倾角	封闭曲线扩散法
	Ju Yong Changa[43]	灰度梯度约束	表面梯度;倾角	将 Lee 等[39]提出的局部法与全局能量函数相结合,采用割图的方法优化计算,解决了原局部法中存在的凸凹模糊性问题

现代研究表明,人眼对形状信息的恢复不仅依靠阴影,还利用了目标外形的边界线、基本特征点、视觉系统对目标的先验知识等[44],因此如能将阴影信息与其他图像信息融合处理,将极大提高算法的鲁棒性。在这方面,White 和 Forsyth 做了将纹理与阴影结合的探索性工作[45]。此外,图像中的暗区由于灰度较低无法提取对形状恢复有用的信息,如何处理这些区域也是有阴影恢复形状方法走向实用的一大障碍。尽管目前由阴影恢复形状算法的处理效果不够理想,很大程度上限制了这类方法的应用,但随着上述问题的改进,这类方法将在机器视觉领域发挥一些独特的作用。

5.2.2　方法描述

首先考虑曲面在二维空间投影的取向信息已知的情况(即使取向信息未知,也可以采用一些立体视觉的方法推导出来),要提取的是三维空间的曲面特征。

张量投票方法采用的是漫反射模型,将由阴影恢复形状问题转化为求解非线性一阶偏微分方程[1],即

$$E(x,y) = R\left(\frac{\partial}{\partial x}z(x,y), \frac{\partial}{\partial y}z(x,y)\right) = \frac{1 + p_s\frac{\partial z}{\partial x} + q_s\frac{\partial z}{\partial y}}{\sqrt{1 + p_s^2 + q_s^2} \cdot \sqrt{1 + \left(\frac{\partial z}{\partial x}\right)^2 + \left(\frac{\partial z}{\partial y}\right)^2}}$$

$$(5\text{-}2\text{-}5)$$

其中,$E(x,y)$表示图像中坐标为(x,y)的点的亮度;$z(x,y)$代表该点的深度或表面方程;$R\left(\frac{\partial}{\partial x}z(x,y), \frac{\partial}{\partial y}z(x,y)\right)$计算的是该点的辐射强度;$[-p_s, -q_s, 1]^{\mathrm{T}}$ 代表

光源方向。

由于光源方向已有计算方法(如可以采用 Pentland 的方法),因此在后续的计算过程中假定光源方向已知。在此基础上施加亮度约束和表面平滑性约束,将问题转化为求解一组一阶偏微分方程,即[1]

$$
\begin{cases}
\dfrac{\partial z(x,y)}{\partial x}=U(x,y) \\[2mm]
\dfrac{\partial z(x,y)}{\partial y}=V(x,y)
\end{cases}
\tag{5-2-6}
$$

由于 $z(x,y)$ 是未知的,需要设置一些约束条件来求取唯一解。在由阴影恢复形状的问题中,约束条件信息可以在图像中的奇点或者目标的某些组成部分上获取。具体讲,需要的约束条件是一些曲面点的三维位置坐标以求解每个像素点的深度值。张量投票方法的计算流程如图 5.2.2 所示。解决思路是将所有可能的深度值作为未知深度像素的候选值,通过已知条件提取满足所有约束条件的三维曲面,再根据像素在曲面上的位置计算其深度值和法向信息形成深度图及标准矢量域。为了充分利用约束条件,深度已知的像素点的取向估计的显著度被赋予两倍于未知深度的像素的值[1]。

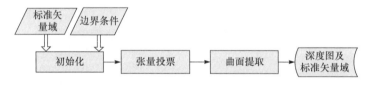

图 5.2.2　由曲面取向恢复形状计算流程

接下来介绍曲面在二维空间投影的取向信息未知的情况,具体的计算流程如图 5.2.3 所示。由于曲面上各点的取向是相互关联的,因此如果能够计算出已知点邻域范围内所有点的取向信息,就可以推导出这些点所在的曲面。算法根据输入信息首先从一个已知取向信息的点开始通过张量投票推导其邻域点的取向,进而提取曲面。起始点一般选取亮度最强的点,或者是法向与观察者视角一致的点,因为这些点的取向信息比较可靠。当所有的像素点都被处理过之后,输出处理结果[1]。

5.2.3　实验结果示例

图 5.2.4 是对测试图像 oval 应用张量投票算法进行处理的结果。图 5.2.4(a)是二维空间中的曲面各点的取向信息,是算法的输入;图 5.2.4(b)是推导出的三维空间中各像素点的取向信息图;图 5.2.4(c)是曲面提取结果,其深度及取向信息包含在曲面信息中,利用曲面各点的位置及法向信息构建了所需的深度图和标准矢量域。

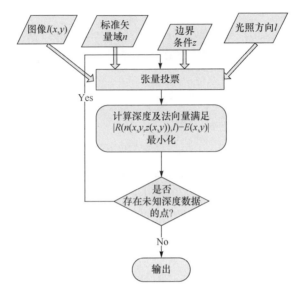

图 5.2.3　由阴影恢复形状计算流程

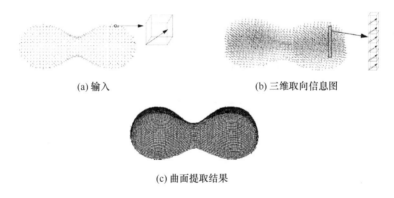

(a) 输入　　　　　　　　　(b) 三维取向信息图

(c) 曲面提取结果

图 5.2.4　oval 图像实验结果示例一

为进一步验证算法的应用效果,实验者对测试图像 oval 分别添加了 20% 和 60% 的随机噪声。在具体处理过程中增加了对取向信息的预处理,即应用张量投票首先对输入的取向信息的可靠性进行评估,滤除大部分噪声干扰,然后再运行图 5.2.3 所示的处理过程。实验结果如图 5.2.5 所示。图 5.2.5(a)是添加了 20% 的噪声输入及处理结果;图 5.2.5(b)是添加了 60% 的噪声输入及处理结果,可以看出算法对噪声的鲁棒性。

对于曲面在二维空间投影的取向信息未知的情况,为验证算法的有效性,算法对合成数据和真实图像都进行了实验。对合成数据的处理结果如图 5.2.6 所示。图 5.2.6(a)和图 5.2.6(c)分别是一个球和一个圆锥的合成数据,光照方向均为

(a) 添加20%的噪声的图像及曲面提取结果　　　　(b) 添加60%的噪声的图像及曲面提取结果

图 5.2.5　oval 图像实验结果示例二

$[1\ 0\ 0]^{T}$，可以看到许多圆锥表面在同样的光照条件下的投影都产生了同样的图像。图 5.2.6(b) 和图 5.2.6(d) 分别是算法的处理结果，算法不但提取了物体的表面形状，而且保留了不连续点。图 5.2.7 是对一幅 Central Florida 大学提供的真实图像的处理结果，该图的光照方向是已知的，算法选取面具上鼻子部位的一点为起始点进行形状恢复，尽管恢复结果与我们的感知结果有所差异，总体来说还是在不同的光照条件下提取出了一致的曲面。

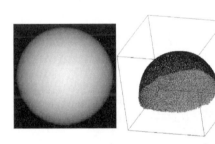

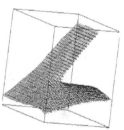

(a) 光照方向 $[1\ 0\ 0]^{T}$ 的圆球　(b) 圆球曲面提取结果　(c) 光照方向 $[1\ 0\ 0]^{T}$ 的圆锥　(d) 圆锥曲面提取结果

图 5.2.6　对合成图像的实验结果

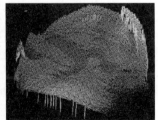

(a) 输入图像　　　　　(b) 提取出的曲面视图之一

图 5.2.7　对 mask 图像的实验结果

从上述实验可以看出，张量投票方法是从曲面提取的角度解决由阴影恢复形状的问题,从而为这一领域的研究注入了新的活力。

5.3　医学图像的三维可视化

医学图像可视化是科学计算可视化中一个重要领域。医学图像可视化是把由 CT、MRI 等数字化成像技术获得的人体信息在计算机上直观地表现为三维效果,从而提供用传统手段无法获得的结构信息。这无论是在基础研究,还是临床应用上都有很高的价值。医学图像可视化发展到现在,已不单纯局限于完成一些简单的显示功能,它的技术扩展到临床教学、计算机辅助外科、放疗计划系统、仿真内窥镜,甚至虚拟现实等许多领域。在强大应用需求的推动下,目前国外已经研制出一些像 Aw4.0、AVS、APE、3DViewnix、VolVis、3D Slice、Amira、Allegro 和 VIS-À-VIS 等面向临床的、具有一定功能的医学图像三维可视化系统,而国内还处于实验系统阶段,偏重于理论研究[46,47]。

5.3.1　相关工作

医学图像的三维可视化的方法有很多,但基本步骤大体相同,如图 5.3.1 所示[46]。从 CT 或 MR 超声等成像系统获得二维断层图像后需要将图像格式转化成计算机方便处理的格式;再通过二维滤波,减少图像噪声;接下来采取图像插值方法,对医学关键部位进行各向同性处理,获得体数据;体数据经过三维滤波后,不同组织器官需要进行分割和归类,并对同一部位的不同图像进行配准和融合,以利于进一步对感兴趣部位的操作。一般情况下是根据不同的三维可视化要求和系统平台,选择不同的方法进行三维体绘制或面绘制,实现三维重构。

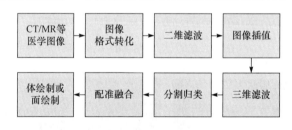

图 5.3.1　医学图像三维可视化的一般流程框图

医学图像三维重建算法经历的发展时期可以划分为三个阶段,即从傅立叶变换、卷积反投影等基本图像处理算法开始,到多层面重组、最大密度投影法[46]等算法的提出为第一个发展阶段,这一阶段以断层成像及处理方法为主,医学图像处理得到初步的发展,为实现三维重建奠定了基础;从此以后一直到真正的三维重建算法——面绘制和体绘制的出现为第二个发展阶段,这一阶段医学图像向三维可视化前进了一大步,其中多层面重组可以将采集到的三维数据重新排列以显示任意方向上的断面,而最大密度投影法可将三维数据向任意方向投影区投影线上的最大体素值加以显示;GPU 的开发使用标志着第三个发展阶段的开始,这一阶段处理各种面绘制和体绘制算法被相继提出并投入实际应用,GPU 的出现和应用为医学图像的三维可视化注入了新的活力。下面分别介绍面绘制和体绘制算法。

1. 面绘制(间接体绘制)

面绘制是表示三维物体形状最基本的方法,能够提供三维物体形状的全面信息。由于它借助于面表示这样一个中间转换过程,而不是直接将体数据投向屏幕进行绘制,有时也被称为间接体绘制。

面绘制各种算法的不同点仅在于所采用的近似表面的几何单元不同,包括边界轮廓线表示和曲面表示。早期的算法多采用轮廓线表示,即通过手工或自动方式实现断层图像中目标轮廓的确定性分割,然后用各层的轮廓线堆砌在一起表示感兴趣物体的边界;采用曲面表示的方法以轮廓连接法为代表。轮廓连接法是针对断层图像设计的,基本思想是先从二维断层图像中抽取轮廓,然后确定相邻断层上轮廓的对应关系并构造一组对应轮廓的表面,用三角化面片或其他多边形面片连接相邻轮廓以形成表面,目前用的最多的是以三角形作为曲面拟合单元。采用曲面的表示方法需解决切片图像中轮廓线之间复杂的匹配问题和一对多匹配时如何生成这些轮廓线之间的多个分支表面的分支问题。显然,切片采样密度越大,这些问题越容易解决。另外,有人采用 Delaunay 三角化方法解决图像序列表面的三维连通性,或是采用 B 样条插值重建整体光滑曲面[46]。

面绘制最经典的算法是 Lorensen 提出的移动立方体法[48],属于曲面表示一类。此外,还有剖分立方体法、不透明立方体等移动立方体改进算法,传统的移动立方体算法本质是从一个三维数据场中抽取出一个等值面,具体来说就是从给定采样点中找到曲面函数值等于常数的点集,但这种做法计算复杂度较高,并且重构和采样会带来误差;后来移动立方体算法采用了隐式的等值面提取算法,不直接计算曲面函数值,而是需要用户提供一个阈值。然后根据体数据的信息,可计算出等值面的三角网格表达,该算法实现直接、解析度很高,但是存在某些拓扑结构不一致、计算效率低、数据量大等缺陷,于是出现了渐近线法、八叉树加速法、表面追踪(Surface tracking)、并行计算、网格简化和不透明立方体法等改进方法。

面绘制方法绘制速度快,适合于要求实时性高的情形,如交互操作、图像引导手术等,但是由于丢失了体数据中的细节信息,不能正确表达内部信息,保真性能较差[49]。

2.（直接）体绘制

体绘制可分为间接体绘制和直接体绘制[48]。间接体绘制即为前面介绍的面绘制。直接体绘制方法是对三维体数据场直接进行重建。在三维数据场中,对象不再是由几何曲面或曲线表示的三维实体,而是以体素为基本单元。每个体素都分配一个相应的数据值表示颜色值和不透明度,然后研究光线穿过体数据场时各种物理量的分布情况,得到最终的绘制结果。直接体绘制的最大特点是不需要建立曲面的几何表示,可以省去生成中间曲面环节,避免了重建过程所造成的伪像痕迹。具体来说,主要步骤包括选择数据模型,图像进行预处理;滤波与插值;光照计算;颜色合成。

直接体绘制的方法可以分为空域和变换域两类。空域的典型算法有光线投影法、抛雪球法(也称溅射法)、错切-曲变法等。变换域的典型算法有频域体绘制法和小波域的体绘制法。

空域的不同方法主要是绘制顺序的差别,其中光线投影法是依照图像空间为序,顺序执行体绘制的主要步骤,沿视线由远及近的采用三次线性插值计算采样点的颜色和不透明值,从而在屏幕显示最终图像,这一方法绘制速度慢,但图像品质最高。抛雪球法以物体空间为序,逐层、逐行、逐个用一个被称为足迹的函数计算每一体素投影的影响范围,用高斯函数定义强度分布[48],然后加以合成得到其对屏幕像素的总体贡献,绘制速度一般,但图像质量仅次于光线投影法。三维纹理映射是一种硬件加速算法,与抛雪球法使用同样的数据结构和映射方法,但是加入纹理信息之后绘制的结果要好得多。错切-曲变法将三维视觉变换分解成三维错切变换和二维变形变换,体数据按照错切变换矩阵投影到错切空间形成一个中间图像,然后再经变形生成最终结果,实际上是一种基于软件加速的算法,绘制速度最快,但质量一般。

变换域的各方法主要体现在变换方法的不同。这类方法都是先将空域的体数据经过某种变换方法变换到其他域,得到离散频谱,在此基础上进行三维重建,完成后将结果变换回空域。典型的频域体绘制是采用三维傅里叶变换将空域体数据变换到频域,然后沿着经过原点并与视平面正交的平面对频谱插值成二维频谱,最后对其作二维傅里叶反变换即可得到该方向上的空域投影图,这一方法绘制速度较快,质量属中上等。小波域的体绘制或是将光线投影法通过离散小波变换到小波域来实现,速度较慢,绘制质量与抛雪球法相当;或是利用傅里叶变换先得到每个小波和尺度函数的足迹,再通过小波系数加权得到投影图像,绘制速度较快,质量属中上等。

直接体绘制方法在现代医学图像处理领域具有重大意义,这是因为人体组织内涵丰富、边界复杂,并且相互联系,很多组织之间不存在明确的等值面边界,若采用面绘制会导致数据丢失。直接体绘制方法能够将 CT 或 MRI 等数据以更加形象的形式显示,保持细节并准确地反映体数据包含的形状结构,图像质量高[50]。由于三维医学图像数据量很大,虽然硬件加速及各种优化算法已大大提高了直接体绘制的速度,但总体说来还是计算量过大,实时性差,一般在图形工作站上运行。在远程应用和交互操作中,现在一般多采用间接体绘制。可以预见,随着计算机技术的发展和体绘制专用硬件的实用化,直接体绘制技术会有新的进展。

5.3.2　方法描述

　　张量投票方法进行医学图像的三维可视化处理的计算流程如图 5.3.2 所示,主要针对的问题是从含噪的数据点集重建一些器官的轮廓或表面,属于面绘制技术。算法的输入为对一些医学图像进行预处理之后得到的空间点集;根据具体需求选择三维曲线或曲面进行提取;最后输出为所提取的器官轮廓线或三维表面。与其他的面绘制技术相比,突出的优点就是对噪声的鲁棒性很强。

　　从图 5.3.2 中可以看出,张量投票方法用于医学图像三维可视化的计算流程与其在三维空间的投票过程非常类似,将输入数据转化为张量表示之后,重新组织排列这一张量表示系统,可以得到分解的二阶对称三维张量,如式(3-3-8)所示。

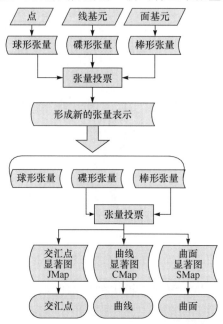

图 5.3.2　医学图像三维可视化计算流程

经过分解的张量分别投票之后,即可形成新的张量表示。在此基础上,再分别对碟形张量和棒形张量进行投票运算,应用 3.6.2 节中介绍的极值曲面和极值曲线提取算法即可检测出三维空间中的曲线和曲面,如果还要关注交汇点,通过局部极值搜索就可以获得交汇点特征。

5.3.3　实验结果示例

图 5.3.3 是对 Femur 数据集的实验结果。Femur 数据集共有 18 224 个采样点,在实验中,采样点中还被加入 400 个噪声点,输入数据的两张视图如图 5.3.3(a)~图 5.3.3(b)所示,三维重建之后的三张视图如图 5.3.3(c)~图 5.3.3(e)所示。可以看到,三维曲面被检测出来,并生成各角度的视图[1]。

牙科图像在拍摄阶段不可避免夹杂的一些杂散噪声一直以来就是该类医学图像处理的主要障碍。实验二是针对牙的图像数据 Crown 进行处理,这组数据共有 24 张视图,其中三幅如图 5.3.4(a)~图 5.3.4(c)所示,张量投票被用来处理这组标量数据,产生曲线显著图和曲面显著图,三维可视化结果如图 5.3.4(d)所示,可见牙槽和牙轮廓线被有效提取出来。

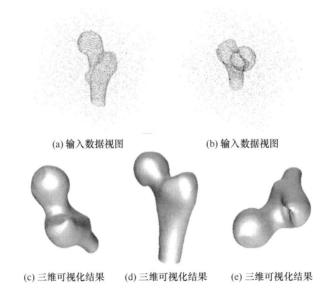

(a) 输入数据视图　　　　　　(b) 输入数据视图

(c) 三维可视化结果　　(d) 三维可视化结果　　(e) 三维可视化结果

图 5.3.3　从 femur 数据集提取出的曲面

图 5.3.5 是从 iiead Tiie 数据集提出的头部曲面,输入数据中不包含取向特征,图 5.3.5(a)为输入数据的两张视图;图 5.3.5(b)为取向估计之后,各点法向量的可视化结果;图 5.3.5(c)显示了三维可视化结果的两张视图。

(a) 输入数据的三维视图   (b) 输入数据的三维视图   (c) 输入数据的三维视图   (d) 三维可视化结果

图 5.3.4   crown 数据集的实验结果

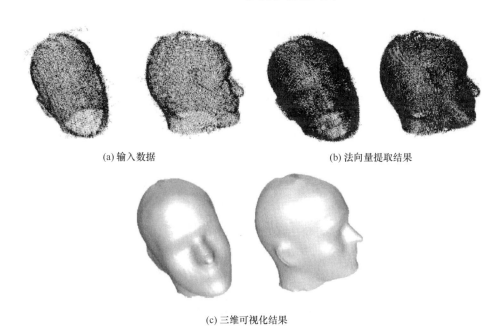

(a) 输入数据   (b) 法向量提取结果

(c) 三维可视化结果

图 5.3.5   从 iiead Tiie 数据集提出的曲面

5.4   流 可 视 化

   流可视化(flow visualization)作为科学计算可视化领域的一个经典方向是一项展示液体/气体等流体的动态行为的矢量可视化技术。自 15 世纪中期 Leonardo Da Vinci 用图像描述了投入流动液体中的细小沙粒和木屑的运动情况以来[51],流场成为应用得最广泛、研究得最深入的矢量场之一;流可视化的实验室研究越来越精确,微粒的大小和分布得到更严格的控制,摄影技术的发展也使得我们对流体在各种情况下的运动情况有了更多的了解。最近计算流体力学应运而生，其研究结果以仿真形式扩展了我们研究流的动态行为的能力。流可视化技术则成为流体力学研究的一项重要工具，在气象分析(天气预报)、航空动力学、海洋学、工业流程分析、爆轰数据模拟、水利工程中的数字流域建设等许多领域中起到很重要作用。与其他动力系统相比，流体可视化得到了业界更多的关注。近年来，多种关于流场的简化表示方法被提出，几乎成为 IEEE Visualization、ACM Siggraph、Eurograph 等国际会议上的一个热点，流体可视化的最新研究成果一般都在这些会议上发表[52]。

5.4.1　相关工作

流体运动是一种典型的非刚性运动，由于大多数流体(如空气、水等)都是透明的，因此其运动模式对于人眼来讲是很难看出的。流体运动图像计算问题是针对这种特殊图像的运动矢量计算和分析问题。这里主要关心的不仅是运动矢量计算和测量的精度和可靠性，而且包括运动矢量的空间分布、亮度模式、运动形式、运动规律等，其分析结果通常以二维或三维空间中的速度矢量集形式来表示。为便于描述，下面给出如下术语的定义[53]。

定义 5.1 流线(streamline)　流体的运动会形成一个速度场，与该速度场每一相继运动点的瞬时速度都相切的线，被称为流线。

定义 5.2 脉线(Streakline)　在场中某一固定位置投放染料，经过一段时间形成的一条有色线。研究者经常通过添加染色剂来观察脉线的模式，从而可以设计一些改进措施来减小阻力，因为大多数阻力都是由物体运动后产生的漩涡引起的，改进的目标是使流体通过物体运动之后流速减慢而不形成漩涡。

定义 5.3 时线(等时线)(timeline)　一系列相同流体质点在不同瞬时组成的曲线，在实验中可在某一时刻流体中垂直于流动方向释放一系列线状介质，通过这些介质的运动变化显示流体的运动，这些介质的运动轨迹称为时线，可用于观察流场畸变、收敛、扩散等特性。

定义 5.4 迹线(pathline)　某一特定质点在场中随时间移动形成的轨迹，需要多个时间点的位置数据来描述。迹线的计算一般是针对瞬时变化的流，需考虑第四维数据参量——时间，便于对流进行时域分析。

定义 5.5 平稳流(定常流、稳定流)(steady flow)　不随时间变化的流场，其脉线、迹线及流线是重合的。

定义 5.6 粒子平流(particle advection)　根据流场计算粒子的运动情况。

流可视化的算法很多，依据矢量数据的映射方式不同，一般可以分为几何法、纹理法和特征法。

1. 几何法

流可视化方法的第一大类是几何法,主要包括点图标法和矢量线法。

(1) 点图标法

这是一种最简单直观的矢量数据映射方法,直接显示流中各点的速度矢量构成的"速度场",优点是易实现、速度快,最常用的显示元素是箭头、椎体、有向线段等,所有这些点图标常被称作刺状体[53]。在二维矢量场中,箭头可以较好地反映出矢量大小和方向信息,但需注意放大后使箭头不能相互覆盖;在三维矢量场中,普通箭头容易产生二义性,为克服这一点人们设计了一些特别的箭头,如有阴影的箭头、不透明有一定粗细的三维多边形等,如图 5.4.1(a)所示,速度方向用矢量箭头或有向线段表示,速度大小被映射成不同颜色和线段长度。这类方法的缺点是箭头疏密难以把握,而且难以揭示数据的内在连续性和某些结构特征。

(2) 矢量线法

源于实验型流场可视化技术,通常被认为是对矢量场局部细节的中等程度抽象,包括流线、时线、脉线、迹线[53]。流线是用于稳定流场的最主要方法,其他矢量线一般用于非稳定流场。图 5.4.1(b)给出了流线的一个示例,而迹线、时线和脉线均可同样的方式显示。与点图标法相比,矢量线能表示场的连续性,绘制效果较好,可直观地显示流的一些特性,但是绘制质量依赖于初始点的选取。为充分利用图形学中的光强、色调、消隐和透视投影所提供的三维信息,还可将矢量线扩展为矢量管、矢量带、矢量面或用不同颜色、不同宽窄/粗细的色带/管子描述流场速度的大小。矢量带和矢量管分别如图 5.4.1(c)和图 5.4.1(d)所示。图 5.4.1(e)演示了用脉线描述流场中粒子的发射起点和运动轨迹的情况。矢量线还可与纹理技术结合,从而表征流场及其运动情况,如流球技术。这一技术通过计算每一点对周围一个球形区域的贡献来获得一个流场的曲面表示,其中的可视化元素既可以是一小段曲面,也可以是一段圆管。此外,还可以用动画来演示粒子在流体中的运动,称为粒子动画。

几何法[55,56]生成三维场的可视化图像是离散的,而且使用者必须决定箭头、流线或粒子的起点位置。颜色编码法在几何法中起着非常重要的作用,对于标量场数据,如温度、压力、密度等,可以通过在标量值和颜色之间建立一一映射关系,用颜色值的变化显示标量值的变化。

2. 纹理法

流可视化方法的第二大类是纹理法[54],纹理是色彩按一定方式排列组成的图案,兼具形状和色彩属性,纹理映射在图像空间进行,可连续生成具有高分辨率的

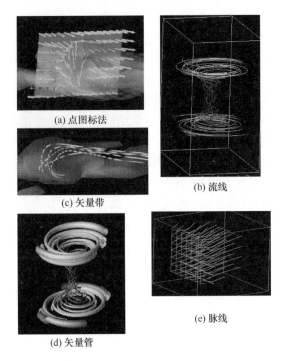

(a) 点图标法

(b) 流线

(c) 矢量带

(d) 矢量管

(e) 脉线

图 5.4.1 速度场可视化

细致图形。纹理映射技术是计算机图形学最常用的技术之一,利用纹理的灰度相关性来反映流体的运动特性。典型方法有点噪声、线性卷积和基于图像的流可视化等硬件加速算法。

(1) 点噪声法

点噪声法根据局部流的方向对周围数据点的取向进行调整,在流向上绘制一些椭圆形的随机纹理"斑点"来实现流的可视化,并通过变换和分布控制来反映矢量场的特性。后来,有人对此进行了改进,提出增强点噪声法、并行和动态点噪声法等[57]。

(2) 线积分卷积法

在基于纹理的方法中,以 Cabral 和 Leedom 提出的线积分卷积法[53]最为典型。该方法对噪声纹理滤波卷积运算生成具有一定方向特征的纹理,即使在矢量方向变化很大的区域也能揭示出矢量的方向,可以较好地表达出矢量场的细节,但该方法只考虑了沿一点速度方向那条折线段上的像素点对该点的作用,没有考虑与速度垂直方向上邻近点的影响,因此高频噪声较大。这种方法与点噪声法都可以在一个动态系统中产生对流体动力学特性的整体显示。有很多研究者对这一算法进行了改进和扩展,提出如加速线积分卷积法、并行计算线积分卷积法、曲线网格上的线积分卷积法、三角化表面的线积分卷积法、多重频线积分卷积法、有向线积分卷积法、增强线积分卷积法、染色线积分卷积法、体素线积分卷积法、动态线积分卷积法、三维线积分卷积法、超线积分卷积法等[53]。另外，还有人引入间接像素纹理选择、加/减纹理混合技术等加速其积分和卷积速度；或引入非线性扩散滤波来增强低通滤波的效果；或加入纹理映射来处理一些时变流；或用迹线代替流线作为积分线等。由于普通线性卷积生成的纹理偏暗，对比度太差，出现了许多纹理增强算法，如直方图均一化、双重卷积、二维高通滤波、偏微分、特征增强、属性映射、特殊区域增加权重等。其他还有少数与纹理相关但又不能简单归为此类的技术，如纹理溅射。

（3）硬件加速算法

具体来说就是在通用计算图形处理硬件的基础上进行编程。由于纹理法与GPU 支持的纹理操作紧密结合，许多技术都应用 GPU 加速实现实时绘制。Jobard 等采用间接像素纹理选择技术设计了一种有效的显示管；Weiskopf 等开发了像素纹理单元表征三维时变矢量场的潜力；van Wijk 等在纹理平流技术和基于GPU 的硬件加速的基础上提出一种基于图像的流可视化[54]流场绘制技术，该方法通过向前的投影网格映射实现噪声纹理的流动，并形成新的帧图像，再结合连续帧图像的比例混合实现了流场体绘制，基于图像的流可视化已被扩展运用到三维曲面矢量场和三维矢量场的可视化；非平稳流线积分卷积法是一种基于粒子模型的硬件加速算法，采用二维高通滤波来增强纹理质量，并有效避免粒子连续采样卷积导致的值扩散；Liu 和 Moorhead 提出一种新的粒子管理机制极大的加速了算法性能，Li 给出了这一算法的 GPU 实现[54,58]。

相对于其他流场可视化方法，纹理法是一种有效的、多样化的矢量可视化方法，运用非常广泛，而且有许多拓展和优化策略，可以致密地表征整个流场、特定的纹理特征和动态流场，由于没有初始点选取的问题，获得了更多的关注。但是，这类方法计算复杂度高，尤其是将纹理法从二维向三维扩展之后，这一问题更为突出。此外，研究者关注比较多的问题还有从稳定的矢量场到时变场的扩展、矢量场的大小和其他标量的显示，以及与矢量线技术的结合等。

3. 特征法

特征可视化一直是矢量可视化研究的一个热点，所谓特征具有两种含义：一种是指流场中有意义的形状、（拓扑）结构、变化和现象，如涡流、激波等；另一种指分离出来的用户感兴趣的区域。特征可视化就是通过对场中这些特征可视化，减少可视化数据映射的数据量，保持一定的准确性，有助于忽略许多冗余或不感兴趣的数据。

特征法主要有以下求解思路[58,59]。

① 直接映射,不抽取特征,在直接显示原始数据的过程中选择合适的映射技术将特征表现出来。

② 特征识别,提取特征数据并识别出用户感兴趣的部分。

③ 拓扑结构分析法,流场拓扑结构分析理论最早由 Helman 和 Hesselink 提出,以临界点理论为基础,认为一个矢量场的拓扑由临界点和连接临界点的积分曲线和积分曲面组成。

④ 时变流场的跟踪技术,特征结构可视化主要用于时变流场,一般是寻找、跟踪涡流、涡度等值面和激波等结构特征,然后进行事件检测和结果的显示。

特征法从大量数据集中抽取特定信息,利用高度抽象的实体描述数据的特征,典型方法以拓扑结构分析法和针对时变场的特定结构抽取法。单纯的拓扑结构分析法虽然可以把握流场中的本质信息,但由于高度抽象,往往需要和其他映射方法结合使用。

5.4.2　方法描述

张量投票针对的是震荡波形式的气流的可视化,采用的可视化元素是曲面。算法的计算流程如图 5.4.2 所示,输入是流的密度场,首先检测密度场的局部极值点,然后应用张量投票对极值点进行处理,处理后的张量数据作为极值曲面提取(3.6.2 节)的输入,最后提取出的极值曲面即为可规化结果[1]。

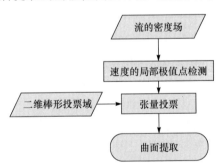

图 5.4.2　流可视化计算流程

5.4.3　实验结果示例

流可视化算法的实验数据选取的是 Blunt fln 实验数据,输入数据如图 5.4.3(a)和图 5.4.3(b)所示[1]。图 5.4.3(a)为处于一个平面上的直鳍,流的走向用箭头表示;图 5.4.3(b)为矢量形式的速度场;图 5.4.3(c)为计算得出的速度场,显示了四个不同时间的照片,因为两侧是对称的,所以只显示一面。

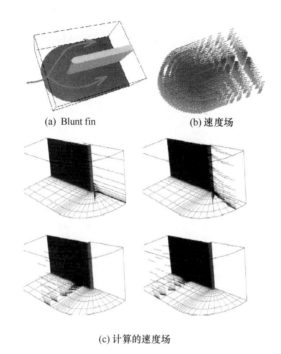

(a) Blunt fin　　　　　　　　　(b) 速度场

(c) 计算的速度场

图 5.4.3　输入的 Blunt fln 实验数据及计算的速度场

5.5　涡流检测

　　涡流是流体动力学的重要特征之一。在航空动力学中,涡流直接影响飞机的飞行特性,因此在设计阶段是必须考虑的因素。在海洋学中,涡流的时空演化是科学家解释洋流循环的重要手段。在工业领域,如内燃机的整个工作循环中,缸内始终进行着复杂而又强烈瞬变的涡流(也称湍流)运动。因此,涡流检测(vortex extraction)是一个重要的研究课题,它隶属于流可视化中的特征法这一分支。此外,由于当导体在变化的磁场中或相对于磁场运动时,其内部会感应出呈漩涡状流动的电流,涡流检测在电磁学领域衍生出另一研究课题——远场涡流检测。

5.5.1　相关工作

　　目前国内外涡流检测标准大致可以分为基于点的标准、基于几何曲线的标准和涡流模拟法。

　　基于点的标准[60,61]通常假定涡流是一块具有高转速的区域或者存在一个压力极小值点作为涡流核,根据涡流中单个点或有限邻域内采样点的物理属性,如压力、涡流幅度和螺旋性等,从一些采样点的速度矢量或速度梯度张量中计算压力、速度等物理属性。这类方法不能提取出所有情况下的涡流,存在的主要问题是检测不到转速和转幅都比较小的"弱"涡流;采样点的选择对检测结果影响很大;漏检和误检概率较高;一阶近似体现出的缺陷也比较明显,于是 Roth 等[61]提出用高阶微分代替一阶微分的改进方法。

基于几何曲线的标准[62]是利用流线或脉线的几何特性——曲率来计算的。典型的方法有曲率中心检测法和缠绕角度法。曲率中心检测法计算二维图像中所有采样点的曲率中心,对于涡流而言,其周围流线的曲率中心应集中在某一点周围,占据一个很小的网格,因此对曲率中心点集进行网格化之后,设置阈值搜索点密度较大的若干峰值网格区域即可。这种方法与基于点的检测有相似的缺点,例如检测结果受采样点选取的影响较大,漏检和误检率较高等,由于流线并不是规则的圆弧,因此曲率中心的计算也遇到很多实际问题。缠绕角度法选择环绕某一点的流线聚类,根据弯曲的角度和距离设定标准检测涡流。优点是克服了基于点的检测标准的缺点,可检测漩速较慢的弱小涡流,且易于量化计算和评估。在这方面的研究工作中,比较突出的是 Portela[63]给出了二维情况下涡流检测的数学框架。

上面介绍的方法都是以数学方法表示的流场特征来进行涡流检测的,在噪声存在的情况下往往不稳定,于是出现了一些涡流模拟方法[64]。模板匹配法通过计算流场与设计的模板的最大相似值来提取流场的特征点,这种方法减少了数学计算的过程,并把卷积应用到流场的模板匹配中,缺点是对噪声敏感。连续涡流模拟法[65]通过小波变换将流分解为有组织结构的涡流和准高斯白噪声两部分,然后根据多尺度下正交小波系数的方差设置阈值进行过滤来检测涡流。文献[66]将涡流检测分解为涡流核提取和涡流壳提取两个部分。前者是基于 Sperner 引理对三角网格顶点的速度矢量方向进行标记,从而发现最可能包含关键点的三角网格。后者是结合三角细分方法记录涡流壳周围的流线交点的数目和位置,同时起到验证前者检测结果的作用。具体的数值模拟可分为三种[64]:一种是雷诺时均方法,以雷诺平均运动方程和脉动方程为基础,根据理论分析和实践经验设定假设条件来封闭雷诺平均方程,从而建立一组描写湍流平均量的封闭方程组的理论计算方法;直接数值模拟通过十分精细的网格直接求解控制涡流运动的三维非定常 Navier-Stoke 方程组,计算出所有尺度内的瞬时量,获得完整流场信息的准确描述,可以计算出涡流中的最小尺度涡,但巨大的存储和计算量是现有计算机难以承受的;大涡模拟方法用瞬时的雷诺方程直接模拟涡流中的大尺度涡,而小涡对大涡的影响通过近似模型来考虑,称为亚网格应力尺度模型[64]。在这三种方法中,直接数值模拟是最完备的方法,但是计算量巨大,而且只适用于较低雷诺数;雷诺时均方法计算的是平均值,运算量小,缺点是受模型影响大,仅适用于高雷诺数;大涡模拟法各方面性能居中,作为直接数值模拟方法的过渡,利用大涡模拟方法可以得到表征涡流主要结构的速度场,能够较真实准确反映涡流的连续运动和发展。

上述三类方法中,前两类是属于在不同的发展阶段研究出来的方法,其中基于点的检测属于早期的传统方法,基于几何曲线的标准是在流可视化技术进步的基础上提出的。涡流模拟法则是在不同的应用领域发展起来的方法,与具体应用结合得比较紧密。虽然涡流检测已经取得了一些进展,然而由于目前对于涡流还没有统一的定义,给研究工作带来很大困难。这方面目前只有 Martin[67] 对现有研究文献中涡流的定义作了比较和分析,但是仍未给出一个统一定义,所以说涡流检测仍有一些基础理论问题需要解决。另外,基于几何曲线的检测标准中,缠绕角度法是一种比较有前途的方法,对这一方法的改进和扩展值得研究。

5.5.2　方法描述

张量投票进行涡流提取的主要思路是用提取极值曲面的方法检测涡流核,主要计算流程如图 5.5.1 所示。算法的输入为根据涡流场多张时间切片获取的速度场;极值点检测主要是提取速度极大值或不确定性极大值的点,采用的是 3.6.2 节介绍的极值曲线提取算法;检测涡流中心是检测速度的局部极小值点;根据涡流中心的检测结果加上对不确定区域的可重叠划分即可对涡流形成初始分割;涡流核检测选用文献[68]提出的算法,该算法仅对单一涡流有效,因此需要预处理以定位涡流中心,并将多个涡流分割成单个涡流;极值曲面提取主要是为了处理交叠和错位,从含噪的数据中将包围涡流核的曲面检测出来;涡流流线提取时是把涡流流线作为三维空间的极值曲线来处理。

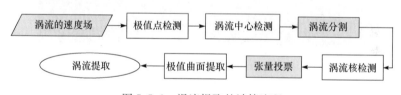

图 5.5.1　涡流提取的计算流程

从这一计算流程可以看出,张量投票方法为涡流检测提供了一种有效的辅助手段,可简化将曲线扩展为曲面的过程,避免全局搜索,且易于与相关技术结合使用。这些优势弥补了现有方法的不足。

5.5.3　实验结果示例

实验数据选取 Interacting Taylor vortices,输入数据包括涡流的速度场。这组实验数据特点是包含了波状起伏和周期特性。这组实验数据在文献[69]中给出了 185 个时间切片(照片),相继时间切片之间的时间间隔为 66.66ms,并有比较详细的说明和测量结果。图 5.5.2(a)～ 图 5.5.2(h)是八张涡流场的连续切片,图 5.5.2中涡流 A 和 C 为顺时针旋转,涡流 B 为反时针旋转,此时两个相邻涡流的交点也可能是切向速度的极大值点。图中的圆点标识了涡流中心,这八张图片整体包含了一个震荡周期的情况。涡流分割的结果如图 5.5.3 所示。图 5.5.3(a)为 $t=0$ 处的速度场;图 5.5.3(b)显示检测出的极值点集;图 5.5.3(c)显示涡流中心及分割出的单个涡流,可以看到,不确定区域被重复划分,因此各个涡流之间有交叠;图 5.5.3(d)用椭圆线标识出的各涡流的整体形状及所包含区域。

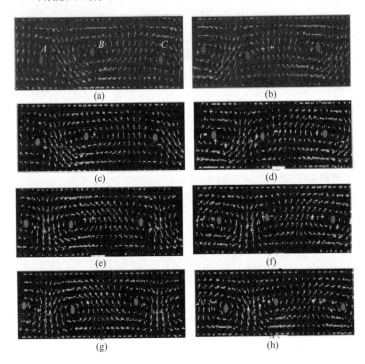

图 5.5.2　Taylor vortices 的连续快照

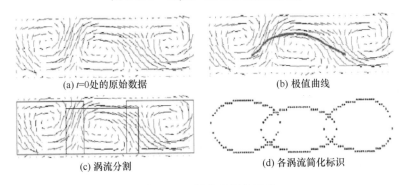

图 5.5.3　涡流分割的结果

5.6　三维曲线/曲面提取

　　三维曲线/曲面提取是机器视觉中诸多研究领域的一个基本问题,张量投票方法解决这一问题实际上是将张量投票方法的基本功能扩展到了三维空间。本节首先介绍三维曲线、曲面提取的相关工作,接下来是张量投票方法解决这一问题的算法描述,最后是实验结果示例。

5.6.1　相关工作

　　曲线/曲面是计算机图形学、计算机辅助设计和科学计算可视化中的基本研究对象。在计算机图形学和计算机辅助设计中,人们常用参数方程表示曲线曲面,贝塞尔曲线和 B 样条曲线是两种常用的参数曲线。参数化曲线和曲面的研究相对完善且易于绘制,但是不利于判定给定点与曲线、曲面的位置关系,于是隐式化曲线/曲面越来越受到关注,常用的有结式方法、基于 Gröbner 基的方法和吴特征方法。另外,隐式曲线/曲面与参数表示之间的转换关系也受到很多学者的关注[70]。除了这些具有一定共性和普适性的研究工作以外,还有一些针对特定应用领域的解决方法,下面分别介绍。

　　1. 三维曲线提取

　　大多数三维曲线提取算法的目标都是实现三维可视化。现有的方法可以归结为五类。

　　① 最小二乘拟合法[70]。为了从无序的点云数据重建出曲线,1998 年 Levin 提出一种移动最小平方方法进行曲线重建;2000 年,Lee 推广了该方法,对原始点集进行两次局部最小二乘回归,调整数据点的位置,细化点云,得出重建曲线,同时引入最小生成树,解决了当两族点集相距过近时无法正确重建原曲线的问题。

　　② 模型重建法[70]。无论是参数曲线还是隐式曲线,都具有一般的表示形式,事先给定曲线模型,根据具体的数据点分布情况,确定参数,得到重建曲线的数学模型。Fang 等提出一种基于弹力模型的无序点曲线重建算法,通过模拟曲线的受力情况,构造一组能量函数,将曲线重建问题转化为关于能量函数的极值问题,用有限元方法进行优化求解。Taubin 提出一种用隐式单形模型表示分片线性曲线曲面的新方法,通过把已知数据点作为约束条件,直接求解曲线参数,得到重建曲线。Alhanaty 和 Bercovier 提出一类新的样条函数——v 样条,并给出了一类用 v 样条重建曲线的新方法。马颂德等使用二次曲线作为基元重建具有椭圆、双曲线、抛物线等二次曲线轮廓的物体[71];在摄像机定标后,运用蛇模型提取图像特征曲线,再利用多幅图像间对应点的极线约束,建立不同图像间同名曲线对上点的对应

关系。

③ 骨架法[70]。物体形状的骨架描述是形态学中的一种基本方法,在形状识别、形状分类以及形状处理中有着许多重要应用。简单地说,物体的骨架就是位于物体内部的,并能体现形状特征的简化图形。描述物体形状的骨架可以是一维曲线或二维曲面。在无序离散点的曲线重建中,可以通过求出该物体的骨架来作为重建曲线。Ahuja 等讨论对于给定的采样于区域边界上的一族数据点,如何通过构造潜在势函数,抽取出区域骨架的方法。Amenta 等给出了对于足够密地采样于某条平面曲线上的一族采样点,如何用多边形曲线来逼近原始曲线的算法。

④ 在流可视化方面比较成功的方法有基于流球的检测、线积分卷积法等,具体方法已在 5.4 节流可视化部分介绍。

⑤ 其他方法。Pottmann 对旋转面与螺旋面的重建提出一种重建螺旋面母线的新思想,将原始的数据点投影到屏幕网格上以生成二值图像,然后借助于图像细化算法重建曲线[70]。Goshtasby 提出另一类曲线重建的离散方法,先由离散点集构造出一势函数,由此产生灰度图像,运用离散梯度算法对点集进行分块并确定出各点的参数值,最后用有理高斯曲线(如 rational Gaussian Curve)对原始点集进行曲线拟合,得到重建曲线[70]。Koller 等[72]提出一种通过多尺度滤波检测二维和三维线结构特征的方法用于医学图像的三维可视化。Thirion 和 Gourdon[73]设计了一种通过搜索不同表面的交汇点来检测空间曲线的方法,所检测曲线的拓扑结构较好。Fruhauf[74]利用光照方向和与待处理的目标物体信息通过光线投影的方法推导与目标体表面相切的矢量集,矢量集被投影线"切分"的地方便是三维曲线点的位置,这种方法可视化效果很好,但输出结果无一定结构,不便于后续处理。Fidrich[75]提出将三维曲线提取的问题映射到四维空间去解决,然后采用文献[73]的方法提取空间曲线,这种方法需要检测两个三维曲面,或者解两个隐式方程。丁明跃等应用透视不变分割技术将每条空间自由曲线分割成段,然后用二次曲线重建每一条曲线段,再将重建曲线段组合成空间曲线。

2. 三维曲面提取

三维曲面提取在很多应用领域里也被称为曲面重建,是一个把稠密曲面二维矢量场数据转换成三维曲面数据的过程。数据获取方法包括接触式和非接触式两大类[70],其中接触式包括触发式和扫描式两种;非接触式常用距离传感器、立体视觉系统、MRI 或 CT 等技术或激光、声、电磁等手段去收集多而稠的曲面样本点集合。在医学图像三维重建、工业机件的三维表面重建和人脸模型的细分曲面重建等领域均有应用。另外,有些三维重建方法(如阴影恢复形状和纹理恢复形状)同样需要解决曲面重建问题。

目前在工业、制造业以及机器视觉领域,三维曲面提取主要有九类方法。

① 参数曲面重建方法[70]。基于参数曲面也是曲面重建中常用的方法,长期以来参数曲线曲面一直是描述几何形状的主要工具,它起源于飞机、船舶的外形放样工艺,由 Coons、Bézier 等于 20 世纪 60 年代奠定其理论基础。Coons 曲面、Bézier 曲面、NURBS 曲面等不仅成为几何设计的主要工具,其中 NURBS 已被作为工业产品数据交换的标准,也作为描述工业产品几何形状的唯一数学方法。后续研究者又提出 Bernstein-Bézier 曲面、B 样条曲面、多阶 B 样条曲面、α-形构造曲面等。

② 隐式曲面重建方法[70]。参数化表示具有许多优点,如计算曲线曲面的几何量简单,曲线曲面的显示方便等。然而,在另外的一些几何操作,如判断一个点是否在曲线或曲面上以及在哪一侧时,参数表示曲面极为不便,与之相反,隐式化表示给这些操作带来了极大方便,同时隐式化表示在曲线曲面求交方面也有极其重要的应用。例如,Muraki 在 1991 年进行的人头曲面重建中,借助势函数的概念,提出用分片隐式曲面作为工具进行曲面重建的方法;Sapidis 等提出基于区域增长的多项式曲面重建方法,用数目尽量少的函数曲面片来逼近三维采样数据点;Zhao 等提出基于类极小曲面模型和偏微分方程方法的隐式曲面重建方法,以原始数据点集的距离场的某等势集作为初始曲面;Carr 等提出用多项式径向基函数重建曲面的方法;Zhou 等提出一种用带指数函数的超二次曲面进行曲面重建的方法。

③ 分片线性曲面重建方法[70]。分片线性曲面也称网格曲面,网格曲面有利于曲面的计算机显示。Amenta 等提出一种基于 Voronoi 图的网格曲面重建算法;Bradley 提出一种依赖种子点增长的网格曲面重建算法;Floater 提出运用平面 Delauney 三角化的方法得到原始数据点集的连接关系,进而重建曲面。网格曲面作为一种曲面表示形式由于简单、统一的优点,已成为一种重要的曲面表示方法。

④ 细分曲面重建方法[70]。为了解决具有复杂拓扑形状的曲面重建问题,人们提出并发展了细分曲面重建方法。细分曲面采用组成曲面的多边形网格的点、线、面及拓扑信息完整地描述曲面。它从初始多面体网格开始,按照某种规则,递归地计算新网格上的每个顶点,这些顶点都是原网格上相邻几个顶点的加权平均。随着细分的不断进行,控制网格被逐渐磨光,在一定条件或一定的细分规则下,细分无穷多次之后多边形网格将收敛到一张光滑曲面。细分曲面的最大优点就是算法简单,几乎可以描述任意复杂曲面,基于细分曲面的重建方法在特征动画设计和雕塑曲面重建中得到了大量应用。

⑤ 可变形模板法。可变形模板法需要一个初始曲面,通过一个迭代程序优化求解该初始曲面匹配输入数据的变形方程来提取曲面,这类方法的运行效果依赖于初始化条件,需要对待检测曲面有初始估计,方程求解的过程比较复杂。对于单

一曲面的提取,文献[76]提出较典型的方法;Fua 和 Sander[77]提出一种从点集提取曲面的方法。大多数可变形模板法会在某些情况下失效,如测试图像 two tori,但基于水平集的方法[71]是个例外,在多数情况下均可获得较好的实验效果。

⑥ 计算几何法。计算几何法引入图论的思想解决这一问题,将每个输入点作为一个图的结点来处理,依据图像局部特性插入连接各结点的边,最后根据连接关系推导曲面。但是,这类方法对噪声特别敏感,只适用于噪声较少的情况。Hoppe 等[78]和 Boissonnat[79]提出较典型的方法。

⑦ 基于偏微分方程方法。基于偏微分方程方法是广泛使用的一种方法,多用于处理具有规则结构的网格数据。这种方法在处理非结构化的数据时,通常需要对数据进行重新采样生成规则化数据。文献[80]提出一种可以直接处理的方法。

⑧ 直接从距离、立体或光度测量数据中提取曲率不变量。常见的方法是首先根据曲面法向量选择一条路径,这条路径的曲率变化是最小的,通过这个路径,根据已知距离和曲面切平面的局部斜率度增加高度函数的数值,将曲面重构出来[81]。这是一个简单的三角度量问题,在机器视觉中,直接分析这个课题的研究文献是不容易找的,因为相关方法经常被视为从阴影恢复形状过程或从纹理恢复形状过程中的一个部分。由于这个原因,感兴趣的读者可以参考我们在由阴影恢复形状部分对相关工作的描述。

⑨ 基于体绘制技术的三维曲面提取方法。相关工作可参看 5.3 节关于体绘制方法的相关描述。

5.6.2　方法描述

三维特征曲线/曲面提取实际上是将张量投票方法扩展到了三维空间中,涉及三维点的处理,涉及从曲面元素中检测曲面、从曲线元素中检测曲线、从曲面元素中检测曲线、从曲线元素中检测曲面等四个方面的基本问题[1]。

第一,从曲面元素中检测曲面主要是将曲面显著度比较一致且各点法线取向符合某种规律的邻近元素组织在一起,其中曲面的显著度用式(3-3-8)中的$(\lambda_1 - \lambda_2)$来度量,对于简单的平面来说,其法线符合 e_1 的取向。从曲面元素中检测曲面的最简单的例子如图 5.6.1 所示。图 5.6.1(a)显示空间四个共面点及其已经检测出来的相对于平面的法线,图 5.6.1(b)为在此基础上构建的平面。椭球面的示例如图 5.6.2 所示,此时空间四个邻近点的法向取向不再一致,符合椭球面的法向分布规律。图 5.6.2(a)显示空间四个共面点及其已经检测出的可能曲面的法线,图 5.6.2(b)为在此基础上构建的椭球面。更复杂的是图 5.6.3 所示的鞍状面的推导。图 5.6.3(a)和图 5.6.3(b)是空间四邻近点及其纯点元法线的两张视图,图 5.6.3(c)和图 5.6.3(d)是推导出的鞍状面的两张视图。

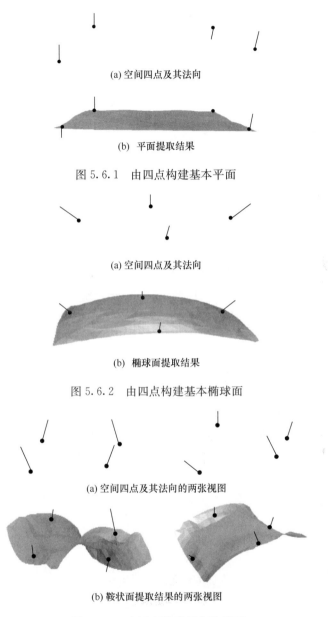

(a) 空间四点及其法向

(b) 平面提取结果

图 5.6.1　由四点构建基本平面

(a) 空间四点及其法向

(b) 椭球面提取结果

图 5.6.2　由四点构建基本椭球面

(a) 空间四点及其法向的两张视图

(b) 鞍状面提取结果的两张视图

图 5.6.3　由四点构建基本鞍状面

　　第二，从曲线元素中检测曲线主要是将曲线显著度比较一致且各点切线取向符合某种规律的邻近元素组织在一起，其中曲线的显著度用式(3-3-8)中的$(\lambda_2 - \lambda_3)$来度量，对于简单的直线来说，其切线符合 e_3 的取向。从曲线元素中检测曲线的示例如图 5.6.7 和图 5.6.8 所示。

第三,从曲面元素中检测曲线主要是通过检测曲面的交线来完成,其中曲线显著度用式(3-3-8)中的$(\lambda_2-\lambda_3)$来度量,对于简单直线来说,其切线符合e_3的取向。从曲面元素中检测曲线的示意图如图 5.6.4 所示。图 5.6.4(a)中包含八个空间点及其法向,其中四个实心的黑点构成一个基本平面A,四个空心点构成了与平面A相交的另一平面。图 5.6.4(b)显示检测出的交线。

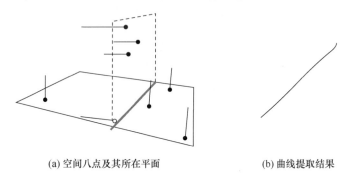

(a) 空间八点及其所在平面   (b) 曲线提取结果

图 5.6.4 从曲面元素中检测曲线示例

第四,从曲线元素中检测曲面则是在曲线点及其切线取向已知的情况下,用棒形张量投票,得到各点的法向信息,然后将曲面显著度比较一致且各点法线取向符合某种规律的邻近元素组织在一起,其中曲面的显著度用式(3-3-8)中的$(\lambda_1-\lambda_2)$来度量,对于简单的平面来说,其法线符合e_1的取向。从曲线元素中检测曲面的示例如图 5.6.5 所示。图 5.6.5(a)显示空间四个曲线点及各点的切线,并用虚线框构建了这四点所在的平面。图 5.6.5(b)为依据各点及其切向进行张量投票得到的法向信息。图 5.6.5(c)为曲面检测结果,具体过程与图 5.6.1 所示的情况相同。

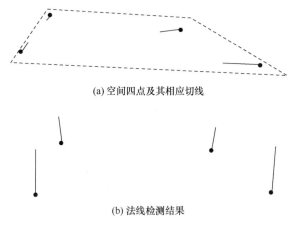

(a) 空间四点及其相应切线

(b) 法线检测结果

(c) 曲面提取结果

图 5.6.5 从曲线元素中检测曲面示例

在解决上述四个基本问题的基础上,张量投票方法进行三维曲线/曲面检测的计算流程与第 3 章介绍的基本计算流程是一致的,只是将数据表示及投票机制都扩展到三维,具体计算流程如图 5.6.6 所示。基本与其在医学图像的三维可视化中的应用流程相似,主要的差别如下。

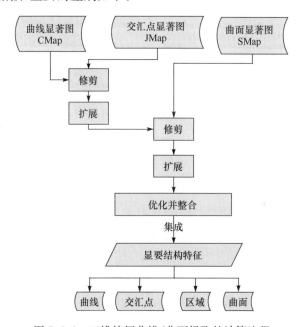

图 5.6.6 三维特征曲线/曲面提取的计算流程

① 通过张量投票分别获得曲线、曲面和交汇点的显著度图之后,需要进行两次修剪和扩展,第一次是对曲线和交汇点,第二次是加入曲面进一步修剪。修剪的主要目的是去除一些显著度较低的点、孤立点和显著度较低的小块曲面。扩展的主要目的是在投票的基础上对缺失信息的填充,在线和面的外缘就表现为扩充。

② 在两次修剪和扩展之后,加入优化和整合处理,以保证输出曲线/曲面的完整性和平滑性[1]。

5.6.3 实验结果示例

图 5.6.7 和图 5.6.8 给出了从曲线元素中检测曲线的示例[1]，先是应用张量投票计算输入点的切矢量及曲线显著度，而后将离散的三维空间点连成比较平滑的曲线。图 5.6.7 包含四个共线点，是取向一致的情况。图 5.6.7(a)为输入图像，图 5.6.7(b)为各点切矢量的计算结果，图 5.6.7(c)为检测出的线。

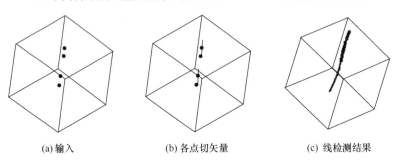

(a) 输入   (b) 各点切矢量   (c) 线检测结果

图 5.6.7 三维曲线提取示例一

图 5.6.8 是对一条螺旋线采样量化得到的数据点集的实验结果，螺旋线的参数方程为(40cos$t$,40sin$t$,20t)。图 5.6.8(a)为输入图像，输入数据的取向是不一致的；图 5.6.8(b)为各点切矢量的计算结果；图 5.6.8(c)为检测出的三维曲线。

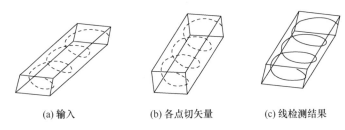

(a) 输入   (b) 各点切矢量   (c) 线检测结果

图 5.6.8 三维曲线提取示例二

图 5.6.9 和图 5.6.10 给出了三维曲面提取的示例[1]。图 5.6.9 是对 Two Linked tori 图像的实验结果，输入为 1983 个曲面采样点，叠加了 50% 的噪声，如左图所示，从实验结果(右图示)看，算法恢复了两个互相绞合在一起的圆环曲面，并滤除了噪声。

图 5.6.10 是对 Two bowls 的实验结果[1]。图 5.6.10(a)为输入的三维空间点的切矢量集合，由在各层碗面上采样得到的 446 个法矢量构成，其中只有 5 个体素是比较分散的。图 5.6.10(b)为算法检测出的叠在一起的两个碗形曲面的两张视图。这说明算法检测半封闭曲面和同时检测多目标曲面的能力。

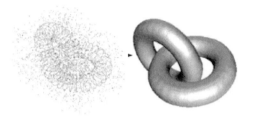

图 5.6.9　对 Two Linked tori 图像的实验结果

(a) 输入的三维空间点的切矢量集

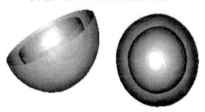

(b) 碗形曲面检测结果的两张视图

图 5.6.10　对 Two bowls 的实验结果

5.7　地形可视化

地形可视化的概念是在 20 世纪 60 年代以后随着地理信息系统(geographical information system,GIS)的出现而逐渐形成的,其核心问题是解决由海量地形数据构成的复杂地形表面模型与计算机图形硬件有限的绘制能力之间的矛盾。具体来说,是在计算机上对数字地形模型(digital terrain model,DTM)数据进行三维逼真显示、模拟仿真、简化、多分辨率表达和网络传输等内容的一项技术,涉及测绘学、现代数学、计算机三维图形学、计算几何、地理信息系统、虚拟现实、科学计算可视化、计算机网络等众多学科领域,与人类的生产生活息息相关,在城市规划、路径选取、资源调查与分配、工程勘查与设计、项目选址、环境监测、灾害预测与预报、军事、游戏娱乐等众多领域有广泛的应用[82]。

本节将从三维地理数据获取、数据模型和可视化算法三个方面介绍地形可视化的相关工作,然后描述张量投票方法解决此类问题的思路。

5.7.1　相关工作

1. 数据获取

三维地形数据获取方法主要有五种。

① 直接地面测量法,即通过地理测量直接获取地形信息。

② 摄影测量法,通常运用先进的激光技术,获得以点为单位的三维数据,再精确复制的影像再现技术。

③ 基于三维数据的转换与解释,主要是指运用计算机语言和编码技术,如 Java3D、VRML 和 OpenGL 等,将三维的地理数据转换为计算机识别的文本形式,再通过一定的规范在终端解释为三维场景。

④ 基于二维数据的处理与三维再现,主要是通过赋予二维数据高度值的方法,定义其三维空间属性,并通过渲染器美化三维效果。该技术在建筑表现与工业设计领域运用非常普遍,如 3D Max 等偏重于对细节的表现,可以做出非常逼真的三维模型。

⑤ 基于地理信息系统技术的三维地形数据分析处理,即通过已有的三维地理信息系统软件产品对地形数据进行建构和分析。这些软件大都具有较快的数据处理能力和良好便捷的对象接口,目前较为流行的产品有 ESRI 公司开发的 Arcgis 为代表的三维地理信息系统套件,包括 ArcScene、ArcGlobe 等。

2. 数据模型

在地形可视化方法中,比较特殊的是其常用的数据类型。长期以来,人们针对不同的应用目的,依据各种数据模型、算法和数学理论,在现有的计算机发展水平上建立了许多地形可视化模型,前面提到的数字地形模型是对地形表面的简单数字表示,利用一个任意坐标场中大量已知 x、y、z 坐标的点对连续地面形成简单的统计表示[83]。在三维地形可视化和四维地理信息系统中有四种常见的数据结构模型。

① 数字高度模型,对地形表面高度进行离散表示的一般形式,是数字地形模型的一个重要子集。

② 数字正射影像图,包含地形表面的纹理特征。

③ 数字栅格地图,包含地形表面的纹理特征的栅格数据。

④ 数字线划地图,为矢量化表示的数字地图。

数字高度模型是地形可视化系统中最为常用的数据模型,常以三种形式对数据进行组织,即高度图、规则格网结构和不规则三角网[83],且常用莫顿码进行数据压缩[84]。

① 等高图。这是一种最简单最常用的表示形式,将地理的平面二维坐标和高

程值分别进行存储。

② 规则格网。规则格网模型通常指正方形网格、矩形网格或三角形网格等规则网格,其数据为一系列等间距的高程值或高程值加属性[85]。规则网格将区域空间切分成规则的网格单元,每个网格单元对应一个数值,只需用一个三维数组记录高程值,其空间位置可以根据元素下标计算得出,节省了数据量,任何不是网格中心的高程值均可采用其周围四个中心点高程值的距离加权平均方法进行计算。

③ 不规则三角网。用于表示具有任意拓扑结构的网格,优势是适于表示不同形状的地形、占内存较小、可以对凸凹两种情况建模,缺点是处理这种数据时工作量非常大。

表 5.7.1[86]给出了不同数据结构数字高程模型的比较,可以看到上述三种数据结构在存储空间、数据来源、拓扑关系、插值效果及所适应地形的差异。

表 5.7.1 不同数据结构数字高程模型的比较

模型	等高线	规则格网	不规则三角网
存储空间	很小(相对坐标)	依赖格距大小	大(绝对坐标)
数据来源	地形图数字化	原始数据插值	离散点构网
拓扑关系	不好	很好	很好
任意点内插值效果	不直接,内插时间长	直接,内插时间短	直接,内插时间短
适合地形	简单、平缓变化	简单、平缓变化	任意、复杂地形

3. 可视化算法

迄今为止,三维地形可视化技术尚无统一的分类方法,如果按照发展趋势分,可以分为 GPU 出现前的算法和基于 GPU 的加速算法;如果按照维数划分,则可分为面绘制和体绘制。由于体绘制技术具有离散计算和存储量大的特性,对硬件性能要求很高,所以地形的实时绘制主要采用面绘制。

针对三维地形可视化的面绘制技术基本可以归纳为分形法、曲面拟合法和基于真实地形数据的多边形模拟法[83]。

① 分形法是利用分形几何所具有的细节无限和统计自相似的典型特征,通过递归算法使复杂景物可用简单规则生成。它的优点是数据量小,缺点是算法复杂度高,且未与实际真实地形、地貌相联系,因此在应用上受到限制。分形地景建模大致可归纳为泊松阶跃法、Fourier 滤波法、中点位移法、逐次随机增加法和带限噪声累积法等[84]。其中,张继贤等把地形看成一个随机统计过程,将分形几何模型、随机点生成技术以及实用回归技术相结合,提出了一套基于地形特征和参数的地形生成方法[87]。

② 曲面拟合地形仿真是根据控制点选择合适的曲面对地形拟合,其优点是保证了相邻面的斜率连续性,缺点是曲面方程及参数不易控制,且生成的地形过于光滑、真实感较差。这种模型目前应用很少。

③ 基于真实地形数据的多边形模拟是指利用真实地形的采样点,通过插值、剖分等方法建立多边形集合模拟地形表面,有利于计算机绘制,同时生成的地形也具有高度的真实感,成为人们描述三维地形的主要手段。

这类方法中以基于细节层次的算法为主流。细节层次的概念和算法是由 Clark 提出的[88],认为当物体覆盖屏幕较小区域时,可使用该物体描述较粗的模型,并给出了一个用于可见面判定算法的几何层次模型,目的是削减一部分几何面片以获取较低的帧数据率,以便对复杂场景快速绘制,削减数量就决定了网格所能描绘细节的程度(即细节层次)。Lindstrom 先设计了一种连续细节层次模型[89],提出多分辨率细节层次模型的实时绘制算法,后来又提出基于外存的加速方法和一个简单有效的地形可视化框架;Mark 等提出的实时自适应优化网格算法[90]也是早期比较成功的算法;Hwa 等[91]对实时自适应优化网格算法进行改进;此外,还有采用四叉树数据结构的方法[92]、加入包围盒和平截视图以进一步削减几何面片的方法[93]、几何裁剪图法[94]、批量动态自适应网格法[95]、自适应细节层次算法[96]、并行细节层次算法[97]等;对于不规则三角网数据结构,Hoppe 提出渐进网格算法[98]。

尽管地形可视化已经取得了很多的研究成果,但是解决海量地形数据的实时绘制的目标仍然任重道远。目前主要有两种思路:从硬件上,可以提高 CPU 运转速度、扩大物理内存或采用 GPU 加速和并行处理[99~101];从软件上,可优化图形开发包、进行图形消隐、地形简化、视景体裁剪、数据分块、动态数据调度[99],还可以基于网络和数据库存储运行地形可视化系统,例如文献[102]采用 Oracle 数据库,文献[103]引入互联网 3D 图形国际通用软件标准解决三维地形的可视化问题。

5.7.2　方法描述

张量投票方法是通过曲线/曲面提取来恢复三维地形结构的,其计算流程如图 5.7.1所示。算法的输入为三维地形结构的深度标量数据,经过处理之后生成曲面显著图和曲线显著图,分别进行极值曲面和极值曲线的检测,最后将两者整合得到三维地形的曲面图。举例来说,对于山区图像的地形可视化,张量投票是将山脉的表面结构作为极值曲面提取,将山脊作为极值曲线提取。

5.7.3　实验结果示例

实验选取的数据是东太平洋山脉的数字地形模型图像,如图 5.7.2(a)所示,其西北角位于南纬 −8.75°、西经 −127.75°,东南角位于南纬 −24.25°、西经

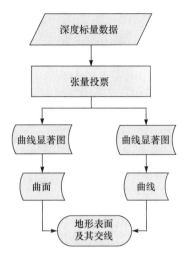

图 5.7.1　地形可视化的计算流程

−104.75°。图 5.7.2(b) 和图 5.7.2(c) 分别为图 5.7.2(a) 中矩形框标识区域从俯视、垂直平视角度获取的深度标量数据构成的两幅辅图，可以看出其中有一道山脊线。

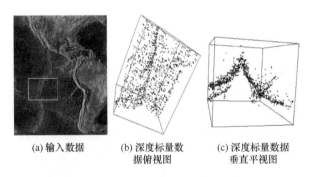

(a) 输入数据　　(b) 深度标量数据俯视图　　(c) 深度标量数据垂直平视图

图 5.7.2　地形可视化的输入数据

　　张量投票算法的输入是图 5.7.2(b) 和图 5.7.2(c) 所示的两幅辅图，实验结果如图 5.7.3 所示，提取出曲线显著图和曲面显著图之后，一方面可从曲线显著图中应用极值曲线提取算法检测出山脊线及其他不连续点，如图 5.7.3(a) 所示；另一方面可从曲面显著图中通过极值曲面提取算法检测山脉的表面，如图 5.7.3(b) 所示，可以看出靠近山脊线的地方，曲面发生了断裂。最后，通过将曲线和曲面进行整合处理填补了山脉表面的缺口，如图 5.7.3(c) 所示。

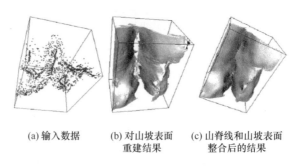

(a) 输入数据　　(b) 对山坡表面　　(c) 山脊线和山坡表面
　　　　　　　　　　　 重建结果　　　　　 整合后的结果

图 5.7.3　张量投票完成地形可视化示例

5.8　断　层　检　测

断层是地壳运动形成的一种常见的地质现象,一般是由于地下岩层受力达到一定强度发生破裂并沿破裂面有明显相对移动形成的。断层破坏了岩层的连续性和完整性,其长度从几厘米到几百公里不等。断层是控制油气田分布的重要因素,因为断层既是断块油气田的边界,也是油气运移的通道,因此查明断层的形态分布是地震勘探的主要任务之一,即通常所说的断层检测(fault detection)[104]。

5.8.1　三维地震数据与断层检测的关系

在石油勘探的各种方法中,地震勘探已成为一种最有效的方法,它是通过从地震波信号中识别岩层的地质结构来预测油气田位置。这里的地震不是指自然界发生的地震,而是指人工制造的地震[104],即通过人工方法在地下引爆炸药激发地震波,在地面上沿测量线的不同位置放检波器来接收地震反射波并以一定形式记录。采集到的所有地震波幅度信号后构成了一个三维地震数据场,这通常是个规则的数据场,将这个数据场放到笛卡儿坐标系中,X 轴表示测量线,Y 轴表示测量线上的测点,Z 轴是测点处采样的时间轴,也包含每个采样点的深度信息。三维数据体显示形式多种多样,常通过观察垂直剖面(与观测方向平行的纵剖面)、横向剖面(垂直于观测方向的横剖面)和等时切片(沿相等时间切片切出)的地震波的情况来分析数据。

地下岩石是一层层分布的,层与层之间的波阻抗差因岩石的物理性质不同而不同,当地震波传播到这些岩层波阻抗分界面时会发生不同的反射和透射,其传播路径所遵循的规律与几何光学极其相似。透射波则继续向下传播,当遇到另一个波阻抗界面时,又产生反射和透射,随着地震波向下传播,人们就能够接收到来自地下各个岩层的反射信号。在某一个与地面垂直的二维方向上,就组成地震剖面。某个接收器接收到的所有反射子波叠加起来组成一道信号,称为一个地震道,经过便宜归位处理后,就是该点垂直向下的各个岩层面反射回来的地震子波按反射时间由先到后,或者是反射面由浅到深的先后顺序叠加起来的结果。来自同一层面的反射子波在相邻的地震道之间由于波形相似,反射时间也比较接近,波峰比较靠近,在地震剖面上能够相互叠套成串,一连串的波峰组成一条线,称为同相轴。断层在地震剖面上的特点就是同相轴的错断、不连续及突变。三维地震剖面的边缘通常就是断层所在的部位[104]。

三维地震数据包含丰富的地层、岩性等信息,因此经常用来解决复杂的地质问题,以及获取地表以下相应地质区域的三维图像。在此类三维图像中,进行断层检测不仅对地震勘探具有重要意义,而且是探测油气资源的一种有效方法。

在实践中人们积累了大量识别断层的经验,断层的主要特征如下[104]。

① 反射波同相轴错断,这是断层在地震剖面上的基本表现形式,由于断层规模不同,可以表现为反射标准波的错断。

② 反射同相轴的数目突然增减或消失,波组间隔突然变化,在断层的下降盘地层变厚,上升盘地层变薄甚至缺失。这种情况往往是基底大断裂的反映。

③ 反射波同相轴形状突变,例如许多反射层次在两边突然错断,并且形状发生突然变化,或者记录面貌凌乱甚至出现反射空白带,原因是断层错动使断层两侧地层形状发生改变,或断层的屏蔽作用和对射线的畸变作用所致。

④ 反射标准波同相轴发生分叉、合并、扭曲、强相位转换等,一般这是小断层的反映。

⑤ 特殊波的出现是识别断层的重要标志,绕射波、断面波等常常伴随着同相轴的错断而出现,它们一方面使记录复杂化,另一方面成为确定断层的重要依据。

对应图像,上述特征表现如下。

① 同相轴的中断并错开,这是断层最明显的标志。

② 同相轴错开,但不是明显中断,这种断层在垂直剖面上往往不易发现。

③ 振幅发生改变,即在水平切片上同相轴的宽度发生突变。

④ 同相轴突然拐弯。

⑤ 相邻两组同相轴走向不一致。

在断层的识别和对比中,不能只用一张等时切片解释,应分析一系列等时切片上断层位置变化的特点,证实断层的存在并确定断层位置,画出断层线。如果是直立断层,其在一系列等时切片上同一条断层的位置应重合;如果是倾斜断层,其断层线应有规律地向一侧移动。同时,断层的识别,断层线的追踪需要将垂直剖面和水平切片互相对比验证,才能减小差错[104,105]。

5.8.2　相关工作

断层检测的相关工作可以分为常规方法和相干数据体检测方法。

常规方法是在垂直地震剖面上进行的,大都根据波组对比的原则,由地震剖面识别断层解释工区内的各条测线,再在平面上进行组合。这种解释方法周期长、难度大,尤其当断层较多或者存在特征不明显的小断层时,断层识别及平面组合分析的难度更大,所以常规的三维地震解释方法已越来越不能满足当前工作的需要,很难得到清晰准确的断层图像[104]。

相干数据体检测方法[106]最早由 Bahorich 和 Farmer 在 1995 年提出,并被 Amoco 公司申请了专利。这类算法可以解决常规方法存在的问题,是地震资料解释发展史上的一个重大突破,使断层的自动解释成为可能,而且可以研究断层附近的破碎程度和细节特征,从而加快解释速度并提高解释精度。第一代相干体算法是基于二阶互相关统计量的 C1 算法,这种算法简单、高效、易于实现,但抗噪性不好;为此,人们又相继提出了利用多个地震道的 C2 算法和 C3 算法,这两种算法虽然提高了抗噪性,但降低了时空分辨率,计算复杂性显著增加;Cohen 省去了计算规模较大的协方差矩阵的主特征值的步骤,提出了一种估计局部结构熵的方案提高了 C3 算法的计算效率;中国矿业大学的崔若飞教授等人利用模式识别方法解释油层中的微小断层,查明了一批新断点(落差 5m 左右),其中部分断点已被井下地质资料所验证[107];Al-Dossary[108]等将地震数据按照方位角和炮检距进行分类,计算具有相同炮检距、不同方位角的地震数据相干值,并以 Texas 的某油田为例,验证了该算法在断层检测方面的实效性;张绍聪等[109]从提高相干体算法抑制噪声的能力和减小计算量的角度出发,将高阶统计量方法与相干体技术相结合,充分利用高阶统计量自动抑制高斯噪声的优点,提出了一种基于高阶统计量的相干体算法;第四代子体相干算法是由德国 TEEC 公司推出的专利技术[105]。近几年国外对三维相干技术的研究较多,美国 SEG 年会论文集和 Geophysics 等期刊上均有这项技术及应用的论文发表,感兴趣的读者可到这两种期刊上查询。

5.8.3 方法描述

与张量投票在地形可视化方面的应用相似,断层也是被作为极值曲面提取的。在这一应用中,输入数据为三维空间点集,点集中的点对应于三维地震数据场中的同相轴的断点或错开点、振幅或取向的突变点、同相轴的拐点等;输出一些曲面和曲线,分别对应断层曲面和其上的交汇曲线[1],具体流程与其在三维空间中检测曲线或曲面基本是一致的,主要差别体现在对输入数据的预处理上,需将三维地震数据中同相轴的断点或错开点、振幅或取向的突变点、同相轴的拐点等作为算法的输入。

在实际应用中发现,难以识别的断层常由以下因素导致:近垂直断层或低角度断层;由于地层或岩性变化引起的地震特征变化;没有实施倾角校正的大倾角同相轴;无反射界面(如岩丘);低品质地震数据体。对于不同的地震地质条件,由上述因素导致的地震道间的低相似性的表现特征也有所不同[104,105]。从这一角度分析,张量投票方法正好可以弥补上述数据因素导致的检测问题,发挥其在曲线修复方面的优势,克服特殊倾角和低品质数据的影响。

5.8.4 实验结果示例

实验结果如图 5.8.1 和图 5.8.2 所示。图 5.8.1 显示了输入的地震数据的两个视图和输出结果。图 5.8.1(a)和图 5.8.1(b)对应输入的地震数据的两个方向的视图;图 5.8.1(c)和图 5.8.1(d)为提取出的曲面加上交汇曲线[1]。

图 5.8.2 是对提取出的极值曲面单独显示的两个视图,可以看到互相交叠的曲面层都被正确检测出来,这些曲面就对应了地质中的断层。

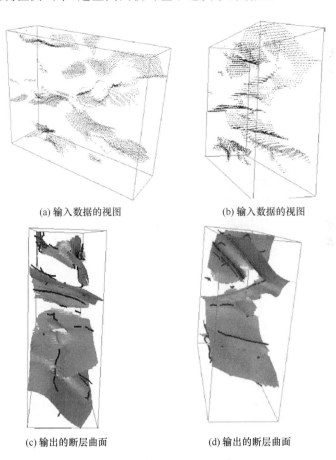

(a) 输入数据的视图　　　　　　　　(b) 输入数据的视图

(c) 输出的断层曲面　　　　　　　　(d) 输出的断层曲面

图 5.8.1 从地震数据中进行断层检测的实验结果

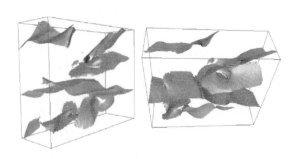

图 5.8.2　断层检测获得的极值曲面

5.9　光流场计算

光流场计算即根据视频序列中存在的图像时空信息,包括亮度、颜色值、帧差分信息、纹理、边缘等从运动图像序列中计算图像目标运动的速度矢量集合[110],如图 5.9.1 所示。图 5.9.1(a)代表运动图像的视频;图 5.9.1(b)为间隔一点时间对视频中的运动目标进行剪影形成的图像序列;图 5.9.1(c)为检测出的光流场。

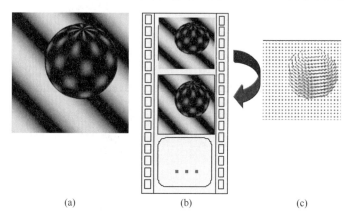

(a)　　　　　　　　　(b)　　　　　　　　　(c)

图 5.9.1　光流场示例

图 5.9.2 进一步说明了光流场的含义。图 5.9.2(a)代表运动图像的某一帧 f;图 5.9.2(b)为帧间运动形成的光流场;图 5.9.2(c)为 f 叠加上该光流场的运动后的状态形成的图像。

为进一步说明问题,我们以一些"点"为例进行说明,如图 5.9.3 所示。运动图像分析要解决这样一个问题:如何估计图 5.9.3 中各像素点从图 5.9.3(a)到图 5.9.3(b)的运动? 问题可以转化为像素匹配问题,即给定一个图 5.9.3(a)中的像素点,找出图 5.9.3(b)中的对应点。于是就涉及特征的选择和匹配,例如做出一些关键性假设,像颜色恒常性(即两图中的对应点颜色一致;对于灰度图像,则表现为亮度一致)、小距离运动(即图中的像素点不会移动很远)等。

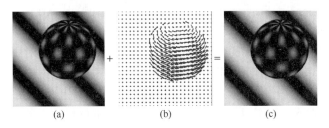

图 5.9.2　光流场含义说明

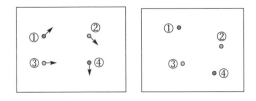

(a) 原始点及其速度矢量　　(b) 运动后某时刻的点分布

图 5.9.3　以"点"为例的运动分析说明

　　明确了光流场的含义和求解思路之后,我们再明确一下光流计算结果的评价标准。目前主要有三种类型的误差指标。

　　① 四个基本误差指标。平均端点误差,即与光流矢量的起始点位置有关的误差;平均角度误差,即光流矢量的角度误差;插值图像与真实图像之间常用剩余均方根误差;梯度归一化的均方根误差等。

　　② 统计误差。鲁棒性指标 RX(X 表示误差量度,RX 表示误差超过 X 的像素百分比)和 AX(X 表示百分比,AX 表示正确率占 $X\%$ 时的误差量度,即误差小于该量度的像素所占的百分比为 $X\%$)。

　　③ 特殊区域误差统计。运动边界和特殊纹理区域的计算误差统计,可以是一个矩形或圆形区域。

　　光流场计算与分析在信息科学、军事科学、气象学、生物医学和实验流体力学等诸多学科领域应用日益广泛深入,对光流计算问题本身的研究越来越突显出其重要性,与时间差分法、背景建模法并列成为运动目标检测的三大主流方法。

5.9.1　相关工作

　　自 20 世纪 80 年代初 Horn 和 Schunck[110] 提出基本的光流计算方法以来,大量的理论和实验研究都集中在光流场估计及其相关信息处理问题上。总体来说,可以将现有的研究进展划分为三个阶段:第一阶段从 1981~1992 年,以 Horn &

Schunck 的方法(简称 HS 方法)[110]和 Lucas-Kanade 方法[111]的开创性工作为基点,产生了一些以 HS 方法为代表的经典算法,早期的一些运动图像分析依赖于光流场的局部、粗略估计来进行图像分割,即分割为运动情况一致而又互不交叠的多个区域,在区域边界处的估计结果准确性很差。1993～1998 年为第二阶段,以Barron 等[112]和 Black[113]等的工作为代表,Barron 等的工作是对 HS 方法进行量化分析,并指出其优化计算过程中的问题;Black 等率先将鲁棒估计引入光流场计算。第三个阶段从 1999 年至今,以 Li 和 Osher[114]、Sun[115]等的工作较为突出,Li和 Osher 提出在光流计算中应用中值滤波,Sun 等不仅对前人的以 HS 方法为代表的经典算法通过实验进行了比较分析,还融合其中较为先进的元素提出一些改进措施和一个用于光流场计算的概率模型[116]。可以概括地说,前两个阶段并没有对光流场的开创性工作有很大的改进,只是理论框架中元素的增加和完善;由于光流场计算量大、假设条件很强,许多运动分析方法都以不涉及光流场计算为优势。第三个阶段的研究工作开始改善光流计算的准确性和实时性,使其向实用化发展。

具体来说,快速准确的光流计算涉及四个方面的问题。

(1) 约束条件

许多光流场估计方法都假定图像亮度的静态不变性(亮度不变模型),换句话说,亮度的变化只是由运动这一个因素引起,于是就产生了著名的光流约束条件[110],即

$$\frac{\mathrm{d}\boldsymbol{g}}{\mathrm{d}t} = g_x u + g_y v + g_t = 0 \qquad (5\text{-}9\text{-}1)$$

其中,t 表示时间;$\nabla \boldsymbol{g} = [g_x, g_y, g_t]^{\mathrm{T}}$ 为亮度在空时域偏导的矢量表示;$\boldsymbol{v} = [v_x, v_y]^{\mathrm{T}}$ 为待估计的光流场,$v_x = \frac{\mathrm{d}x}{\mathrm{d}t}$,$v_y = \frac{\mathrm{d}y}{\mathrm{d}t}$。

因为该式不能确定问题的唯一解(即孔径效应),需要添加新的约束来求解该问题,通常使用就是速度流 $\boldsymbol{v}$ 在一个小的邻域范围内的局部约束[111],即线性亮度恒常性,对每个点独立进行计算并将结构张量与高斯函数卷积,将流估计问题转化为一个代价函数的最小化问题,即

$$J_{LS}(\boldsymbol{v}) = \sum_{x \in \Omega} (g_x u + g_y v + g_t)^2 \qquad (5\text{-}9\text{-}2)$$

上式就是 Lucas-Kanade 方法[111]采用的代价函数,这一函数可以被理解为图像信号在指定邻域范围内沿给定方向 $\boldsymbol{v} = [u, v]^{\mathrm{T}}$ 上波动造成的差异度。

由于亮度恒常性经常无法满足,研究者转而应用梯度恒常性。梯度恒常性的鲁棒性较之亮度恒常性强很多,此外有向平滑性约束[117]、刚性约束[117]和图像分割约束[118]等也有人采用,但是总体说来,这些局部约束条件并不处处成立,在存在大范围运动、遮挡、往复运动和孔径现象时就会失效。于是,研究者一直寻求一

种能够将局部约束条件鲁棒整合的方法。

(2) 迭代优化方法

选择约束条件之后就是建立目标函数并采用某种迭代优化方法进行计算。迭代优化方法可分为连续型和离散型。连续型常用梯度下降法、微分法等;离散型常用融合选优法(即采用经典方法产生光流场,然后用割图等方法选择比较好的计算结果并优化)和动态多尺度优化法(先进行粗尺度下对一些松散点的计算,然后按照从粗到精的顺序动态更新计算结果)等[119]。

在具体求解时,经典的最小均方估计方法隐含的一个假设条件是空域求偏导无误差的,然而由于图像噪声的存在和噪声模型与实际噪声的不匹配,偏导数的数值计算结果不可避免地带有误差,于是另外两种优化计算方法 TLS(total least squares)[120] 和 EIV(errors-in-variables)[121] 被用来减小估计误差。典型算法的性能分析参见文献[111],[122]。另外,光流场的计算需要检测运动速度不连续点形成的边界,有人采用马尔可夫随机场[123]和正则化技术[124]检测这一边界。

在求解目标函数的迭代优化过程中常用的惩罚函数有三种,如图 5.9.4 所示。Sun 通过实验证明,阶段分步非凸性优化(GC-0.45)最优,Charbonnier 次之,Lorentzian 的效果最差[114]。

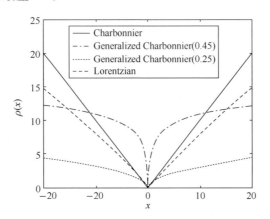

图 5.9.4 三种常用的惩罚函数的曲线

Charbonnier($\varepsilon=0.001$),

Generalized Charbonnier($\alpha=0.45$ and $\alpha=0.25$),Lorentzian($\sigma=0.03$)

总之,求解过程是一个迭代优化过程,松弛标记、多尺度分析等技术均可加入。显然,初始化估计结果越好,算法收敛越快,效果越好。

(3) 鲁棒估计

鲁棒估计是一种能够将局部约束条件鲁棒整合的方法,好的鲁棒估计方法要求不仅能增强对离群数据的鲁棒性,而且不对运动边界过度平滑。例如,在均匀扩散的基础上附加鲁棒统计有助于保留图像中的不连续点,现在性价比较高的方法有针对高速运动提出的中值滤波[114]、双边带滤波[125]、纹理分解[120]、5×5 滤波加基于样条曲线的双三次插值[126]、导数时域平均法[126]、阶段分步非凸性优化[127]、高阶滤波器[128]、多尺度分析[129]、图像分割[130]等。

(4) 空间关联

空间关联的物理含义是同一平面上的点运动情况相似,且由于邻近点的空间关联性,整幅图像的光流场体现出渐变或一致的特性。从数学角度表述就是在式(5-9-2)的基础上融合更多的约束条件和空间信息,总体说来,分以下两个部分,即

$$J_{\text{Energy}} = \int \varphi(\text{data}) + \int \varphi(\text{prior}) \tag{5-9-3}$$

其中,第一项包含式(5-9-2)中的亮度恒常性和梯度恒常性;第二项就可以施加流驱动的空间一致性约束、刚性约束或平滑性约束,可以用一阶或高阶偏微分方法实现。

从相关工作的描述中可以看出,光流场计算是一个相对比较成熟的研究领域。然而,由于孔径效应、无纹理区域、噪声、非刚性运动、运动不连续、遮挡、大幅运动、小目标等问题的存在,还是有很多实际问题需要解决。

5.9.2　方法描述

在光流场估计中,张量投票方法的输入为含噪的速度域,使用二阶张量来描述图像的局部结构特征,在提取运动物体边界的基础上计算各点的速度[1,131]。算法的计算流程如图 5.9.5 所示,输入为根据三帧连续图像序列(采用三帧相关的主要目的是为提高计算精度并处理遮挡)用相关法计算出的各点的速度矢量 $(v_x, v_y)^T$ 并形成候选的匹配点集,设帧间量化时间间隔为 Δt,则速度矢量可映射为 $(v_x, v_y, \Delta t)^T$,将各点的数据转化为张量表示后,算法将量化时间间隔归一化,即将 $(v_x, v_y, \Delta t)^T$ 转化为 $(v_x, v_y, 1)^T$,转化为张量表示之后,张量的长轴的长度与方向就与 $(v_x, v_y, \Delta t)^T$ 成对应关系,令其长轴的矢量表示为 $(a, b, c)^T$,则张量的取向矢量 $(a/c, b/c)^T$ 与 $(v_x, v_y)^T$ 相对应,而其长轴长度 $\sqrt{a^2+b^2+c^2}$ 代表张量的显著度[1]。

初始投票是采用球形张量投票域进行的,主要目标是将输入的速度流场转化为稠密的张量表示,图 5.9.6(b) 和图 5.9.6(c) 分别为计算出的 x 方向速度和 y 方向速度,可以看到运动目标边界处的速度场是不一致的,运动边界也不是规则曲线。经过第一轮投票之后,就可获得各点可能作为曲面、曲线或交汇点的特征显著度图。

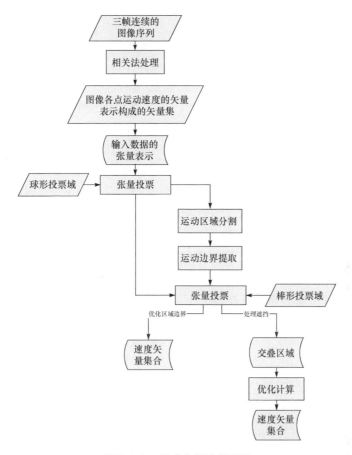

图 5.9.5　运动分析计算流程

(a) 输入图像　　　　　(b) x 方向速度　　　　　(c) y 方向速度

(d) 各点速度不确定性程度图　(e) 运动物体边界　(f) 优化计算后 x 方向速度

(g) 优化计算后 y 方向速度　　(h) 优化的边界

图 5.9.6　对"Flower Garden Sequence"实验数据的处理结果

接下来以各点的初始投票结果为输入,进行投票解释,即计算各点张量的特征值 λ_1、λ_2 和 λ_3,并用张量的特征值 λ_2/λ_1 来度量速度的不确定性。投票解释之后搜索速度不确定性程度的局部极值点即可完成运动区域分割,实验结果如图 5.9.6(d)所示。接下来,通过极值曲线提取来检测运动物体的边界,实验结果如图 5.9.6(e)所示。这主要是利用运动物体内部区域的速度变化比较平缓,而边界处速度的不确定性很大的特点。另外,由于用经典的相关法计算各点的速度时,物体边界两侧的相关度较差,计算结果准确度不高,因此需要优化计算。这一步是在运动区域的分割之后,再次应用张量投票重新计算各边界点的运动速度,这一次投票只在运动物体所属区域的内部进行,各点的投票强度与 $(1-\lambda_2/\lambda_1)$ 成正比。对于每一点 (x,y),通过搜索显著度 $(\lambda_2-\lambda_3)$ 极大值点为匹配点,而其他点均作为离群点舍弃。为提高计算准确率,选出的匹配点集作为下一轮张量投票的输入对各点取向值进行优化计算,并舍弃一些离群点。

交叠区域边界及其附近的点的速度值会被重新优化计算以提高精度,这样可以有效地解决确定运动物体边界和运动流估计之间的矛盾,进一步利用相继帧之间的速度不一致识别遮挡,区分不同速度的像素。实验结果示例如图 5.9.6(g)~图 5.9.6(h)所示。

通过张量投票解决这类问题的另一思路是采用四维张量投票。算法首先根据各像素点在不同时刻的位置变化采用三帧相关法计算出各点的速度矢量 $(v_x,v_y)^{\mathrm{T}}$,并形成候选的匹配点集,用 (x,y,v_x,v_y) 表示[131]。为从候选的匹配集中尽可能找出正确的匹配点,图 5.9.7(d)给出了候选匹配点集的三维图形化表示。这里采用的是多尺度相关,由于小尺度易捕获图像细节,但会在无纹理或细小重复纹理较多的区域产生噪声;大尺度可部分克服小尺度的缺点,但在运动边界附近的处理效果较差。经多次实验发现,为从候选的匹配集中尽可能找出正确的匹配点,选择 3×3、5×5 和 7×7 三种尺寸的匹配窗口效果较好。

(a) 输入图像

(b) 输入图像

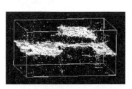
(c) 匹配候选点集

(d) 速度场

(e) 投票结果

(f) 目标速度

(g) 划分出的运动区域边界　　　(h) 边界显著性程度图　　　(i) 优化的速度计算结果

(j) 优化的运动边界

图 5.9.7　对一实验室场景的应用示例

接下来以各点 (x,y,v_x,v_y) 为输入，对候选匹配点集运行四维张量投票，四维张量投票的特征类型如表 5.9.1 所示。

表 5.9.1　四维张量投票的特征类型

特征类型	λ_1 λ_2 λ_3 λ_4	e_1 e_2 e_3 e_4	张量类型	显著度	法向矢量	切向矢量
点	1　1　1　1	任一正交基	球形张量	λ_4	无	无
曲线	1　1　1　0	n_1 n_2 n_3 t	曲线型碟形张量	$\lambda_3-\lambda_4$	$e_1e_2e_3$	e_4
曲面	1　1　0　0	n_1 n_2 t_1 t_2	曲面型碟形张量	$\lambda_2-\lambda_3$	e_1e_2	e_3e_4
体	1　0　0　0	n t_1 t_2 t_3	棒形张量	$\lambda_1-\lambda_2$	e_1	$e_2e_3e_4$

在表 5.9.1 中，n 代表法矢量，t 代表切矢量，在四维空间的曲面既可以用两个法矢量表示，也可用两个切矢量表示。

此处初始估计选择的是球形投票域，投票过程如式(5-9-4)所示，投票之后搜索速度不确定性程度的局部极值点，其中速度的不确定性同样用张量特征值 λ_2/λ_1 来度量，并通过极值曲线提取来检测运动物体的边界，之后再次应用张量投票重新计算各边界点的运动速度（这部分与前一解决思路处理过程类似），实验结果示例如图 5.9.7(e) 所示。

$$\mathrm{TV}_{\mathrm{ball}}(d)=\iint\int_0^{2\pi}R_{\theta_{xy}\theta_{xu}\theta_{xv}}\ \mathrm{TV}_{\mathrm{stick}}(R_{\theta_{xy}\theta_{xu}\theta_{xv}}{}^{-1}d)R_{\theta_{xy}\theta_{xu}\theta_{xv}}{}^{\mathrm{T}}\mathrm{d}\theta_{xy}\mathrm{d}\theta_{xu}\mathrm{d}\theta_{xv} \quad (5\text{-}9\text{-}4)$$

其中，$\mathrm{TV}_{\mathrm{ball}}$ 表示球形投票；$\mathrm{TV}_{\mathrm{stick}}$ 表示棒形投票；x,y,u,v 为四维空间中的坐标轴；$\theta_{xy},\theta_{xu},\theta_{xv}$ 为张量旋转到相应平面的角度；$R_{\theta_{xy}\theta_{xu}\theta_{xv}}$ 表示旋转因子。

　　由于上述计算过程会在图像上遗留下一些"空洞",即部分像素点无速度值,因此还需要施加平滑性约束根据各点邻域的速度信息推导其速度值。具体做法是再进行一次稠密张量投票,然后搜索速度域显著度($\lambda_2 - \lambda_3$)的极大值点对应的速度值(v_x, v_y)作为待填充点(x, y)的速度值,"空洞"被填充后,就会进一步生成一个稠密的速度矢量场,作为下一步区域分割的输入。运动区域分割以各点的速度和取向值为标准,采用区域增长的方式。

　　运动边界提取利用单目信息计算各点的梯度,即

$$G_x(x, y) = I(x, y) - I(x-1, y) \tag{5-9-5}$$

$$G_y(x, y) = I(x, y) - I(x, y-1) \tag{5-9-6}$$

　　各点作为边界点的显著度用 $|G_x(x, y)|$ 来计算,通过张量投票更新该显著度的过程中,还需根据其距待投票点(x_c, y_c)的距离加权值 $W = \mathrm{e}^{-\frac{(x-x_c)^2}{\sigma_w^2}}$ 计算,即生成张量的特征矢量和特征值分别为

$$\boldsymbol{e}_1 = (G_x, G_y) \tag{5-9-7}$$

$$\boldsymbol{e}_2 = (-G_y, G_x) \tag{5-9-8}$$

$$\lambda_1 = W \cdot |G_x(x, y)| \tag{5-9-9}$$

$$\lambda_2 = 0 \tag{5-9-10}$$

　　此轮投票过后,需将水平梯度分量替换为垂直梯度分量再进行一轮投票,以防漏掉一些取向为水平方向的边界点。然后,连成曲线并对所得曲线进行平滑处理,实验结果示例如图 5.9.7(h)所示。

　　边界及其附近点的速度值会被重新优化计算以提高精度,可以有效地解决确定运动物体边界和运动流估计之间的矛盾,而且可识别遮挡,区分不同速度的像素。实验结果示例如图 5.9.7(i)所示。

　　根据我们的分析,目前光流场计算领域有一些可以预见的研究方向。

　　① 数据的分层表示[132] 近年来越来越得到研究者的重视。这种表示方法有很多优势:可以很自然地把不连续点涵盖进去;有益于信息交换;有利于减小信息的不确定性。但是,这种分层表示方法实现起来却很困难。

　　② 多帧数据的信息融合。现有的研究表明,两帧相关法[133] 只对速度较慢的情况适用,而且无法处理多个运动目标同时出现或者存在遮挡的情况,三帧相关的效果要好得多。毫无疑问,多帧信息融合处理得越好,速度场的计算会越准确。

　　③ 运动边界区域的统计计算。运动边界问题是指由于物体遮挡,在运动的边界附近的图像序列之间并没有相互匹配的部分,因此光流约束方程不再满足,再加上计算时平滑约束的影响,运动边界处光流计算会产生较大误差。该问题也是光流计算中尚未很好解决的难题之一。光流场或图像目标速度的准确测量对于许多机器视觉的实际应用都是需要解决的问题,传统的方法一般都没有考虑运动物体

的边界[112]，从而不利于描述运动物体的结构。

④ 将一些简单有效的处理方式有效地整合起来是一种很好的解决思路，例如 Sun 通过实验证明，在预处理阶段，简单的梯度恒常性的应用与更复杂的纹理分解方法的效果几乎相当；在每次迭代后应用 5×5 窗口大小的中值滤波可以在多数情况下改善算法的鲁棒性。应用现代优化方法对经典的 HS 方法改进后可以使这一方法在 Middlebury 数据集上测试排名分别为平均端点误差排名第九、平均角度误差排名第十二[114]。

⑤ 全局信息的应用和整合。一般的光流法在运动位移较大时会失效[131,134]，通过匹配方式建立全局的对应关系有助于提高光流计算的准确性，克服局部优化算法在大运动的情况下即使采用多尺度分析也无法克服的问题。

根据以上分析可知，张量投票在光流场估计中的应用符合该领域的发展趋势：张量表示方法有利于数据的分层表示；算法无需迭代和预置参数；对边界点的速度计算比较准确；物体之间在运动过程中形成的遮挡关系可以根据像素点在前后帧中出现的情况来判断，可以进行多帧数据的信息融合；可以多次运行张量投票整合全局信息并处理运动边界。此外，存储四维张量的数据结构为最近邻 k-d 树结构，空间复杂度为 $O(n)$（n 为输入值大小），投票过程的计算复杂度为 $O(\mu n)$，μ 为邻域的平均投票数，因此张量投票的计算复杂度与特征维数无关。

5.9.3　实验结果示例

图 5.9.6～图 5.9.9 展示了一些算法的实验结果。图 5.9.6 是对 Flower Garden Sequence 实验数据的处理结果[1]，这组实验数据比较具体，中间过程的实验结果也列在其中。图 5.9.6(a)为输入图像序列；图 5.9.6(b)和图 5.9.6(c)分别为计算出的 x 方向速度和 y 方向速度；图 5.9.6(d)为各点速度不确定性程度图；图 5.9.6(e)为提取出的运动物体边界；图 5.9.6(h)为边界优化后的结果；图 5.9.6(f)和图 5.9.6(g)分别为优化计算后的 x 方向速度和 y 方向速度。

实验室场景的应用示例如图 5.9.7 所示。图 5.9.7(a)和图 5.9.7(b)为两幅输入图像；图 5.9.7(c)为相关法获取的匹配候选点集；图 5.9.7(d)为匹配候选点集的速度场；图 5.9.7(e)展示了投票结果；图 5.9.7(f)和图 5.9.7(g)分别为优化计算后速度和划分出的运动区域边界；图 5.9.7(h)是运动边界显著度图；图 5.9.7(i)和图 5.9.7(j)分别为边界优化后的运动区域分割和目标边界。

图 5.9.8 是对鱼序列的处理结果[131]。图 5.9.7(a)为输入图像的代表；图 5.9.7(b)为相关法获取的匹配候选点集；图 5.9.7(c)为匹配候选点集的速度场；图 5.9.7(d)展示了投票结果；图 5.9.7(e)和图 5.9.7(f)分别为优化计算后的速度和划分出的运动区域边界；图 5.9.7(g)是运动边界显著度图；图 5.9.7(h)和图 5.9.7(i)分别为边界优化后的速度和边界。对鱼序列的实验结果表明该方法可以较好地处

理细节较多且非凸的运动边界,由于遮挡而产生的错误匹配点也在多次优化计算的过程中得到纠正。此外,取向角计算误差为 $0.42°\pm1.2°$,根据经验判断这是比较低的。

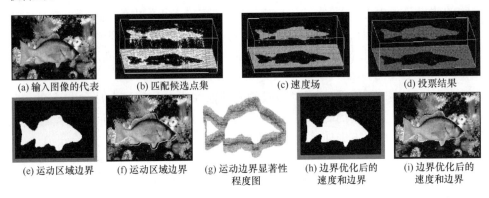

(a) 输入图像的代表　　(b) 匹配候选点集　　(c) 速度场　　(d) 投票结果

(e) 运动区域边界　(f) 运动区域边界　(g) 运动边界显著性程度图　(h) 边界优化后的速度和边界　(i) 边界优化后的速度和边界

图 5.9.8　对鱼序列的处理结果

图 5.9.9 是对 Barrier 序列的处理结果[131]。图 5.9.9(a)为输入图像的代表;图 5.9.9(b)为相关法获取的匹配候选点集;图 5.9.9(c)为匹配候选点集的速度场;图 5.9.9(d)展示了投票结果;图 5.9.9(e)和图 5.9.9(f)分别为优化计算后的速度和划分出的运动区域边界;图 5.9.9(g)是运动边界显著度图;图 5.9.9(h)和图 5.9.9(i)分别为边界优化后的速度和边界。此外,取向角计算误差同样为 $0.42°\pm1.2°$,根据经验判断这是比较低的。对 Barrier 序列的处理结果说明在图像中运动目标小、无纹理区域较大的情况下,该方法也可处理非简单平移的情况,故该方法对运动类型无特别约束。

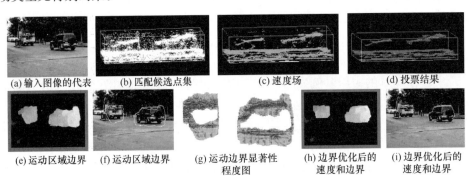

(a) 输入图像的代表　　(b) 匹配候选点集　　(c) 速度场　　(d) 投票结果

(e) 运动区域边界　(f) 运动区域边界　(g) 运动边界显著性程度图　(h) 边界优化后的速度和边界　(i) 边界优化后的速度和边界

图 5.9.9　对 Barrier 序列处理结果

与此项研究工作类似的是,文献[135]提出一种针对从图像序列中进行运动分割和运动轨迹提取的局部时空算法。该方法无需对场景或相机运动做严格假设,将传统的三维时空数据(x,y,t)扩展为包含速度域的五维数据$(x,y,t,v_x,$

v_y),通过张量投票施加平滑性约束(通过三维曲面检测)同时完成相关和分割,其中运动分割通过识别不同层次的曲面完成,轨迹提取则通过将上述各层曲面边界转化为光纤束完成。在目标跟踪、三维重建中的应用表明该方法的直接性和普适性。

5.10　目　标　跟　踪

目标跟踪就是在视频序列的每幅图像中找到所感兴趣的运动目标的位置,建立起运动目标的相关信息在各幅图像中的相互关系,并形成目标运动的路径或轨迹。简单的说就是在视频序列的每一幅图像中对运动目标进行定位,等价于在连续的图像帧间创建基于位置、速度、形状、纹理、色彩等有关特征的对应匹配问题。目标跟踪问题因受到下列因素的干扰而复杂化:从三维世界到二维图像投影的损失、图像噪声、复杂运动模式、目标的非刚性结构或结构复杂、遮挡、场景变化、实时处理需求等[136]。

解决目标跟踪问题的一般流程包括以下模块,如图 5.10.1 所示。

图 5.10.1　目标跟踪的计算流程

图 5.10.1 中,目标表示与建模主要是根据待跟踪的目标特点对其进行抽象,从而提取出可计算的特征,接下来目标检测的任务是在此基础上根据所选择的特征检测目标,如果是多目标跟踪,还涉及多目标标记与分离[137],否则可直接根据特征类型及目标运动模式选择跟踪算法,在目标检测和跟踪定位的过程中形成一个循环。在此过程中,通过对目标的外观和运动进行约束可以使跟踪得到简化。例如,几乎所有的跟踪算法都假定目标的运动是平稳的;基于先验信息,还可以更进一步约束目标运动是匀速的或常加速的。此外,目标尺寸、数目或外观形状的先验知识也可以用来对跟踪问题进行简化。

作为机器视觉领域中视频分析的基本内容之一,目标跟踪起到承上启下的作用。它在目标检测的基础之上,又是目标行为分析的基础,是在捕获到的目标初始状态和通过特征提取得到的目标特征基础上进行一种时空结合的目标状态估计。目标跟踪在智能监控、视频检索、人机交互、智能交通和基于运动的目标识别等领域均有广泛的应用[136]。

5.10.1　相关工作

根据前面总结的目标跟踪的一般计算流程,我们分以下几个方面对相关工作分别进行描述。

1. 运动目标表示与建模

在目标跟踪问题中,任何感兴趣的事物都可以作为跟踪目标,如在大海上行驶的船只、水族馆中的游鱼、路上行驶的车辆、空中飞行的飞机、街道上的行人,甚至水中的水泡都可以作为跟踪目标。目标一般来说可以由形状或外观来表示。目标模型的分类如图 5.10.2 所示。从大的方面,目标表示方法所获得的模型可以分为形状模型和综合模型,形状模型只考虑目标形状这一个因素,而综合模型则考虑形状和外观两方面因素对目标进行表示。

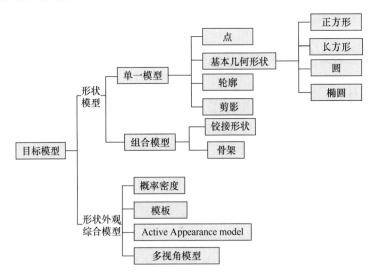

图 5.10.2　目标模型的分类

形状模型中的单一模型包括如下表示法[136]。

① 点表示法。将目标由一点来表示,如用目标的中心点表示,或是用目标轮廓上的一系列关键点表示。一般来说,点表示方法适用于跟踪目标只有少部分遮挡的场景。

② 基本几何形状表示法。目标由一个框定目标区域的矩形或是椭圆形表示,在目标的运动过程中经常会发生目标运动的仿射变化、投影变化等形状上的改变,因此这类目标表示方法适用于表示简单的刚体目标。

③ 目标的轮廓和剪影表示法。轮廓的定义是指目标边界。目标轮廓的内部区域称为目标的剪影。这类目标表示方法适合表示复杂的柔体形状。

组合模型则是在单一模型基础上,对复杂目标模型的组合主要有两种[138]。

① 铰接形状模型表示法。铰接目标指的是有多个部分通过关节铰接在一起的目标,目标模型的每一个部分可由圆柱或椭圆等简单形状表示。例如,人体目标就是一个铰接目标,通过关节将头、手、脚等各个身体部分铰接在一起。

② 骨架模型表示方式。目标的骨架模型可通过中轴变换从目标轮廓提取。这种模型表示方式一般应用于目标识别。

综合模型是近年来兴起的一种目标建模方法,在实际跟踪中,目标的形状表示与目标的外形特征表示结合在一起。下面是一些目标跟踪中常用的表示方法[138]。

① 概率密度模型表示法。目标外形特征的概率密度估计可以是有参数的,如高斯模型、混合高斯模型,或是无参的密度估计,如帕森窗和直方图方式。目标外形特征(颜色,纹理)的概率密度可在指定的图像区域内计算。目标模型由目标在多个特征空间中的概率密度函数组成,这里的特征空间可以是颜色、灰度、边缘和纹理等。

② 模板表示法。模板一般使用一些简单的结合形状或轮廓表示。使用模板的目标表示方法可以同时包含目标的空间信息和外形信息。模板一般来说都是从单一视点出发对目标外形进行编码,因此基于模板的目标表示方法一般不适用于多视点跟踪。

③ 主动外观模型法。主动外观模型是通过对目标的外观和形状同时建模得出的,需要样本对模型进行训练。一般来讲,目标的形状是由一系列界标表示的,界标可以理解为目标的边界。每一个界标都存储了目标颜色、纹理、梯度等信息。

④ 多视点外形模型法。对目标的不同视角进行编码,其中的一种方法是在给定的视点中提取不同的子空间来表示不同视点的目标。例如,主成分分析(PCA)和独立成分分析(ICA)都可用来表示目标的外形。

目标表示是目标跟踪的基础,在目标跟踪过程中有着非常重要的意义。一个好的目标表示方法很大意义上能决定跟踪的成败与跟踪的性能。目标一般都是基于特定的跟踪场景选择表示方式。例如,像人体目标这样的复杂目标一般不能用简单几何形状来表示,可以根据前几帧的检测结果生成复杂的形状模型;人体形状除了可以用线图法和二维轮廓简单近似外,还有利用广义锥台、椭圆柱、球等三维模型来描述人体的结构细节的立体模型和层次模型(包括骨架、椭圆球体模拟组织和脂肪、多边形表面代表皮肤、阴影渲染)[138]。

2. 特征选择

特征选取需考虑以下五方面问题。

① 区分性,即表示目标的特征相对于背景及场景中的非目标物体具有明显的

差异。

② 鲁棒性,这主要是为克服遮挡、光照变化及视角不同等因素的影响,例如边缘特征对场景中光线的变化不敏感,角点特征在图像中有很好的可定位性。

③ 简洁性,即尽可能用少量特征信息来描述目标,便于后续处理。

④ 独立性,对目标特征构建的特征空间中的特征值不相关。

⑤ 可计算性,即要求特征具有可检测性。

实践证明,特征选取在很多情况下无章可循,但选取结果对跟踪效率的影响很大。

在很多情况下,跟踪算法是使用多种特征的,如颜色特征、边缘特征、光流特征和纹理特征等。在以上特征中,颜色是使用最广泛的特征。在使用过程中,目标重心、边缘、面积、矩和颜色等一般作为整体特征;线段、曲线段和角点等则为局部特征。此外,还可将各种距离和特征间的几何关系组合成新的特征。

特征的自动选取问题已经引起了模式识别界的极大关注。特征自动选择方法可以分为过滤器法和封装法。过滤器法是基于一般标准选取特征,例如主要成分分析就是过滤器法在特征过滤中的使用;封装法是在具体问题域中选取有效特征,如 Adaboost 算法。

3. 目标检测

与目标的表示方法和所选取的特征相对应,目标检测方法分为点检测、图像分割、背景建模、监督分类等。典型的点检测方法有角点检测算法[139]、尺度不变特征转换(scale invariant feature transform)[140]、仿射不变点检测法(affine invariant point detector)[141];图像分割方法则以均值平移(mean-shift)[142]、图分割(graph-cut)[133]、主动轮廓模型(active contours)[143]等为代表;背景建模法包括混合高斯模型[144]、特征背景模型[145]、动态纹理背景模型(dynamic texture background)[146];监督分类的典型方法有支持矢量机(support vector machines)[147]、神经网络(neural networks)[148]等。

4. 跟踪算法

为了克服由噪声、遮挡和复杂环境引起的目标或背景的变化,建立图像帧间目标位置关联,已有许多目标跟踪算法被提出。不同算法对目标(外观、形状、数目)、相机数目及运动形式、目标运动形式、光照条件等都有不同要求。

根据在目标检测所选特征不同,可以将跟踪算法分为点跟踪、核跟踪、轮廓跟踪和形状匹配[138]。

点跟踪选取点特征作为目标检测依据,以预测目标在下一帧的位置再根据实际图像修正。一般情况下施加的运动约束为邻近性、最大速度、最小速度改变、共同运动、三维结构约束等。各种运动约束形式如图 5.10.3 所示,符号"。"表示目标在第($t-1$)帧的位置,x 代表第 t 帧中目标的可能位置。这类方法可以进一步分为确定性方法和统计性方法,确定性方法以麦格跟踪器[149]、目标跟踪器[150]为典型;统计性方法以 Kalman 滤波[151]、粒子滤波[152]、联合概率数据关联[153]、多假设概率跟踪[154]、条件随机场模型[155]为代表。点跟踪方法可以通过计算正确的映射数来评价算法的性能,即 Precision-Recall。precision 为正确的映射数占算法生成的整体映射数的百分比;recall 等于正确的映射数与真实映射数的比值。

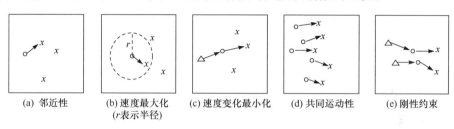

(a) 邻近性　　　(b) 速度最大化　　(c) 速度变化最小化　(d) 共同运动性　　(e) 刚性约束
　　　　　　　　　(r表示半径)

图 5.10.3　不同的运动约束

核跟踪方法可以选择模板、颜色直方图、光流场或混合模型等特征,典型的算法有简单模板匹配、均值平移[156]、外观模型的 KLT 变换[157]、分层算法[158],也可以采用多视点外观模型,典型方法有特征跟踪器[159]、支持矢量机[160]等。这类方法的主要目的是通过匹配的方式估计目标的运动,一般对目标采用模板表示法或概率密度模型表示法,施加的约束条件有运动模型约束(匀速或常加速等)和光流约束。这类方法的评价标准为目标数目、遮挡处理、是否需要训练、是否需要人工初始化等。

轮廓跟踪的方法以活动轮廓模型为典型代表,基于活动轮廓的跟踪思想是利用封闭的曲线轮廓来表达运动目标,并且该轮廓能够自动连续更新。这些算法的目的是直接提取目标的形状,与区域跟踪相比,此类方法对于目标描述简单有效,可以减少运算复杂度,由于轮廓是一种封闭曲线,即使存在干扰或是部分遮挡,该算法也可以实现对目标的连续跟踪。但是,跟踪精度只限在轮廓级水平,并且仅用轮廓对三维目标进行形态描述也比较困难,跟踪效果与初始轮廓的检测或选取密切相关,较难用于全自动的检测跟踪系统。比较突出的计算方法有状态空间模型[161]、变分法[162]、启发式方法[163]等。

形状匹配法通过将目标模型进行图像匹配来完成目标跟踪。形状模型根据先验知识获取,通常利用离线的人工测量、计算机辅助设计和机器视觉技术来构造模型。在车辆跟踪方面,目前主要使用雷丁大学提出的三维线框车辆模型[164]。模式识别国家重点实验室、德国卡尔斯鲁厄大学的研究小组也基于该模型在车辆定位和跟踪方面做出了重要贡献。这类方法的匹配策略以 Hausdorff 形状匹配法[165]、Hough 变换[166]、直方图法等为代表[167]。

总体说来,目前跟踪的目标主要是人和车辆。点跟踪对运动目标作了最高程度的抽象,其中基于 Kalman 滤波及预测的目标跟踪算法是目标跟踪的主流算法,研究比较广泛。核跟踪综合了目标的一些外观特征,与点跟踪方法可结合使用。轮廓跟踪法和形状匹配法考虑目标的完整形状,可以处理目标的分离和合并,但是一般未考虑遮挡的处理。

尽管目标跟踪已经获得很多研究成果,但是很多算法都是在一定约束条件下进行的,因此与目标跟踪有关的特征选择、目标表示、运动估计等问题都值得进一步深入研究。时至今日,实现复杂场景下的稳健跟踪依然是一个具挑战意义的研究课题。这种挑战绝大多数来自视频序列中的图像变化和多个运动目标存在。

5.10.2 方法描述

在目标跟踪方面,张量投票方法主要针对静止相机拍摄到的一系列运动目标图像的跟踪问题,通过投票施加运动轨迹的平滑性约束,从而进行不确定区域的合并,提取出特征显著度、滤除噪声点、处理部分遮挡等[168,169],其计算框架如图 5.10.4 所示。算法首先对输入图像进行运动区域检测,然后生成各运动区域的包围框集合,关键步骤在于生成输入数据的$(2D+t)$维的张量表示,进而通过张量投票过程进行运动速度估计,主要特点在于可以通过张量投票施加运动曲线的平滑性约束优化目标运动速度的计算。

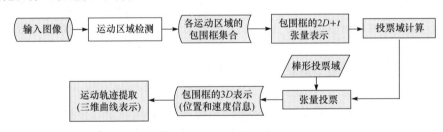

图 5.10.4 目标跟踪的计算流程

在图 5.10.4 中,运动区域检测采用的是文献[170]中的基于偏微分方程的方法,输出为检测到的运动区域及其包围框。

张量投票算法的输入即为前面检测到的运动区域的包围框集合,其 $2D+t$ 的表示方法包含包围盒中心在 t 时刻的坐标(x_i, y_i, t)、包围盒中包含的运动元素和包围盒本身,即

$$B = \{C_i^t, B_i^t, R_i^t\}, \quad t = 0, 1, \cdots, n, \quad i = 0, 1, \cdots, N(t) \quad (5\text{-}10\text{-}1)$$

其中,n 为运动图像序列的帧数;$N(t)$ 表示 t 时刻包围盒中包含的相连元素的数目;$C_i^t = (x_i, y_i, t)$ 代表包围盒中心的 $2D+t$ 坐标;R_i^t 代表运动元素的集合;B_i^t 表

示包围盒。

包围盒的位置和速度是用三维张量表示的,设根据帧间对应点的位置计算出的包围盒速度为 $v=(v_x,v_y,1)$,则其三维棒形张量为

$$w^{\mathrm{T}}=\begin{bmatrix} v_x^2 & v_xv_y & v_x \\ v_xv_y & v_y^2 & v_y \\ v_x & v_y & 1 \end{bmatrix} \tag{5-10-2}$$

其中,v 即为非零特征值对应的特征矢量,显著度为 $(\lambda_1-\lambda_2)$。

投票过程是在帧间进行的,即各数据点不会对同一帧的数据点进行投票。投票域的取向根据目标是匀速运动还是匀加速运动分别建立了线性模型和抛物线模型。线性模型的投票域取向即为两点连线方向。抛物线模型的取向则为曲线的切线方向。投票的权重(幅度大小)综合了四个方面的因素,即投票点和接收点之间的瞬时距离、投票者的显著度、抛物线模型中体现的加速度和两点邻域的遮挡问题。具体来说,投票点 $A:(x,y,t)$ 对接收点 $B:(x',y',t')$ 的速度估计为:

$$v_{AB}=\left(\frac{x'-x}{t'-t},\frac{y'-y}{t'-t},1\right) \tag{5-10-3}$$

为防止对速度过大者或相关程度低的帧间投票,算法对投票域作了范围限定,令 $d_{\max}$ 为各帧间速度点的最大位置偏差,Δt 为投票点之间帧数的限制,则要求两点之间满足以下条件方可进行投票,即

$$|x'-x|\leqslant d_{\max}, \quad |y'-y|\leqslant d_{\max}, \quad |t'-t|\leqslant\Delta t \tag{5-10-4}$$

如果运动区域存在遮挡和分裂,可以通过不确定区域检测来解决。不确定区域定义为相关的包围盒 $(C_i^j+B_i^j)$ 和 $(C_i^{j'}+B_i^{j'})$ 之间的且属于 $(C_i^{j'}+B_i^{j'})$ 的匹配候选点集。例如,计算得出包围盒 $(C_i^{j'}+B_i^{j'})$ 与所有相关包围盒的不确定区域总和占包围盒 $(C_i^{j'}+B_i^{j'})$ 的比例为 χ,则投票的权重计算公式为

$$w(\cdot)=\chi\cdot e^{-\alpha_t|t-t'|} \tag{5-10-5}$$

其中,α_t 为预先设定的常数,与投票域的衰减常数功能类似。

计算出投票域的速度取向和权重之后,即可开始投票。初始输入的数据点会对不确定区域中的数据点进行松散投票,投票之后保留显著度最大点为包围盒 $(C_i^j+B_i^j)$ 和 $(C_i^{j'}+B_i^{j'})$ 之间的公共区域的最佳匹配点。在此基础上,再进行稠密投票,根据运动目标点在各帧中的位置获得目标的运动轨迹。

文献[171]将这一算法应用于视频监控,并加入了多尺度分析和轨迹校正对目标轨迹优化整合。多尺度分析优化目标轨迹的原理如图 5.10.5 所示,多尺度分析即对包围盒中的运动目标轨迹在多尺度下进行曲线检测。在此过程中,会滤除一些过短的虚假轨迹,并修复一些轨迹缺口。图 5.10.5(a)是在尺度参数 $\sigma=10$ 的情况下的检测和修复结果。图 5.10.5(b)是在尺度参数 $\sigma=20$ 时进一步处理的结果。可以看到,后者滤除了更多较短的轨迹线,而且更多的轨迹片段得到了整合。

轨迹校正包括根据摄像机定标信息进行的校正和根据目标点匹配结果进行的校正。摄像机定标是根据视频监控采用的各传感器的位置进行的地理误差修正。根据目标点匹配结果的校正是采用一种最大可能估计算法[171]，通过在轨迹线上随机选取四个点，计算其与对应目标点之间的误差，依据这一误差值对轨迹线作进一步修正。轨迹校正如图 5.10.6 所示。张量投票方法获得的目标轨迹线的三维视图如图 5.10.6(a)所示。根据摄像机定标信息的校正结果如图 5.10.6(b)所示。根据目标匹配点的进一步校正结果如图 5.10.6(c)所示。

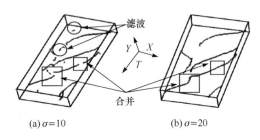

(a) $\sigma=10$ (b) $\sigma=20$

图 5.10.5　多尺度分析示意图

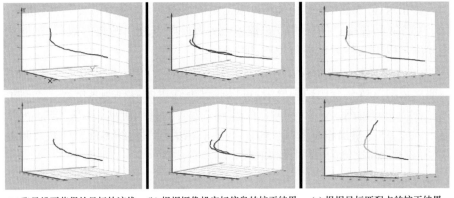

(a) 张量投票获得的目标轨迹线　(b) 根据摄像机定标信息的校正结果　(c) 根据目标匹配点的校正结果

图 5.10.6　轨迹校正示例

　　这一方法除了可以应用于目标跟踪(视频监控可看做对目标的连续跟踪)之外，其思想还可应用于图像序列的插值，如灰度平均法、选择粘贴法、遗传算法和高维数值计算中的样条插值等方法均忽略了图像序列内在的几何构造[172]。由于图像序列可以将不同的背景和运动的前景区分开来，因此可以在一定范围内仅对运动目标进行插值。于是可利用张量投票将运动目标的可能轨迹找出，再结合一些限制条件选取目标合适的过渡位置，最后在保持原有几何元素不变的情况下重建过渡图像，对于直线运动，确定端点后即可找出运动方式；对于曲线运动，用若干较短的线段逼近曲线即可确定轨迹上的一些插值点[172]。

5.10.3　实验结果示例

　　示例应用如图 5.10.7[169]所示,一般过程是先在运动图像序列中检测运动区域,然后应用张量投票进行处理,目标的三维空间位置数据构成三维张量,再加上不同时刻的位置变化就构成了融合运动轨迹的四维数据,但是对运动估计的滤波处理及运动估计都是通过三维张量投票来实现的。最后获得的是跟踪区域的图像序列及优化的运动轨迹曲线。

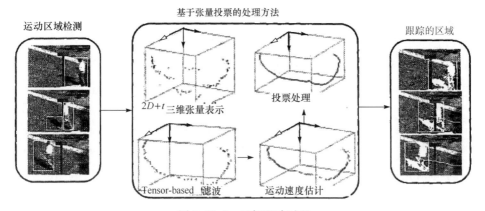

图 5.10.7　目标跟踪过程

　　张量投票方法在视频监控中的应用如图 5.10.8 和图 5.10.9[171]所示,其中背景为公路,目标为汽车,目标轨迹用黑色的粗线标示在公路中。图 5.10.8 是针对单目标跟踪的结果。图 5.10.9 是多目标跟踪的结果。图 5.10.8(a)显示了张量投票方法获得的目标轨迹线在实际场景中的标示。图 5.10.8(b)是根据摄像机定标信息的校正结果。图 5.10.8(c)是根据目标匹配点的进一步校正结果。

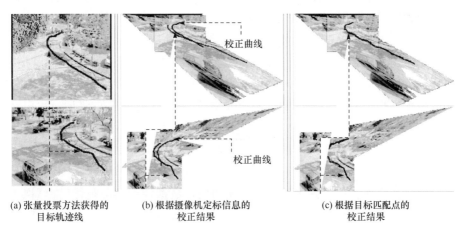

(a) 张量投票方法获得的　　(b) 根据摄像机定标信息的　　(c) 根据目标匹配点的
　　目标轨迹线　　　　　　　　　校正结果　　　　　　　　　校正结果

图 5.10.8　单一目标跟踪轨迹校正结果

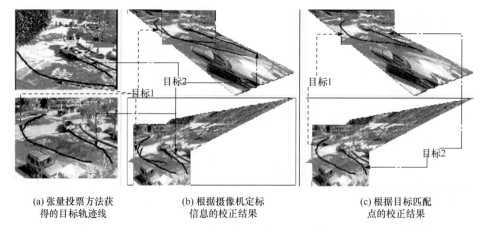

(a) 张量投票方法获　　　　　(b) 根据摄像机定标　　　　　(c) 根据目标匹配
　　得的目标轨迹线　　　　　　　信息的校正结果　　　　　　　点的校正结果

图 5.10.9　多目标跟踪轨迹校正结果

5.11　本章小结

　　本章对张量投票方法在机器视觉领域中的典型应用作了具体介绍。在三维情况下,张量投票方法首先根据数据类型对张量维数进行扩展,在更高维的空间施加连续性约束,以提取三维空间中的曲面、曲线和交汇点等特征。四维空间的应用主要包括运动分析、目标跟踪和极点几何估计等,其中极点几何估计还可以扩展到八维空间。四维空间应用张量投票方法有两个特点:一是在三维空间数据的基础上增加时间维;二是一般与二维或三维张量投票结合使用,以最大限度地减小计算量并发挥算法优势。更高维空间的应用还有图像修补、视频修复等。扩展到高维的应用同样要求高维空间是欧氏空间(即存在有意义的距离测度),而且数据结构适于邻域搜索,只是投票域的预先计算成为一个复杂度较高的问题。

　　本章主要内容可以概括为以下几个方面。

　　首先,在基于图像的三维重建领域,张量投票在初始的视差计算基础上通过对视差数据进行显著度估计及视差曲面检测等步骤,可以克服以往很多方法在 1D 或 2D 空间对邻域点操作的局限性,在获取显著度信息后同时处理匹配和表面重建;在由阴影恢复形状的过程中,可以在取向信息已知/未知两种情况下对初始数据和边界条件统一调用张量投票方法进行处理,获取深度和表面法向等信息。

　　其次,在科学可视化领域,张量投票可以完成对多种医学图像的面绘制,且对噪声的鲁棒性很强。这一方法还可以扩展到矢量数据的三维可视化(流可视化和涡流检测),以及在三维曲线、曲面提取、地形、地震数据的三维可视化等方面均有应用。

　　最后,在运动图像分析方面,张量投票可以通过对运动图像序列进行 $2D+t$ 维的投票操作处理运动目标的边界,进而完成对图像的光流场计算。在目标跟踪中,张量投票发挥了其提取光滑三维曲线方面的优势,对运动目标的轨迹优化计算,减小跟踪误差。

　　从本章可以看到张量投票方法的可扩展性及其带来的强大生命力。

参 考 文 献

[1] Medioni G, Lee M S, Tang C K. A Computational Framework for Feature Extraction and Segmentation(2nd). The Netherlands: Elsevier Science, 2002.

[2] 周秀芝. 面向深度提取和形状识别的图像匹配. 长沙:国防科学技术大学博士学位论文, 2007.

[3] Bolles R C, Baker H H, Marimont D H. Epipolar-plane image analysis: An approach to determining structure from motion. International Journal of Computer Vision, 1987, 1(1): 7-55.

[4] Okutomi M, Kanade T. A multiple baseline stereo. IEEE Transactions on Pattern Analysis and Machine Intelligence. 1993, 15(4): 353-363.

[5] Seitz S M, Dyer C M. Photorealistic scene reconstruction by voxel coloring. International Journal of Computer Vision, 1999, 35(2): 1-23.

[6] Kutulakos K N, Seitz S M. A theory of shape by space carving. International Journal of Computer Vision, 2000, 38(3): 199-218.

[7] Baker S, Szeliski R. A layered approach to stereo reconstruction//IEEE Conference on Computer Vision and Pattern Recognition. 1998: 434-441.

[8] Terzopoulos D, Metaxas D. Dynamic 3D models with local and global deformations: Deformable superquadrics. IEEE Transactions on Pattern Analysis and Machine Intelligence, 1991, 13(7): 703-714.

[9] Fua P, Leclerc Y G. Object-centered surface reconstruction: combining multi-image stereo and shading. International Journal of Computer Vision, 1995, 16: 35-56.

[10] Faugeras O, Keriven R. Variational principles, surface evolution, PDEs, level set methods, and the stereo problem. IEEE Transactions on Image Processing, 1998, 7(3): 335-344.

[11] Szeliski R, Goll P. Stereo matching with transparency and matting. International Journal of Computer Vision, 1999, 32(1): 45-61.

[12] Marr D C, Poggio T. A computational theory of human stereo vision//Proceedings of the Royal Society of London. 1979: 301-328.

[13] Hirschmüller H, Scharstein D. Evaluation of Cost Functions for Stereo Matching//IEEE Conference on Computer Vision and Pattern Recognition. 2007: 1-8.

[14] Pham C, Cao C, Jeon J W. Domain transformation-based efficient cost aggregation for local stereo matching. IEEE Transactions on Circuits and Systems for Video Technology, 2012, 99(1): 1-10.

[15] Humenberger M, Zinner C, Weber M, et al. A fast stereo matching algorithm suitable for embedded real-time systems. Computer Vision and Image Understanding, Special issue on Embedded Vision, 2010, 114(11): 1180-1202.

[16] Mei X, Sun X, Zhou M C, et al. On building an accurate stereo matching system on graphics hardware// 2011 IEEE International Conference on Computer Vision Workshops, 2011: 467-474.

[17] Klaus A, Sormann M, Karner K. Segment-Based Stereo Matching Using Belief Propagation and a Self-Adapting Dissimilarity Measure// 18th International Conference on Pattern Recognition, 2006: 15-18.

[18] Terzopoulos D. Regularization of inverse visual problems involving discontinuities. IEEE Transactions on Pattern Analysis and Machine Intelligence, 1986, 8(4): 413-424.

[19] Wang Z F, Zheng Z G. A region based stereo matching algorithm using cooperative optimization// IEEE Conference on Computer Vision and Pattern Recognition, 2008: 1-8.

[20] Scharstein D, Pal C. Learning Conditional Random Fields for Stereo// IEEE Conference on Computer Vision and Pattern Recognition, 2007: 1-8

[21] Vision middlebury. http://vision. middlebury. edu/stereo/[2015-06-27].

[22] Philippos M, Gérard G M. Stereo using monocular cues within the tensor voting framework. IEEE Transaction Pattern Analysis and Machine Intelligence, 2006, 28 (6): 968-982.

[23] Steven M Seitz, Brian Curless, James Diebel. A comparison and evaluation of multi-view stereo reconstruction algorithms// IEEE Computer Society Conference on Computer Vision and Pattern Recognition, 2006: 519-528.

[24] Mordohai P, Medioni G. Perceptual grouping for multiple view stereo using tensor voting// Proceedings of 16th International Conference on Pattern Recognition. 2002: 639-644.

[25] Tang C K, Medioni G. Inference of integrated surface, curve, and junction descriptions from sparse 3-D data. IEEE Transaction on Pattern Analysis And Machine Intelligence, 1998, 20(11): 1206-1223.

[26] Horn B K P, Brooks M J. Shape from Shading. Massachusetts: MIT Press, 1989.

[27] 王怀颖. 细胞神经网络在图像处理中的应用技术研究. 南京: 南京航空航天大学博士学位论文, 2007.

[28] Vogel O, Valgaerts L, Breuß M, et al. Making Shape from Shading Work for Real-World Images// 31st the German Association for Pattern Recognition(DAGM) Symposium, 2009: 191-200.

[29] Zhu Q H, Shi J B. Shape from shading: recognizing the mountains through a global view// Proceedings of the 2006 IEEE Computer Society Conference on Computer Visioand Pattern Recognition, 2006: 1-8.

[30] 蔻镇淳. 从明暗恢复形状的有理样条方法. 大连：大连理工大学硕士学位论文, 2005.

[31] Zheng Q, Chellappa R. Estimation of illuminant direction, albedo, and shape from shading. IEEE Transactions on Pattern Analysis and Machine Intelligence, 1991, 13(7): 680-702.

[32] Lee K M, Kuo C C J. Shape from shading with a linear triangular element surface model. IEEE Transaction on Pattern Analysis and Machine Intelligence, 1993, 15(8): 815-822.

[33] Ragheb H, Hancock E R. A probabilistic framework for specular shape-from-shading//International Conference on Pattern Recognition, 2002: 513-516.

[34] Ben-Ezra M, Nayar S K. What does motion reveal about transparency // Proceedings. of the 9th IEEE International Conference on Computer Vision, 2003: 1025-1028.

[35] Malik J, Maydan D. Recovering three dimensional shape from a single image of curved objects. IEEE Transactions on Pattern Analysis and Machine Intelligence, 1989, 11(1): 213-224.

[36] Pentland A. Shape information from shading: a theory about human perception// Proceedings of International Conference on Computer Vision, 1988: 404-413.

[37] Tsai P S, Shah M. Shape from shading using linear approximation. Image and Vision Computing Journal, 1994, 12(8): 487-498.

[38] Oliensis J. Shape from shading as a partially well-constrained problem. Computer Vision, Graphics, and Image Processing: Image Understanding, 1991, 54(1): 163-183.

[39] Rouy E, Tourin A. A viscosity solutions approach to shape from shading. SIAM Journal on Numerical Analysis, 1992, 29(3): 867-884,.

[40] Bichsel M, Pentland A P. A simple algorithm for shape from shading//IEEE Proceedings of Computer Vision and Pattern Recognition, 1992: 459-465.

[41] Lee C H, Rosenfeld A. Improved methods of estimating shape from shading using the light source coordinate system. Articial Intelligence, 1985, 26(1): 125-143.

[42] Kimmel R, Bruckstein A M. Shape from shading via Level Sets. Israel: Israel Institute of Technology(CIS Report 9209), 1992.

[43] Ju Y C, Kyoung M L, Lee S U. Shape from shading using graph cuts. Pattern Recognition, 2008, 41(1): 3749-3757.

[44] Ramachandran V S. Perceiving shape from shading. Scientific American, 1988, 159(1): 76-83.

[45] White R, Forsyth D A. Combining Cues: Shape from Shading and Texture. Computer Vision and Pattern Recognition, 2006, 2(1): 1809-1816.

[46] 王羿. 基于医学图像的三维可视化研究. 武汉：华中科技大学硕士学位论文，2008.

[47] Wang Y. 3D Reconstruction and key technology study for slice medical images. Dalian：the Dalian university of technology(PhD dissertation)，2009.

[48] Lorensen W，Cline H. Marching cubes：a high resolution 3D surface construction algorithm. Computer Graphics，1987，21(4)：163-169.

[49] 李冠华. 基于 GPU 的三维医学图像处理算法研究. 大连：大连理工大学博士学位论文，2009.

[50] 丁庆木，张虹. 图像体绘制算法的分析与评价. 系统仿真学报，2007，19(4)：897-899.

[51] Smits A J，Lim T T. Flow Visualization：Techniques and Examples(2nd Ed). London：Imperial College Press，2012.

[52] 吴晓莉. 面向空间遥感科学实验的流可视化技术研究. 长沙：国防科学技术大学研究生院博士学位论文，2007.

[53] Liu Z P. Flow Visualization-Line Integral Convolution. http：//www. zhanpingliu. org/research /flowvis[2013-5-30].

[54] van Wijk J J. Image based flow visualization //Proceedings ACM special interest group on Computer Graphics and Interactive Techniques，2002.

[55] Liu Z P，Moorhead R J，Groner J. An advanced evenly spaced streamline placement algorithm. IEEE Transactions on Visualization and Computer Graphics，2006，12（5）：965-972.

[56] Liu Z P，Moorhead R J. Robust loop detection for interactively placing evenly spaced streamlines. IEEE Computing in Science and Engineering，2007，9(4)：86-91.

[57] 蒋健明，周迪斌，胡斌. 矢量可视化研究综述. 科技通报，2010，26(4)：611-616.

[58] 梁训东. 向量场可视化技术的研究与实现. 北京：中国科学院计算技术研究所博士学位论文，1996.

[59] 李延芳. 基于 Clifford 傅里叶变换的流场可视化. 无锡：江南大学硕士学位论文，2008.

[60] Banks D C，Singer B A. A predictor-corrector technique for visualizing unsteady flow. IEEE Transactions on Visualization and Computer Graphics，1995，1(2)：151-163.

[61] Roth M，Peikert R. A higher-order method for finding vortex core lines//Proceedings of International Conference on Visualization，1998：143-150.

[62] 张彦召. 基于三维可视化技术的流域仿真模拟研究. 大连：大连理工大学硕士学位论文，2006.

[63] Portela. L M. On the identification and classification of vortices. State of California：Stanford University(PhD thesis)，1997.

[64] 周磊. 大涡模拟在燃油喷雾过程及多孔介质发动机中应用的研究. 大连：大连理工大学博士学位论文，2010.

[65] Kai S，Marie F，Alexandre A，et al. Coherent vortex extraction and simulation of 2D iso-

tropic turbulence. Journal of Turbulence，2006，7(44)：1-24.

[66] Xie C，Xing L H，Liu C，et al. Multi-scale vortex extraction of ocean flow//Visual Information Communication. Washington：Springer，2010：173-183.

[67] Martin R. Automatic extraction of vortex core lines and other line-type features for scientific visualization. Vision and Graphics Vol. 9(PhD thesis). 2000.

[68] Ma K L，Zheng Z C. 3D Visualization of unsteady 2d airplane wake vortices// Proceedings of the Conference on Visualization，1994：124-131.

[69] Wereley S T，Lueptow R M. Spatio-temporal character of nonwavy andwavy Taylor Couette flow. Journal of Fluid Mechanics，1998，364(1)：59-80.

[70] 钟纲. 曲线曲面重建方法研究. 杭州：浙江大学博士学位论文，2002.

[71] 张维忠. 基于多幅图像的空间点定位与曲线结构三维重建. 南京：南京航空航天大学博士学位论文，2007.

[72] Koller T，Gerig G M，Szekely G，et al. Multiscale detection of curvilinear structures in 2-D and 3-D image data// Proceedings of IEEE International Conference on Computer Vision. 1995：864-869.

[73] Thirion J R，Gourdon A. The 3D marching lines algorithm. Graph，Models Image Proc，1996，58(6)：503-509.

[74] Fruhauf T. Raycasting Vector Fields. //Proceedings of IEEE Visualization '96. Proceedings，San Francisco CA：IEEE Computer Society，1996：115-120.

[75] Fidrich M. Iso-surface extraction in N-D applied to tracking feature curves across scale. Image and Vision Computation，1998，16(1)：545-555.

[76] Jain A K，Dudes R C. Algorithms for clustering data. New Jersey：Prentice Hall，1988.

[77] Fua P，Sander P. Segmenting unstructured 3D points into surfaces// European Conference on Computer Vision(Lecture Notes in Computer Science)，1992：676-680.

[78] Hoppe H，Derose T，Duchamp T，et al. Surface reconstruction from unorganized points. Computer Graphics，1992，26(1)：71-78.

[79] Boissonnat J D. Representation of objects by triangulating points in 3-D space// Proceedings of 6th International Conference on Pattern Recognition. 1982：830-832.

[80] Rosenthal P，Linsen L. Smooth surface extraction from unstructured point-based volume data using PDEs. IEEE Transaction Visual Computation Graph. 2008，14(6)：1531-1538.

[81] 胡茂林，谢世朋. 基于曲面法向量的曲面恢复. 软件学报，2006，17(1)：1-10.

[82] 贾瑞生，姜岩，孙红梅，葛平俱. 三维地形建模与可视化研究. 系统仿真学报，2006，18(1)：330-332.

[83] 冯振华. 地形可视化中多分辨率模型生成算法研究. 成都：西南交通大学硕士学位论文，2007.

[84] 芮小平. 空间信息可视化关键技术研究——以 2.5 维/三维/多维可视化为例. 北京：中

国科学院遥感应用研究所博士学位论文，2004.

[85] 殷小静，幕晓东，陈琦. 基于图形硬件的海量地形可视化算法. 火力与指挥控制，2012，37(11)：61-64.

[86] 杜剑侠，李凤霞，战守义. 基于外存的大规模地形可视化框架. 昆明理工大学学报：理工版，2006，31(5)：1-6.

[87] 张继贤，柳健. 地形生成技术与方法的研究. 中国图像图形学报，1997，2(8)：638-645.

[88] Clark J H. Hierarchical geometric models for visible surface algorithms. Communications of the ACM, 1976, 1(1)：547-554.

[89] Lindstrom P, Koller D, Ribarsky W, et al. Real-time continuous level of detail rendering of height fields//Proceedings of ACM special interest group on Computer Graphics and Interactive Techniques. 1996：109-118.

[90] Duchaineau M, Wolinsky M, Sigeti D E, et al. Roaming terrain：Real-time optimally adapting meshes//Proceedings of Visualization, 1997：81-88.

[91] Hwa L M, Duchaineau M A, Joy K I. Real-time optimal adaptation for planetary geometry and texture：4-8 tile hierarchies. IEEE Transactions on Visualization and Computer Graphics, 2005, 11(4)：355-368.

[92] Pajarola R. Overview of quadtree-based terrain triangulation and visualization. Irvine：University of California(UCI-ICS Technical Report No. 02-01), 2002.

[93] Ulrich T. Rendering massive terrains using chunked level of detail control // Proceedings of ACM special interest group on Computer Graphics and Interactive Techniques, 2002：312-317.

[94] Losasso F, Hoppe H. Geometry clipmaps：terrain rendering using nested regular grids//International Conference on Computer Graphics and Interactive Techniques, 2004：769-776.

[95] Cignoni P, Ganovelli F, Gobbetti E, et al. BDAM-batched dynamic adaptive meshes for high performance terrain visualization. Computer Graphics Forum, 2003, 22(1)：505-514.

[96] Tsai F, Chiu H C. Adaptive level of detail for large terrain visualization //The International Archives of the Photogrammetry, Remote Sensing and Spatial Information Sciences-Proceedings of Commission IV, 2008：21-27.

[97] Liu L, Liu Y G, Guo X, et al. Parallel LOD building for large scale terrain visualization visualization//The International Archives of the Photogrammetry, Remote Sensing and Spatial Information Sciences-Proceedings of Commission IV, 2008：216-221.

[98] Hoppe H. Progressive meshes. ACM Special Interest Group on Computer Graphics and Interactive Techniques, 1996, 1(1)：99-108.

[99] 马照亭，李成名，王继周，等. 海量地形可视化的研究现状与前景展望，测绘科学，2006，31(1)：134-137.

[100] 侯能. 地形可视化中的加速技术研究. 桂林：广西大学硕士学位论文，2012.

[101] Livny Y, Kogan Z, El-Sana J. Seamless patches for GPU-based terrain rendering. The Visual Computer, 2008, 25(1): 197-208.

[102] 钟正, 朱庆. 一种基于海量数据库的 DEM 动态可视化方法. 海洋测绘, 2003, 23(2): 9-13.

[103] 王展旭, 杨眉. 基于 X3D 的三维地形可视化研究. 软件导刊. 2009, 8(4): 187-188.

[104] 王笑非. 三维地震数据断层检测方法研究. 南京：南京理工大学硕士学位论文，2011.

[105] 付志方. 地震储层预测技术及应用研究. 武汉：中国地质大学博士学位论文，2007.

[106] Bahorich M, Farmer S. 3-D seismic discontinuity for faults and stratigraphic feathers: the coherence cube. The Leading Edge, 1995, 14(10): 1053-1058.

[107] 崔若飞, 赵爱华. 利用模式识别方法解释微小断层. 中国矿业大学地质系, 1995, 4(30): 65-67.

[108] Al-Dossary S, Simon Y, Marfurt K J. Inter azimuth coherence attribute for facture detection. SEG Technical Program Expanded Abstracts, 2004, 23(1): 183-186.

[109] 张绍聪, 董守华, 程彦. 高阶相干技术在煤田断层检测中的应用. 煤田地质与勘探, 2009, 37(5): 65-67.

[110] Horn B, Schunck B. Determining optical flow. Artificial Intelligence, 1981, 16(1): 185-203.

[111] Jespersen D C, Levit C. Numerical simulation of flow past a tapered cylinder. Reno NV: NASA Ames Research Center, 1991.

[112] Barron J L, Fleet D J, Beauchemin S. Performance of optical flow techniques. International Journal Computer Vision, 1994, 12(1): 43-77.

[113] Black M J, Anandan P. The robust estimation of multiple motions: Parametric and piece-wise-smooth flow fields. CVIU, 1996, 63(1): 75-104.

[114] Li Y, Osher S. A new median formula with applications to PDE based denoising. Commun. Math. Sci. , 2009, 7(3): 741-753.

[115] Sun D Q, Roth S, Black M J. Secrets of optical flow estimation and their principles// Proceedings of the IEEE Conference on Computer Vision and Pattern Recognition, 2010: 2432-2439.

[116] Sun D Q, Roth S, Lewis J P, et al. Learning optical flow // Proceedings of the 10th European Conference on Computer Vision, 2008: 83-97.

[117] Pock W A T, Cremers D. Structure-and motion-adaptive regularization for high accuracy optic flow// 2009 IEEE 12th International Conference on Computer Vision, 2009: 1663-1668.

[118] Lei C, Yang Y H. Optical flow estimation on coarse-to-fine region-trees using discrete optimization// 2009 IEEE 12th International Conference on Computer Vision, 2009:

1562-1569.

[119] Baker S, Scharstein D, Lewis J P, et al. A database and evaluation methodology for optical flow. International Journal Computer Vision, 2011, 92(1): 1-31.

[120] Kenwright D, Haimes R. Vortex identification-applications in aerodynamics: A case study // Proceedings of Visualization, 1997: 413-416.

[121] de Leeuw W C, Post F H. A statistical view on vector fields // Visualization in Scientific Computing. New York: Springer-Verlag, 1995.

[122] Jeong J, Hussain F. On the identification of a vortex. Journal of Fluid Mechanics, 1995, 285(1): 69-94.

[123] Koller T M, Gerig G, Szekely G, et al. Multiscale Detection of Curvilinear structures in 2-D and 3-D image data//Proc. IEEE International Conference on Computation, 1995, 1 (1): 864-869.

[124] Poggio T A, Torre V, Koch C. Computational Vision and Regularization Theory, Nature, 1985, 1(1): 314-319.

[125] Xiao J, Cheng H, Sawhney H, et al. Bilateral filtering-based optical flow estimation with occlusion detection// Computer Vision-European Conference on Computer Vision(Lecture Notes in Computer Science Volume 3951), 2006: 211-224.

[126] Wedel A, Pock T, Zach C, et al. An improved algorithm for TV-L1 optical flow// Statistical and Geometrical Approaches to Visual Motion Analysis Lecture Notes in Computer Science Volume 5604, 2009: 23-45.

[127] Blake A, Zisserman A. Visual Reconstruction. Cambridge. Massachusetts: The MIT Press, 1987.

[128] Zimmer H, Bruhn A, Weickert J, et al. Complementary optic flow// Proceedings of the 7th International Conference on Energy Minimization Methods in Computer Vision and Pattern Recognition, 2009: 207-220.

[129] Bruhn A, Weickert J, Schnörr C. Lucas/Kanade meets Horn/Schunck: combining local and global optic flow methods. International Journal of Computer Vision, 2005, 61(3): 211-231.

[130] Ren X F. Local Grouping for Optical Flow // IEEE Conference on Computer Vision and Pattern Recognition, 2008: 1-8.

[131] Nicolescu M, Medioni G, Motion segmentation with accurate boundaries-a tensor voting approach//2003 IEEE Computer Society Conference on Computer Vision and Pattern Recognition, 2003: 382-395.

[132] Pagendarm H G, Walter B. Feature detection from vector quantities in a numerically simulated hypersonic flow field in combination with experimental flow visualization// Proceedings of IEEE Computer Society Conference on Computer Vision, 1994: 117-123.

[133] Shi J, Malik J. Normalized cuts and image segmentation. IEEE Transaction Pattern Analysis and Machine Intelligence, 2000, 22(8): 888-905.

[134] Brox T, Bregler C, Malik J. Large displacement optical flow// Proceedings of IEEE International Conference on Computer Vision and Pattern Recognition, 2009: 41-48.

[135] Min C K, Medioni G. Inferring segmented dense motion layers using 5D tensor voting. IEEE Transactions on Pattern Analysis and Machine Intelligence, 2008, 30 (9): 1589-1602.

[136] Yilmaz A, Javed O, Shah M. Object tracking: a survey. ACM Computing Surveys, 2006, 38(4): 1-45.

[137] 陈宁强. 多目标跟踪方法研究综述. 科技信息, 2010: 21-26.

[138] 尹宏鹏. 基于计算机视觉的运动目标跟踪算法研究. 重庆: 重庆大学博士学位论文, 2009.

[139] Harris C G, Stephens M. A combined corner and edge detector //Proceedings of 4th Alvey Vision Conference, 1988: 189-192.

[140] Lowe D. Distinctive image features from scale-invariant key points. International Journal Computer Vision, 2004, 60(2): 91-110.

[141] Mikolajczyk K, Schmid C. An affine invariant interest point detector. //European Conference on Computer Vision, 2002: 128-142.

[142] Comaniciu D, Meer P. Mean shift analysis and applications. IEEE Transaction Pattern Analysis and Machine Intelligence, 1999, 2(1): 1197-1203.

[143] Caselles V, Kimmel R, Sapiro G. Geodesic active contours //IEEE International Conference on Computer Vision, 1995: 694-699.

[144] Stauffer C, Grimson W. Learning patterns of activity using real time tracking. IEEE Transaction Pattern Analysis And Machine Intelligence, 2000, 22(8): 747-767.

[145] Oliver N, Rosario B, Pentland A. A Bayesian computer vision system for modeling human interactions. IEEE Transaction Pattern Analysis and Machine Intelligence, 2000, 22(8): 831-843.

[146] Monnet A, Mittal A, Paragios N, et al. Background modeling and subtraction of dynamic scenes. IEEE International Conference on Computer Vision, 2003: 1305-1312.

[147] Papageorgiou C, Oren M, Poggio T. A general framework for object detection. IEEE International Conference on Computer Vision, 1998: 555-562.

[148] Rowley H, Baluja S, Andkanade T. Neural network-based face detection. IEEE Transaction Pattern Analysis and Machine Intelligence, 1998, 20(1): 23-38.

[149] Salari V, Sethi I K. Feature point correspondence in the presence of occlusion. IEEE Transaction Pattern Analysis Machine Intelligence, 1990, 12(1): 87-91.

[150] Veenman C, Reinders M, Backer E. Resolving motion correspondence for densely moving

points. IEEE Transaction Pattern Analysis Machine Intelligence, 2001, 23(1): 54-72.

[151] Broida T, Chellappa R. Estimation of object motion parameters from noisy images. IEEE Transaction Pattern Analysis Machine Intelligence, 1986, 8(1): 90-99.

[152] Tanizaki H. Non-gaussian state-space modeling of non-stationary time series. J. Amer. Statist. Assoc. , 1987, 82(1): 1032-1063.

[153] Bar-shalom Y, Foreman T. Tracking and data association//Mathematics in Science and Engineering Series(179). Michigan: Michigan University Academic Press, 1988.

[154] Streit R L, Luginbuhl T E. Maximum likelihood method for probabilistic multi-hypothesis tracking//Proceedings of the International Society for Optical Engineering, 1994: 394-405.

[155] 高琳, 唐鹏, 盛鹏, 等. 复杂场景下基于条件随机场的视觉目标跟踪. 光学学报, 2010, 30(6): 1721-1728.

[156] Comaniciu D, Ramesh V, Andmeer P. Kernel-based object tracking. IEEE Transaction Pattern Analysis Machine Intelligence, 2003, 25(1): 564-575.

[157] Shi J, Tomasi C. Good features to track// IEEE Conference on Computer Vision and Pattern Recognition. 1994: 593-600.

[158] Tao H, Sawhney H, Kumar R. Object tracking with bayesian estimation of dynamic layer representations. IEEE Transaction on Pattern Analysis Machine Intelligence, 2002, 24 (1): 75-89.

[159] Black M, Jepson A. Eigentracking: Robust matching and tracking of articulated objects using a view-based representation. International Journal Computation Vision, 1998, 26 (1): 63-84.

[160] Avidan S. Support vector tracking//IEEE Conference on Computer Vision and Pattern Recognition. 2001: 184-191.

[161] Isard M, Blake A. Condensation-conditional density propagation for visual tracking. International Journal Computer Vision, 1998, 29(1): 5-28.

[162] Bertalmio M, Sapiro G, Randall G. Morphing active contours. IEEE Transaction Pattern Analysis Machine Intelligence, 2000, 22(7): 733-737.

[163] Ronfard R. Region based strategies for active contour models. International Journal Computer Vision, 1994, 13(2): 229-251.

[164] Gardner W F, Lawton D T. Interactive Model-Based Vehicle Tracking. IEEE Transaction Pattern Analysis Machine Intelligence, 1996, 18(11): 1115-1121.

[165] Huttenlocher D, No J, Rucklidge W. Tracking nonrigid objects in complex scenes// IEEE International Conference on Computer Vision. 1993: 93-101.

[166] Sato K, Aggarwal J. Temporal spatio-velocity transform and its application to tracking and interaction. Computation Vision Image Understanding, 2004, 96(2): 100-128.

［167］Kang J，Cohen I，Medioni G．Object reacquisition using geometric invariant appearance model//International Conference on Pattern Recognition．2004：759-762．

［168］Kornprobst P，Medioni G．Tracking segmented objects using tensor voting．IEEE Computation Vision Pattern Recognition，2000，2(1)：118-125．

［169］Kornprobst P，Medioni G．A $2D+t$ tensor voting based approach for tracking//Proceedings of 15th the International Conference on Pattern Recognition(Volume：3)．2000：1092-1095．

［170］Kornprobst P，Deriche R，Aubert G．Image sequence analysis via partial differential equations．Journal of mathematical imaging and vision，1999，11(1)：5-26．

［171］Kang J M，Cohen I，Medioni G．Continuous multi-views tracking using tensor voting//Proceedings of Workshop on Motion and Video Computing，2002：181-186．

［172］秦菁．张量投票算法及其应用．武汉：华东师范大学硕士学位论文，2008．

第 6 章　张量投票方法的改进

我们在第 4 章和第 5 章分别列举了张量投票方法在图像处理和机器视觉领域的应用,可以看到该方法有效地处理了很多特征提取和感知组织的问题。迄今为止,张量投票方法已经被 Medioni 及其后继研究者研究了十多年,而且正在吸引越来越多研究者的关注,使这一方法得到持续的改进和扩展。

6.1　引　　言

在改进和完善张量投票方面,现有的典型工作可以分为三类:一是对张量投票方法的理论研究;二是对张量投票方法本身的改进和完善,如底层的取向估计、投票域的设计、投票过程的调整和特征的显著性度量等;三是拓展张量投票方法的应用领域,将张量投票方法应用于新的领域,并根据具体问题调整该方法的输入、输出和计算流程。

6.1.1　理论研究

在张量投票方法的理论研究方面,具有代表性的研究工作有:Gong 等[1]针对二维和三维空间的无监督分割问题,提出概率张量投票方法。概率张量投票基于贝叶斯理论对张量投票做了扩展,数据的张量表示在原有二阶对称张量的基础上,增加了一个极性矢量和两个与该极性矢量正交的新型矢量,可以同时处理离群噪声和内部噪声,改善了原始张量投票方法仅考虑离群噪声、易受内部噪声影响的弊端。Wu[2]证明了一种张量投票的封闭解法,简称CFTV,对于给定的任意维数点集,这一解法可计算结构张量,同时检测显著结构特征和离群点干扰,并在马尔可夫理论框架下证明了张量投票算法的收敛性,即每个结构张量节点在结构性信息扩散过程中会到达一种静止状态;Wu还引入最大期望估计,通过优化一个单线性结构来获得鲁棒高效的参数估计[2],这个算法可以同时优化张量和确定参数,无需现有鲁棒统计技术必须的随机采样过程,在多目立体匹配的应用中显示了优越性。文献 [3] 针对点云图像描述了张量投票的闭合形式,证明了其解析解的存在性。文献[4]分析了张量投票算法的鲁棒性和准确性。

6.1.2　算法改进

算法改进方面的相关工作与第 3 章的内容对应，可以分为四类。

在底层处理方面，除了第 3 章介绍的方法外，Massad 应用 Gabor 滤波作为张量投票算法的底层取向估计，是现有研究工作中在底层处理上比较有特色的一项[5]。

在投票域的优化方面，Lee 在投票过程中加入极性，使张量投票在检测不规则区域的性能方面进一步提高，这方面的内容可参见 3.5.3 节的描述；Tang 等在投票过程中增加一次张量投票在取向估计基础上提取曲率信息，然后利用曲率信息优化投票域计算[6]；Fischer 等提出基于取向的曲率估计方法并加入曲率信息计算投票域[7]；Tong 在投票中引入一阶张量以表征点处于区域边缘或者曲线终端的可能性，使张量投票在区域、曲线、曲面的提取中表现更加稳定精确[8]；叶爱芬等提出根据点云密度调整投票尺度参数的自适应张量投票方法[9]。

在投票过程中，Tong 在修复边缘直线点集的过程中迭代优化投票尺度，动态确定适合于相应点集的投票尺度[8]；Moreno 等提出两项措施降低张量投票算法的计算复杂度[10]：第一项措施是在深入分析碟形投票和球形投票的基础上对投票进行数值近似，第二项措施为在保留原始张量投票的感知意义前提下简化计算公式，并增加了两个参数来控制碟形投票和球形投票的潜在冲突，从而将计算复杂度降低到 $O(1)$ 的水平；文献[11] 提出基于 GPU 的张量投票方法，效率远远高于基于 CPU 的方法；Loss[12]提出一种基于迭代式张量投票对点状或扩散状的曲线信息进行检测并组织的方法，该方法的创新性在于迭代式调整投票域，使投票集中在感兴趣的区域；郭永彩等[13]将强度阈值转化为距离阈值来滤除超出投票场的大部分点，并根据圆形投票场两点相互投票的对称性，减小计算量，最后通过显著度阈值进一步过滤；文献[14]将有向线段用二阶张量表示并通过投票互通信息，加入了迭代机制和多尺度分析。

针对投票解释过程中的特征显著性度量，You 在应用张量投票算法处理 LI-DAR 图像的过程中，用特征值与最大特征值的比值来计算特征的显著度[15]；ENS-Lyon 将张量投票应用于点云重建，并对显著度函数进行了改进[16]。

6.1.3　应用拓展

对于在应用张量投票方法的过程中比较突出的改进工作，有些已经在第 4 章和第 5 章进行了描述，如 Jia 引入亮度投票用于图像配准，通过平滑约束投票以得到最优的替代方程[17]；Kornprobst 引入基于时空特性运动区域的张量投票，称为 $(2D+t)$ 张量投票，其中 2D 表示二维空间，t 表示时间维。此外，还有一些后续出现的研究工作，分类总结如下。

1. 光流场计算

Rashwan 等[18]在光流场计算中通过应用各向异性棒形投票对数据项进行了改进,加入了一个依赖于取向信息(通过棒形张量投票获取)的平滑项和一个依赖于像素取向信息和被遮挡状态的加权非局部信息项。前者用来补充各向异性特征的显著性,后者的作用是对流场信息进行降噪处理。

2. 运动检测

Dinh[19]提出一种在运动分割过程中处理不连续点的方法,在第一轮松散投票过程中引入加速算法,在第二轮稠密投票过程中融入图割算法,应用 4D 张量投票施加局部平滑性约束,通过割图分割方法优化运动边界。

Guo[20]描述了一种在超声图像序列中应用张量投票进行运动检测的方法,采用合成孔径和短时编码实现高速数据获取,张量投票可以提高检测精度并减少人工瑕疵。

3. 图像分割

薄一航等[21]将张量投票方法与尺度空间边缘算法(scale space edge,SSE)结合,将尺度空间边缘检测算法作为二维张量投票的输入,来搜索具有复杂背景的自然图像中前景目标的显著边缘点。

Koo[22]提出一种将张量投票与割图算法结合的方法,该算法假定张量投票的显著度图包含图像域的 Riemannian 度量,从而将张量投票结果中包含的显著度编码到一个能量最小化的框架之中,再将这一 Riemannian 度量作为图中边的权重,从而割图算法中可以融入感知组织规则。这种方法可用于遮挡区域的标记、基于边缘的图像分割和边界检测。

Kulkarni[23]针对室内外场景的静态图像提出一种前景提取算法。该算法采用非迭代式张量投票对背景颜色进行高斯建模,并根据场景和光照变化对该模型进行更新,然后将该模型与各输入帧进行颜色比对,不符合该模型的被判为前景像素。

Moreno[24]提出一种基于张量投票的彩色图像分割算法。该方法可从含噪数据中提取显著结构信息来进行感知组织,首先改进张量投票同时进行图像去噪和边缘检测,接下来根据前一步骤得到的边缘图将图像像素分为同质类和非同质类,对同质类的像素应用改进的图割算法进行分割。文献[25]采用基于投票的特征分析和自适应中值变换来进行无监督彩色图像分割,采用张量投票提取多种显著结构特征,应用自适应中值变换聚类进行无监督分割,可以有效缩小特征空间并检测聚类数。

文献[27]从高分辨率卫星图像中提取道路轮廓,算法先是应用支持矢量机将图像像素分为道路类和非道路类,道路类组成离散的、非规则分布的一些采样点,是道路的不完整数据集,继而应用张量投票从道路类像素集中提取道路轮廓,发挥了张量投票在不完整数据集中提取几何结构的优越性。

4. 医学图像处理

Loss[12,28]针对图像中交汇点和细胞壁结构的检测提出一种对曲线进行感知组织的方法,这种方法通过迭代式张量投票渐进式地优化曲线结构,并在迭代过程中不断缩小张量投票域的尺度。

文献[29]提出一种在视网膜基底图像中识别视盘位置的方法,通过亮度均衡增强局部对比度后采用张量投票分析网膜血管的结构,视盘的位置通过中值变换方法检测。

文献[30]提出一种处理微脉管图像(通过同步加速层析 X 射线影屏照相术获取)中不理想缺口及不连续点的方法,该方法与微脉管网络的三维图像处理相联系,为检测实际的网络拓扑结构,需填补邻近脉管之间的缺口,于是算法通过张量投票在分割后网络的骨架结构上进行填充,可处理大多数常见的微脉管不连续点。

中心线提取在医学图像处理中应用广泛,完成这项工作既有利于从显微图像中建立神经元之间的连接,也有利于检测视网膜血管情况以防盲。在众多中心线提取算法中,文献[31]提出一种基于张量投票的方法,采用 Canny 边缘检测算子和一种简单的脊线检测算法粗略提取中心线,该步骤无需选取种子元素;接下来应用张量投票提取中心线,并填补线元缺口。

5. 目标识别

文献[32]提出一种用于地图生成的道路标记识别算法,融合了两项投票机制来进行准确的位置估计和分类,第一项是应用松散张量投票提取几何特征,第二项是根据投票结果定位轮廓,并借助轮廓线和张量域的相似性进行分类。

6. Poisson 盘采样

Poisson 盘采样作为计算机图形学的一个重要课题,在重网格化、过程纹理、物体分布、光照计算等方面都有重要应用。文献[33]提出一种可以直接在 Mesh 表面生成近似 Poisson 盘分布的方法,引入张量投票方法实现特征识别和自适应采样半径的计算,同时适用于保持特征采样和自适应采样。

7. 法向估计

文献[34]针对点云图像处理提出基于张量投票的法向估计方法,由于用GPU实现,可以完成实时计算,同时还可以通过改变投票核的大小,提取各种结构特征。

8. 极点几何估计

极点几何约束是立体匹配和三维重建中重要的约束条件之一,主要解决相关匹配和参数估计的问题。这两个问题之间是相关的,因为参数估计需要利用匹配点的信息,但在实际应用中,错误的匹配是不可避免的,而且会有一些噪声点和离群点干扰整个计算过程。这些问题对于非静止图像来说更为复杂。根据极点几何约束对应的不仅仅与背景像素有关,而且与目标区域运动的显著度有关。张量投票方法提供了两套解决方案:一种是应用 4 维张量投票滤除不太可能形成平滑结构的匹配点并应用像随机采样协同(RANSAC)方法进行极点几何的运动估计,最后将两者的结果进行整合;另一种就是用 2 维张量表示初始的数据点,然后附加上其他与匹配和运动有关的信息,将 2 维张量投票扩展为 8 维[35],直接计算估计结果。Tang 等[36]对这一工作做了改进,并把张量投票的计算框架扩展到了 N 维。

需要指出的是,上述对相关工作的分类是以其对张量投票方法的主要贡献为依据的,大多数研究工作都在具体应用过程中针对具体问题对张量投票进行适应性的改进或调整。

6.2　底层处理——取向估计

3.2 节对张量投票的底层处理涉及的取向估计进行了描述,在实际应用中,可以采用其中任一种方法为张量投票提供取向信息。除了第 3 章介绍的方法之外,Massad[5]应用 Gabor 滤波为张量投票算法提供底层取向估计信息,是现有研究工作中在底层处理上比较有特色的一项。我们在前期实验中采用的是正交滤波法[37]进行取向估计,但在处理线状目标时出现了一些问题,如图 6.2.1～图 6.2.4 所示。于是我们对张量投票在第一轮松散投票过程中通过圆形投票进行取向估计的方法进一步研究,对圆形投票分别作张量叠加、矢量叠加和取向直方图计算,并比较了在投票点密度不同的情况下各种方法的计算精度。

图 6.2.1 是对一组圆形轮廓的实验结果,其中图 6.2.1(a)～图 6.2.1(d)为原始图像,图 6.2.1(a)中投票点密度最大,后一幅图的投票点的密度依次近似为前一幅图的二分之一。图 6.2.1(e)～图 6.2.1(h)为张量投票的处理结果。从投票

结果中可以看出,当投票点比较密集时,张量投票方法与正交滤波结合可以较好地修复圆形曲线轮廓,如图 6.2.1(e)和图 6.2.1(f)所示;当投票点密度下降到一定程度时,张量投票方法无法填补较大的轮廓缺口,但是取向估计结果没有明显的纰漏,如图 6.2.1(g)和图 6.2.1(h)所示。

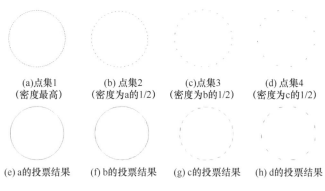

图 6.2.1　圆形轮廓的原始图像和投票结果

　　图 6.2.2 是对一组三角形轮廓的实验结果,其中图 6.2.2(a)~图 6.2.2(d)为原始图像,图 6.2.2(a)中投票点密度最大,后一幅图的投票点的密度依次近似为前一幅图的二分之一。图 6.2.2(e)~图 6.2.2(h)为张量投票的处理结果。从投票结果可以看出,当投票点比较密集时,张量投票方法与正交滤波结合可以较好地修复三角形各边轮廓,只是有一些毛刺,如图 6.2.2(e)所示;当投票点密度下降到为图 6.2.2(a)的二分之一时,张量投票方法与正交滤波结合可以较好地修复三角形水平边和“锐角”边(在笛卡儿坐标系中取向角为 $(0°, 90°]$ 的边),而右侧的“钝角”边中许多投票的取向出现了偏差,说明取向估计结果有误,如图 6.2.2(f)所示;当投票点密度继续下降时,三条边的投票取向都出现了偏差,除了锐角边的处理结果稍好之外,其他两边的投票取向偏差都很大,如图 6.2.2(g)和图 6.2.2(h)所示。

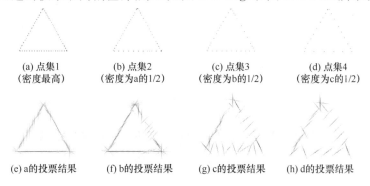

图 6.2.2　三角轮廓的原始图像和投票结果

图 6.2.3 是对一组矩形轮廓的实验结果,其中图 6.2.3(a)～图 6.2.3(d)为原始图像,图 6.2.3(a)中投票点密度最大,后一幅图的投票点的密度依次近似为前一幅图的二分之一。图 6.2.3(e)～图 6.2.3(h)为张量投票的处理结果。从投票结果中可以看出,当投票点比较密集时,张量投票方法与正交滤波结合可以较好地修复矩形各边轮廓,如图 6.2.3(e) 和图 6.2.3(f) 所示;当投票点密度下降到为图 6.2.3(b)的二分之一时,与前一对三角形轮廓的实验类似,各边的投票取向都出现了很大偏差,如图 6.2.3(g) 和图 6.2.3(h)所示。

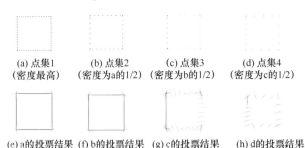

(a) 点集1 (b) 点集2 (c) 点集3 (d) 点集4
(密度最高) (密度为a的1/2) (密度为b的1/2) (密度为c的1/2)

(e) a的投票结果 (f) b的投票结果 (g) c的投票结果 (h) d的投票结果

图 6.2.3 矩形轮廓的原始图像和投票结果

我们对一组多边形轮廓的实验结果进一步验证了前面的结论,如图 6.2.4 所示。其中,图 6.2.4(a)～图 6.2.4(d)为原始图像,图 6.2.4(a)中投票点密度最大,后一幅图的投票点的密度依次近似为前一幅图的二分之一。图 6.2.4(e)～图 6.2.4(h)为张量投票的处理结果。从投票结果中可以看出,当投票点比较密集时,张量投票方法与正交滤波结合可以较好地修复各边轮廓,如图 6.2.4(e)所示;当投票点密度下降到约为图 6.2.4(a)的二分之一时,与前面对三角形轮廓的实验类似,各边的投票取向开始出现偏差,并随着投票点密度的下降而增大,如图 6.2.4(g) 和图 6.2.4(h)所示。

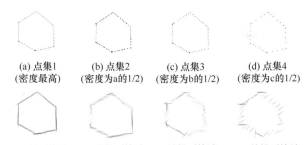

(a) 点集1 (b) 点集2 (c) 点集3 (d) 点集4
(密度最高) (密度为a的1/2) (密度为b的1/2) (密度为c的1/2)

(e) a的投票结果 (f) b的投票结果 (g) c的投票结果 (h) d的投票结果

图 6.2.4 多边形轮廓的原始图像和投票结果

针对上述实验中出现的问题,我们对底层处理涉及的取向估计进行了进一步的研究,将各投票点的圆形投票域分别作张量叠加、矢量叠加和取向直方图计算,得到取向估计结果,并比较了在投票点密度不同的情况下各种方法的计算精度。

6.2.1 计算原理

首先说明各种叠加方法的计算原理。三种基于投票思想的取向估计方法都是要计算图像中每个投票点的球形投票域,然后分别逐点进行张量叠加、矢量叠加或取向直方图计算。

设圆形投票域投票半径为 r_V,各点的投票取向由该点在以投票点为原点的笛卡儿坐标系中的位置决定,令 (x,y) 表示被投票点在以投票点为原点的笛卡儿坐标系中所处的坐标,则该点相对于投票点的方向矢量可用 $v(x,y)$ 表示,该方向矢量的在 x 轴和 y 轴方向上的分量分别用 v_x 和 v_y 来表示。下面,对各种叠加方法的计算原理分别进行描述。

1. 张量叠加

对于张量叠加,以图像中一点 q 为例,如令 q 点的坐标为 (i,j),则该点的投票结果是通过张量求和得到的,即

$$\mathrm{TV}(i,j) = \sum_{m,n} \mathrm{TV}(\boldsymbol{T}(m,n), P(i,j))\big|_{(m,n)\in N(i,j)} \tag{6-2-1}$$

其中,$\mathrm{TV}(i,j)$ 代表对 q 点的投票结果;$N(i,j)$ 代表 (i,j) 的有效邻域,由圆形投票域的投票半径 r_V 决定;$\mathrm{TV}(\boldsymbol{T}(m,n), P(i,j))$ 代表邻域点 $P(m,n)$ 处的张量相对于 (i,j) 的投票值。

由圆形投票域的强度计算公式结合各点的位置矢量可得

$$\mathrm{TV}(\boldsymbol{T}(m,n), P(i,j)) = \exp\left(-\frac{s^2}{\sigma^2}\right)\begin{bmatrix} v_x^2 & v_x v_y \\ v_x v_y & v_y^2 \end{bmatrix} \tag{6-2-2}$$

其中,s 由被投票点与投票点之间的欧氏距离决定;v_x 和 v_y 即为被投票点相对于投票点的方向矢量的两个分量。

2. 矢量叠加

对于矢量叠加,根据投票点与被投票点的距离、被投票点相对于投票点的圆形投票域中的位置所决定的取向矢量来计算。同样,以图像中一点 q 为例,如令被投票点 q 的坐标为 (i,j),则矢量叠加的计算公式为

$$\text{TV}(i,j) = \sum_{m,n} \text{TV}(\boldsymbol{v}(m,n), P(i,j))\big|_{(m,n) \in N(i,j)} \tag{6-2-3}$$

其中,$\text{TV}(i,j)$代表对q点的投票结果;$N(i,j)$代表(i,j)的有效邻域,由圆形投票域的投票半径r_V决定;$\text{TV}(v(m,n), P(i,j))$代表邻域点$P(m,n)$处的矢量相对于$(i,j)$的投票值。

由圆形投票域的计算公式结合各点的位置矢量可得

$$\text{TV}(\boldsymbol{v}(m,n), P(i,j)) = \exp\left(-\frac{s^2}{\sigma^2}\right)\begin{bmatrix} v_x \\ v_y \end{bmatrix} \tag{6-2-4}$$

其中,s由被投票点与投票点之间的欧氏距离决定;v_x和v_y为前面所述的被投票点相对于投票点的方向矢量的两个分量,矢量相加遵循平行四边形法则。

因为这里关心的是取向,所以当两矢量夹角大于90°时,会将其中一个矢量反向再叠加。

3. 取向直方图

矢量叠加是将所有邻域点的矢量投票均按照平行四边形法则无区别地叠加,这种叠加方式在图像中曲线的不连续点处用矢量叠加的均值来代替其多取向特征,于是我们设计了一种通过计算取向直方图来进行取向估计的方法。取向直方图的示意图如图 6.2.5 所示,将$[0°,180°)$的角度以一定量化间隔 ϕ 划分为若干子区间,每个子区间包含一定范围的取向角,投票过程会为每个目标像素点生成一个取向直方图,在直方图各单元所包含的角度范围内,投票矢量按矢量叠加方式得出该单元的取向角和取向强度值,最后根据取向强度的极大值来决定该目标像素点的取向。

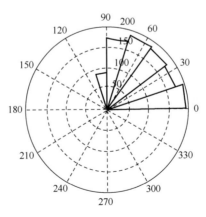

图 6.2.5　取向直方图

取向直方图法的主要步骤如下。

Step1,如果投票矢量之间的夹角大于 $90°$,则将其中一投票矢量反向,否则不做任何操作。

Step2,设定夹角大小的阈值 θ_η,如果投票矢量之间的夹角小于等于 θ_η,则将两者进行矢量叠加后再叠加到相应的取向直方图单元中去;否则将两者分别根据其取向角所属区间叠加到相应的取向直方图单元中去。

Step3,按照 Step1~Step2 的处理方式完成整幅图像的取向直方图计算之后,对每一数据点的取向直方图,根据矢量叠加的强度和叠加后的矢量夹角进行进一步的整合,将叠加强度较大的邻近取向再取阈值 θ_ϕ。如果叠加后矢量之间的夹角小于等于 θ_ϕ,则将两者进行矢量叠加后合并为一个取向直方图单元,否则不做处理。

Step4,输出各数据点的取向值,如果数据点的取向直方图有明显的单一峰值,则将该峰值取向作为该点的取向值;如果遇到多峰值的情况,则按峰值大小排序,输出多个取向 $\theta_{h_1},\theta_{h_2},\cdots,\theta_{h_n}$,作为张量投票的底层取向估计时取多个取向中模最大的取向角作为取向估计结果即可。

6.2.2　实验验证与结果分析

为验证上述各种取向估计方法的实际效果,我们应用这些方法分别对不同密度的圆形、三角形、矩形和多边形轮廓点重新进行实验,实验结果如图 6.2.6~图 6.2.9所示。

图 6.2.6 是对不同密度点的圆形轮廓处理结果。在实验中,取 $1/\sigma^2$ 为 0.003,$r_V = 10$,$\theta_\eta = 15°$,$\theta_\varphi = 10°$。从投票结果可以看出,张量叠加法作为底层取向估计时投票得到的轮廓线比较平滑,但某些局部叠加结果可能为 0 而使轮廓出现缺口,如图 6.2.6(a)~图 6.2.6(d)所示;矢量叠加法作为底层取向估计时投票得到的轮廓线比较完整,但投票产生的杂散点较多,如图 6.2.6(e)~图 6.2.6(h)所示;取向直方图法作为底层取向估计时投票得到的轮廓线不但完整,而且投票产生的杂散点较少,主观评价效果最好,如图 6.2.6(i)~图 6.2.6(l)所示。

(a) 张量叠加对图　　(b) 张量叠加对图　　(c) 张量叠加对图　　(d) 张量叠加对图
6.2.1(a)的处理结果　6.2.1(b)的处理结果　6.2.1(c)的处理结果　6.2.1(d)的处理结果

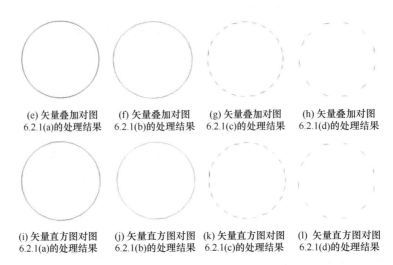

(e) 矢量叠加对图
6.2.1(a)的处理结果
(f) 矢量叠加对图
6.2.1(b)的处理结果
(g) 矢量叠加对图
6.2.1(c)的处理结果
(h) 矢量叠加对图
6.2.1(d)的处理结果

(i) 矢量直方图对图
6.2.1(a)的处理结果
(j) 矢量直方图对图
6.2.1(b)的处理结果
(k) 矢量直方图对图
6.2.1(c)的处理结果
(l) 矢量直方图对图
6.2.1(d)的处理结果

图 6.2.6　圆形轮廓的不同叠加结果

图 6.2.7 是对不同密度点的三角形轮廓的处理结果。在实验中,取 $1/\sigma^2$ 为 0.003,$\theta_\eta=10°$,$\theta_\varphi=10°$,对前两幅图像(即图 6.2.2(a)和图 6.2.2(b)),取 $r_V=10$,而对后两幅图像(即图 6.2.2(c)~图 6.2.2(d))取 $r_V=40$。从投票结果中可以看出,张量叠加法在投票点较为密集的时候效果尚可,如图 6.2.7(a)所示,随着投票点密度的下降,其取向估计结果先是出现空缺,后又出现取向估计结果的明显纰漏,如图 6.2.7(b)~图 6.2.7(d)所示;矢量叠加法作为底层取向估计时投票得到的轮廓线比较完整,但投票产生的杂散点较多,投票点稀疏时还会产生一定偏差,如图 6.2.7(e)~图 6.2.7(h)所示;取向直方图法作为底层取向估计时投票得到的轮廓线较为完整,而且投票产生的杂散点较少,没有人眼能感知到的估计偏差,主观评价效果最好,如图 6.2.7(i)~图 6.2.7(l)所示。

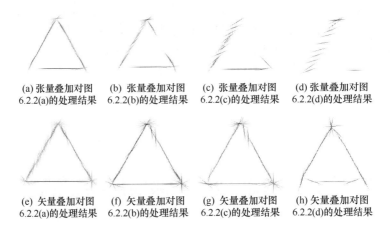

(a) 张量叠加对图
6.2.2(a)的处理结果
(b) 张量叠加对图
6.2.2(b)的处理结果
(c) 张量叠加对图
6.2.2(c)的处理结果
(d) 张量叠加对图
6.2.2(d)的处理结果

(e) 矢量叠加对图
6.2.2(a)的处理结果
(f) 矢量叠加对图
6.2.2(b)的处理结果
(g) 矢量叠加对图
6.2.2(c)的处理结果
(h) 矢量叠加对图
6.2.2(d)的处理结果

(i) 矢量直方图对图 6.2.2(a)的处理结果　(j) 矢量直方图对图 6.2.2(b)的处理结果　(k) 矢量直方图对图 6.2.2(c)的处理结果　(l) 矢量直方图对图 6.2.2(d)的处理结果

图 6.2.7　三角形轮廓的不同叠加结果

图 6.2.8 是对不同密度点的矩形轮廓的处理结果。在实验中，取 $1/\sigma^2$ 为 0.003，$\theta_\eta=10°$，$\theta_\varphi=10°$，对前两幅图像(即图 6.2.3(a)～图 6.2.3(b))，取 $r_V=10$，而对后两幅图像(即图 6.2.3(c)～图 6.2.3(d))取 $r_V=40$。从投票结果可以看出，张量叠加法在投票点较为密集的时候效果尚可，如图 6.2.8(a)～图 6.2.8(b)所示，随着投票点密度的下降，其取向估计结果出现空缺和明显纰漏，如图 6.2.8(c)～图 6.2.8(d)所示；矢量叠加法作为底层取向估计时投票得到的轮廓线比较完整，但投票产生的杂散点较多，如图 6.2.8(e)～图 6.2.8(h)所示；取向直方图法作为底层取向估计时投票得到的轮廓线较为完整，而且投票产生的杂散点较少，没有人眼能感知到的估计偏差，只是受投票半径影响，对较大缺口修复效果欠佳，主观评价效果最好，如图 6.2.8(i)～图 6.2.8(l)所示。

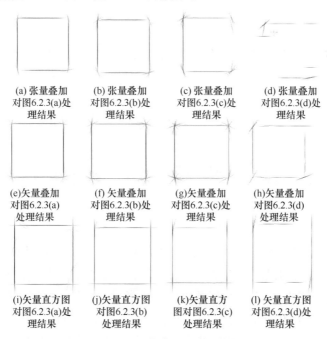

(a) 张量叠加对图6.2.3(a)处理结果　(b) 张量叠加对图6.2.3(b)处理结果　(c) 张量叠加对图6.2.3(c)处理结果　(d) 张量叠加对图6.2.3(d)处理结果

(e)矢量叠加对图6.2.3(a)处理结果　(f) 矢量叠加对图6.2.3(b)处理结果　(g)矢量叠加对图6.2.3(c)处理结果　(h)矢量叠加对图6.2.3(d)处理结果

(i)矢量直方图对图6.2.3(a)处理结果　(j)矢量直方图对图6.2.3(b)处理结果　(k)矢量直方图对图6.2.3(c)处理结果　(l) 矢量直方图对图6.2.3(d)处理结果

图 6.2.8　矩形轮廓的不同叠加结果

图 6.2.9 是对不同密度点的多边形轮廓的处理结果。在实验中，取 $1/\sigma^2$ 为 0.003，$\theta_\eta = 10°$，$\theta_\varphi = 10°$，对前两幅图像(即图 6.2.4(a)～图 6.2.4(b))，取 $r_V = 10$，而对后两幅图像(即图 6.2.4(c)～图 6.2.4(d))取 $r_V = 40$。从投票结果可以看出，张量叠加法在投票点较为密集的时候就开始出现空缺，如图 6.2.9(a)所示，随着投票点密度的下降，其取向估计结果不但有空缺，后又出现取向估计结果的明显纰漏，如图 6.2.9(b)～图 6.2.9(d)所示；矢量叠加法作为底层取向估计时投票得到的轮廓线比较完整，但投票产生的杂散点较多，在角点处存在一定偏差，如图 6.2.9(e)～图 6.2.9(h)所示；取向直方图法作为底层取向估计时投票得到的轮廓线较为完整，而且投票产生的杂散点较少，主观评价效果最好，如图 6.2.9(i)～图 6.2.9(l)所示。

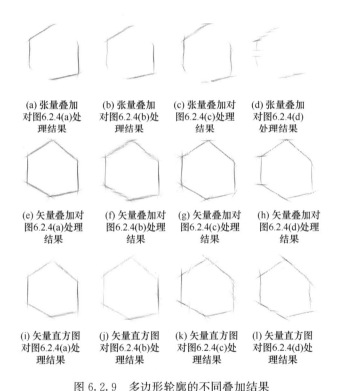

(a) 张量叠加对图6.2.4(a)处理结果　　(b) 张量叠加对图6.2.4(b)处理结果　　(c) 张量叠加对图6.2.4(c)处理结果　　(d) 张量叠加对图6.2.4(d)处理结果

(e) 矢量叠加对图6.2.4(a)处理结果　　(f) 矢量叠加对图6.2.4(b)处理结果　　(g) 矢量叠加对图6.2.4(c)处理结果　　(h) 矢量叠加对图6.2.4(d)处理结果

(i) 矢量直方图对图6.2.4(a)处理结果　　(j) 矢量直方图对图6.2.4(b)处理结果　　(k) 矢量直方图对图6.2.4(c)处理结果　　(l) 矢量直方图对图6.2.4(d)处理结果

图 6.2.9　多边形轮廓的不同叠加结果

为进一步比较上述各种取向估计方法的准确性，我们通过计算这些取向估计方法所得的取向角的误差均值和方差来比较它们的性能。图 6.2.10 显示了各取向估计方法的误差曲线，取向角误差单位为弧度，其中图 6.2.10(a)和图 6.2.10(b)是对图 6.2.6 所示的点密度不同的圆形轮廓进行取向估计的误差均值和方差变化曲线；图 6.2.10(c)和图 6.2.10(d)是对图 6.2.7 所示的点密度不同的三角形轮廓进行取向估计的误差均值和方差变化曲线;图 6.2.10(e)和图 6.2.10(f)是对图 6.2.8所示的点密度不同的矩形轮廓进行取向估计的误差均值和方差变化曲线;图 6.2.10(g)和图 6.2.10(h)是对图 6.2.9 所示的点密度不同的多边形轮廓进行取向估计的误差均值和方差变化曲线。

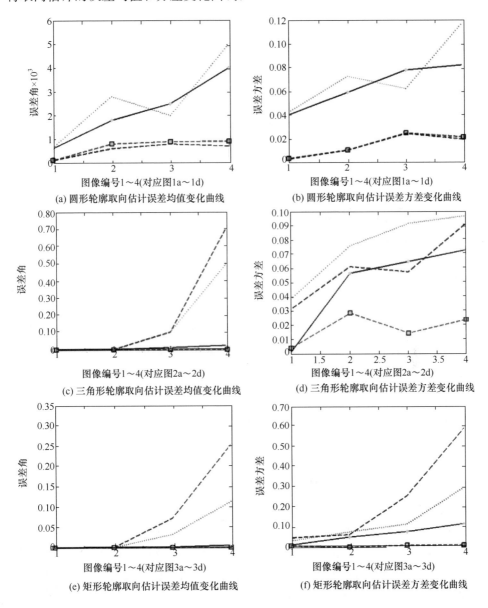

(a) 圆形轮廓取向估计误差均值变化曲线　　　　(b) 圆形轮廓取向估计误差方差变化曲线

(c) 三角形轮廓取向估计误差均值变化曲线　　　(d) 三角形轮廓取向估计误差方差变化曲线

(e) 矩形轮廓取向估计误差均值变化曲线　　　　(f) 矩形轮廓取向估计误差方差变化曲线

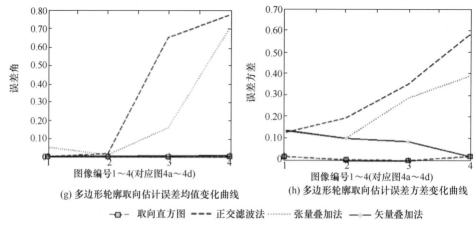

(g) 多边形轮廓取向估计误差均值变化曲线　　(h) 多边形轮廓取向估计误差方差变化曲线

－□－ 取向直方图　－－－ 正交滤波法　……… 张量叠加法　—— 矢量叠加法

图 6.2.10　各取向估计方法的误差变化曲线

　　上述四组实验通过对投票点密度不同的四种典型轮廓进行取向估计,并调用张量投票方法处理,结果表明取向直方图法除对圆形轮廓的计算精度稍逊正交滤波法之外,对于其他直线型轮廓的取向估计效果最好,该方法的计算误差的均值和方差最低,且随投票点密度的下降起伏变化不大;其次是矢量叠加法,该方法主要问题是在轮廓角点处的取向估计偏差较大,造成整体性能的下降,但对于直线型轮廓的总体性能还是优于正交滤波法和张量叠加法;张量叠加法和正交滤波法在投票点密度较大时的误差均值和方差较小,作为底层取向估计的处理效果尚可,但随着投票点密度的下降,计算误差的均值和方差起伏变化很大,作为底层算法使得后续张量投票的处理效果大打折扣,轮廓变得不完整,各点的取向估计结果也有与真实取向正交的倾向。

　　为了进一步验证算法的实用性,我们对一些带有交叉线的自然图像进行了实验,实验结果如图 6.2.11～图 6.2.14 所示,图 6.2.11(a)～图 6.2.14(a)为原始图像,图 6.2.11(b)～图 6.2.14(b)为其边缘图,图 6.2.11(c)～图 6.2.14(c)为在边缘图基础上应用取向直方图法作取向估计之后进行张量投票的结果。这组实验中,设定参数 $r_V=5$,其余不变。

　　图 6.2.11(a)所示的原始图像是对某一建筑物的侧面自下而上拍摄的一幅照片,由于其表面反光性强,故而亮度不均,但从图 6.2.11(c)展示的投票结果来看,各投票点的取向与人眼观察的结果比较一致,在交叉点处也没有彼此干扰的现象。

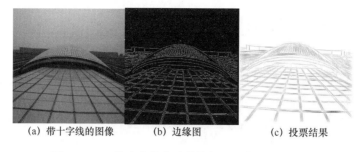

(a) 带十字线的图像　　(b) 边缘图　　　　(c) 投票结果

图 6.2.11　带十字线的建筑物侧面图像的处理结果

图 6.2.12(a)是对一处三角形交汇区的道路成像的图片,这组实验结果只是显著度较低,投票取向与边缘的走势还是比较一致的。

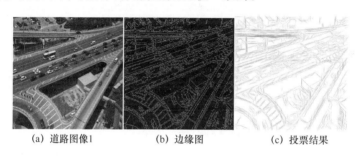

(a) 道路图像1　　　　(b) 边缘图　　　　(c) 投票结果

图 6.2.12　道路图像 1 的处理结果

图 6.2.13(a)是对某城区的遥感图像,由于建筑物比较密集,场景显得杂乱,但从图 6.2.13(c)显示的实验结果来看,主要街道和较大建筑的取向与人眼识别结果还是比较一致的。

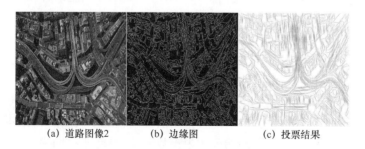

(a) 道路图像2　　　　(b) 边缘图　　　　(c) 投票结果

图 6.2.13　道路图像 2 的处理结果

图 6.2.14(a)是对一处立体交叉桥的夜景成像,光照不均,图片上还有文字干扰,这组实验结果说明算法对文字等遮挡的干扰具有一定鲁棒性,各主干道的投票取向还是比较准确的。

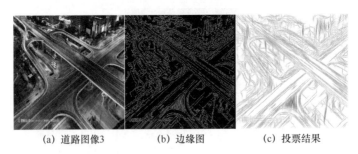

(a) 道路图像3　　　　　(b) 边缘图　　　　　(c) 投票结果

图 6.2.14　道路图像 3 的处理结果

6.3　投票域优化

在张量投票方法中,投票域决定了输入数据之间如何相互作用,以解算出新的信息,因此投票域的设计成为影响投票处理结果的关键因素。我们从第 3 章知道投票域的设计是以感知组织的连续律为基础。为了对投票域进一步分析,我们先用 Guy 等提出的最原始的公式[38]来理解投票域的设计和计算,即

$$DF(r, \kappa) = e^{-Ar^2} e^{-B\kappa^2} \tag{6-3-1}$$

其中,DF 表示投票域强度衰减函数;r 为距离;κ 为曲率;A 为沿路径衰减的参数,与投票点的邻近性相关;B 为与曲率大小相关的衰减系数。

从式(6-3-1)可以看出,张量投票方法的投票域主要受距离和曲率两个因素的影响,算法正是通过参数控制这两个影响因素,将邻近性、连续性等视觉感知特性融入到特征提取的过程之中。我们从 6.1 节对相关工作的总结可以发现张量投票方法的投票域设计具有很大的灵活性,既可以增加极性信息以增强投票方向对投票结果的影响,也可以通过尺度改变投票域的作用范围,更可以加入曲率信息调整投票域的形状。

本节首先通过实验说明尺度参数对投票结果的影响,这部分实验主要是为了保留对投票域分析的完整性,不能忽略“尺度”这一重要参数的作用和影响,所得结论与文献[39]相同。同时,针对取向直方图法提出自适应尺度的计算方法,接下来讨论投票域的简化,并在分析原始公式中参数 A、B 与尺度 σ、曲率调整因子 c 之间的关系的基础上,通过实验说明曲率调整因子 c 和曲线曲率变化对投票结果的影响;鉴于加入曲率信息[6,7]是目前最为突出的投票域改进工作,6.3.3 节对加入曲率信息计算的投票域详细介绍。

6.3.1　尺度参数的选取

如果在张量投票的投票域计算公式中加入尺度参数,式(6-3-1)可以表示为

$$\mathrm{DF}(r,\kappa)=\mathrm{e}^{-\frac{1}{\sigma_r^2}r^2}\,\mathrm{e}^{-\frac{1}{\sigma_\kappa^2}\kappa^2}\qquad\qquad(6\text{-}3\text{-}2)$$

其中,σ_r 表示距离尺度;σ_κ 为曲率参数的尺度。

由于这两者均为待定参数,取定后两者之间会有一定的倍数关系,可统一为一个尺度参数 σ,两者之间的差异用一个乘数 c 来调整,于是张量投票方法的二阶对称张量投票的投票域计算函数可以表示为

$$\mathrm{DF}(r,\kappa)=\exp\left(-\frac{r^2+c\kappa^2}{\sigma^2}\right)\qquad\qquad(6\text{-}3\text{-}3)$$

其中,σ 为投票的尺度;r 为弧长;κ 表示曲率。

显然,$1/\sigma^2\triangle A$,$c/\sigma^2\triangle B$。式(6-3-3)表明投票大小随着光滑路径的长度而衰减,倾向于保持直线方向的连续性。这里投票的尺度参数是关键参数之一,定义了投票邻域的大小并且是平滑程度的一种度量。

改变尺度参数的实验如图 6.3.1~图 6.3.3 所示。此处为减小极值曲线提取的计算量,我们在投票之后对图像中的显著度进行了归一化并直接删除了显著度小于整体均值的点。图 6.3.1 是对投票点较为密集的圆形轮廓图 6.2.1(a)的实验结果,其中图 6.3.1(a)~图 6.3.1(l)分别是不同尺度下的投票结果及极值曲线的检测结果,尺度参数依次取 5、10、18、40、50、100。从这组实验结果可以看出,当尺度参数取值较小时($\sigma=5$),轮廓线刚好得到修复,投票产生的杂散点很少,极值曲线提取可以较快得到修复后的曲线,只是由于实验中保留了投票结果所得的各像素灰度值,轮廓线能看到明显的分段痕迹;尺度参数 $\sigma=10\sim18$ 时,圆形轮廓曲线得到了很好的修复,变得更加平滑;尺度参数较大($\sigma\geqslant40$)后,修复的曲线开始发生局部变形,所得曲线平滑程度下降。这主要是因为参与投票的点过多,增加了数据点之间的干扰致使规则的形状发生拉伸。

(a) $\sigma=5$投票结果　　　　　　(b) $\sigma=5$极值曲线检测结果　　　　　　(c) $\sigma=10$投票结果

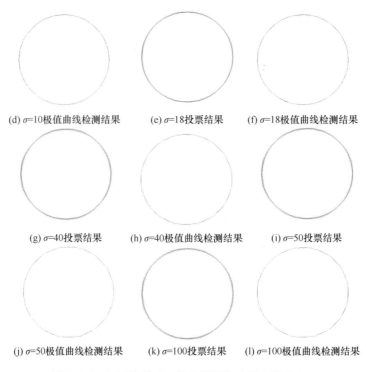

(d) $\sigma=10$极值曲线检测结果　　(e) $\sigma=18$投票结果　　(f) $\sigma=18$极值曲线检测结果

(g) $\sigma=40$投票结果　　(h) $\sigma=40$极值曲线检测结果　　(i) $\sigma=50$投票结果

(j) $\sigma=50$极值曲线检测结果　　(k) $\sigma=100$投票结果　　(l) $\sigma=100$极值曲线检测结果

图 6.3.1　尺度参数对二维曲线提取的影响实验(一)

　　图 6.3.2 是对图 6.2.1(b)所示的圆形轮廓点处理的结果。其中,图 6.3.2(a)为原始图像;图 6.3.2(a)～图 6.3.2(l)分别是不同尺度下的投票结果及极值曲线的检测结果,尺度参数依次为 5、10、18、40、50、100。从这组实验结果可以看出,当尺度参数取得较小时($\sigma=5$、10),轮廓线仍然存在缺口,随尺度变大,缺口有缩小的趋势;尺度参数 $\sigma=18$ 时,轮廓线刚好得到修复,投票产生的杂散点很少,极值曲线提取可以较快得到修复后的曲线,由于实验中保留了投票结果所得的各像素灰度值,轮廓线能看到明显的分段痕迹;尺度参数 $\sigma=40$ 时,圆形轮廓曲线得到了很好的修复,变得更加平滑;随着尺度参数增大($\sigma\geqslant50$)后,修复的曲线开始发生局部变形,所得曲线平滑程度下降,但下降的程度较图 6.3.1 所示的投票点较密集的情况低。

(a) $\sigma=5$投票结果　　　　(b) $\sigma=5$极值曲线检测结果　　　　(c) $\sigma=10$投票结果

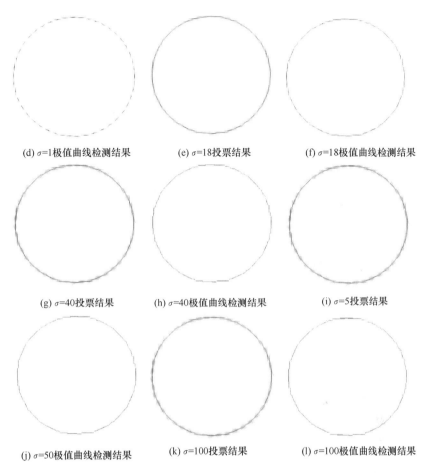

(d) $\sigma=1$极值曲线检测结果　　　(e) $\sigma=18$投票结果　　　(f) $\sigma=18$极值曲线检测结果

(g) $\sigma=40$投票结果　　　(h) $\sigma=40$极值曲线检测结果　　　(i) $\sigma=5$投票结果

(j) $\sigma=50$极值曲线检测结果　　　(k) $\sigma=100$投票结果　　　(l) $\sigma=100$极值曲线检测结果

图 6.3.2　尺度参数对二维曲线提取的影响实验(二)

图 6.3.3 是对图 6.2.1(c)处理的结果。其中,图 6.3.3(a)~图 6.3.3(l)分别是不同尺度下的投票结果及极值曲线的检测结果,尺度参数依次为 5、10、18、40、50、100。从这组实验结果可以看出,当尺度参数取得较小时($\sigma=5$、10、18),轮廓线仍然存在缺口,随尺度变大,缺口有缩小的趋势;尺度参数 $\sigma=40$ 时,轮廓线刚好得到修复,投票产生的杂散点很少,极值曲线提取可以较快得到修复后的曲线,只是由于实验中保留了投票结果所得的各像素灰度值,轮廓线能看到明显的分段痕迹;随着尺度参数增大($\sigma\geqslant50$)后,修复的曲线开始发生局部变形,分段直线呈现接连趋势。

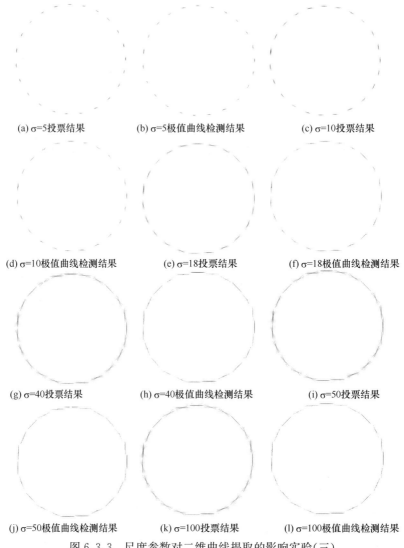

(a) σ=5投票结果　　　　(b) σ=5极值曲线检测结果　　　　(c) σ=10投票结果

(d) σ=10极值曲线检测结果　　　　(e) σ=18投票结果　　　　(f) σ=18极值曲线检测结果

(g) σ=40投票结果　　　　(h) σ=40极值曲线检测结果　　　　(i) σ=50投票结果

(j) σ=50极值曲线检测结果　　　　(k) σ=100投票结果　　　　(l) σ=100极值曲线检测结果

图 6.3.3　尺度参数对二维曲线提取的影响实验(三)

图 6.3.4[39] 展示了尺度参数对三维曲面提取的影响。在图 6.3.4 中,输入为分布在类似于花生壳的曲面上的一些离散点,如图 6.3.4(a)所示。可以看到,当尺度参数取的较小时(σ=2～5),得到的只是一些按投票域扩散的一些离散区域,没有得到光滑曲面,对应图 6.3.4(b)和图 6.3.4(c);尺度参数适中时(σ=10～20),曲面得到较好的修复,对应图 6.3.4(f);尺度参数较大时(σ≥25),修复的曲面开始发生破裂和变形,对应图 6.3.4(g)～图 6.3.4(i)所示情形。这与尺度参数对曲线提取的影响是同样的道理。

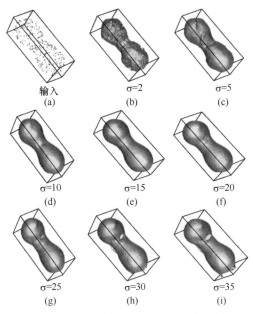

输入
(a)

σ=2
(b)

σ=5
(c)

σ=10
(d)

σ=15
(e)

σ=20
(f)

σ=25
(g)

σ=30
(h)

σ=35
(i)

图 6.3.4　尺度参数对三维曲面提取的影响

上述实验说明，在张量投票的过程中，小尺度对应小的投票域和较少的投票，有利于保持图像细节，但受外部干扰影响大；大尺度对应大的投票域和更多的投票，可以连通一些断点，平滑性受到更多影响，可能会造成轮廓的局部变形；只要尺度变化在一定范围内，投票结果受尺度参数影响不大[39]。因此，所谓的最佳尺度对应的是一定的值域，而不是一个孤立的数值。

有些研究者提出自适应投票的方法，例如叶爱芬等提出根据点云密度参数调整投票尺度参数的自适应张量投票方法[9]，取投票域尺度参数 $\sigma = (50/\text{density})$，$c = 100$，其中 density 代表点云密度，使得投票尺度随点云密度变化而变化。我们借鉴该研究成果，根据投票点的密度值来调整尺度参数的大小，即

$$r_V = \beta \cdot \max_{\forall p \in P} \{ \min_{\forall q \in \{P - \langle p \rangle\}} (d(P, Q)) \} \tag{6-3-4}$$

其中，r_V 表示投票半径；β 表示加权系数（取 2～5 比较合适）；$d(P, Q)$ 表示投票点集合中的两个不连通点 P 和 Q 之间的距离；$\{P\}$ 表示 P 点的连通集。

图 6.3.5 显示了对图 6.2.1(a)～图 6.2.1(d)所示的不同投票点密度的圆形轮廓的投票结果，如图 6.3.5(a)～图 6.3.5(d)所示。取 $\beta = 2$，应用式(6-3-4)计算出的 r_V 的值依次为 6、18、60、100。可以看到，对于投票域大小（投票域矩阵大小为 33×41）能基本覆盖轮廓缺口的情况，采用前面提出的自适应尺度进行投票的结果可以较好地修复轮廓缺口，如图 6.3.5(a)～图 6.3.5(c)所示；对于投票域大小不能覆盖轮廓缺口的情况，修复效果不理想，如图 6.3.5(d)所示，但是我们在实验中发现增大投票域矩阵的大小不能改善修复效果，因为投票域的过大延展会脱

离待修复轮廓的曲率变化规律,使轮廓发生变形。

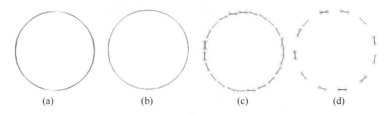

图 6.3.5　对不同投票点密度的圆形轮廓投票结果

　　图 6.3.6 显示了对图 6.2.2(a)~图 6.2.2(d)所示的不同投票点密度的三角形轮廓的投票结果,如图 6.3.6(a)~图 6.3.6(d)所示。取 $\beta=2$,应用式(6-3-4)计算出的 r_v 的值依次为 10、21、48、52。可以看到,除水平方向的修复效果稍差外,整体的处理结果还是比较理想的,对于水平方向出现的问题,我们会在后续的研究中改善。

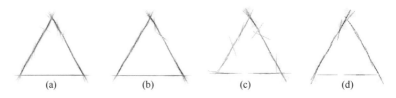

图 6.3.6　对不同投票点密度的三角形轮廓投票结果

　　图 6.3.7 显示了对图 6.2.3(a)~图 6.2.3(d)所示的不同投票点密度的矩形轮廓的投票结果,如图 6.3.7(a)~图 6.3.7(d)所示。取 $\beta=2$,应用式(6-3-4)计算出的 r_v 的值依次为 2、6、28、58。可以看到,仍是水平方向的修复效果较差。

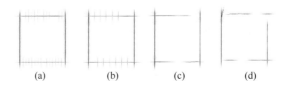

图 6.3.7　对不同投票点密度的矩形轮廓投票结果

　　图 6.3.8 显示了对图 6.2.4(a)~图 6.2.4(d)所示的不同投票点密度的多边形轮廓的投票结果,如图 6.3.8(a)~图 6.3.8(d)所示。取 $\beta=2$,应用式(6-3-4)计算出的 r_v 的值依次为 4、14、24、31。可以看到,对这组图像的处理效果比较理想。

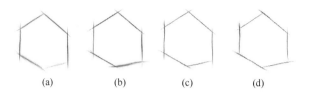

图 6.3.8　对不同投票点密度的多边形轮廓投票结果

以上是我们在自适应投票尺度方面所做的一些探索,根据图像的投票点密度调整投票尺度,在具体应用中,还可加入其他因素。

6.3.2　投票域的简化和调整

从本质上讲,投票域决定了图像中各数据点之间相互作用的形式,因此在实际应用中可以根据具体问题设计不同的投票域形式,以优化信息传递过程。具体来说,基本投票域的离散计算公式为

$$
\mathrm{EF}(x,y)=\begin{cases} \mathrm{e}^{-Ax^2}(1,0)^{\mathrm{T}}, & y=0 \\ (\mathrm{e}^{-(Ax^2+B\arctan(|y|/|x|)^2)})\left(\dfrac{x}{R},\dfrac{y}{R}-1\right)^{\mathrm{T}}, & y\neq 0 \end{cases} \tag{6-3-5}
$$

其中,$R(x,y)=\dfrac{(x^2+y^2)}{2y}$;$A$ 和 B 为常数;指数项决定了投票强度的大小或衰减程度,具体数值由参数 A 决定,与式 (6-3-3) 中的参数 $1/\sigma^2$ 相对应;后面的矢量决定投票的取向;参数 B 决定投票大小随取向的变化,即与曲率发生了联系,与式 (6-3-3) 中的参数 c/σ^2 相对应;arctan 表示反余切函数,这一离散化的计算方式用取向角替代曲率参与计算。

整体投票域由两者共同决定。基本投票域采用 MATLAB 软件绘制的结果如图 6.3.9 所示,参数设置为 $A=0.003, B=2.85$,为清晰起见,该图放大显示了投票域的中心部分。

如果偏爱直线型的修复线,则只需计算中心一线上元素的值,投票域的计算公式为

$$
\mathrm{EF}(x,y)=\begin{cases} \mathrm{e}^{-Ax^2}(1,0)^{\mathrm{T}}, & y=0 \\ 0, & y\neq 0 \end{cases} \tag{6-3-6}
$$

直线型投票域采用 Matlab 软件绘制的结果如图 6.3.10 所示,参数设置为 $A=0.003$。

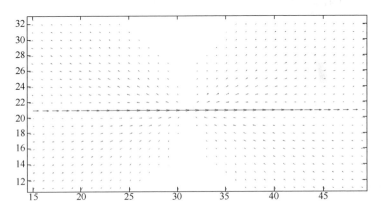

图 6.3.9　原始的基本投票域示意图

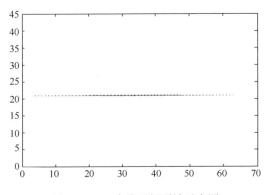

图 6.3.10　直线型投票域示意图

如果希望修复后的图形是凸的,针对凸形图形,可以采用原始投票域的一半,如设投票中心点相对于凸形中心的法矢量为 $\boldsymbol{r}_0$,则投票域的计算公式为

$$
\mathrm{EF}(x,y)=\begin{cases}
\mathrm{e}^{-Ax^2}(1,0)^{\mathrm{T}}, & y=0 \\
\mathrm{e}^{-(Ax^2+B\mathrm{arctan}(|y|/|x|)^2)}\left(\dfrac{x}{R},\dfrac{y}{R}-1\right)^{\mathrm{T}}, & \left(\dfrac{x}{R},\dfrac{y}{R}-1\right)^{\mathrm{T}}\cdot\boldsymbol{r}_0\geqslant0 \\
0, & \left(\dfrac{x}{R},\dfrac{y}{R}-1\right)^{\mathrm{T}}\cdot\boldsymbol{r}_0<0
\end{cases}
$$

$$(6\text{-}3\text{-}7)$$

凸形投票域的采用 Matlab 软件绘制的结果如图 6.3.11 所示,参数设置为 $A=0.003,B=2.85$。可以分析出,由于涉及投票方向相对于法矢量方向的正负极性判断,计算量没有很大改善,但是由投票产生的离群点数目可以减少近一半,后续的极值曲线搜索会得到简化。

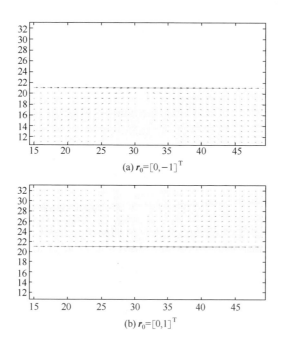

图 6.3.11　凸形轮廓的半投票域示意图

式(6-3-3)表明投票主要受两个参数的影响,尺度参数和曲率调整因子 c。前面我们已经通过实验展示了尺度参数的影响,接下来将通过实验说明调整因子 c 的作用。实验采用 Matlab 绘制的 100 种不同幅度、相位变化规律的正弦曲线、19 种欧拉螺旋曲线和 5 种振荡形式的样条插值曲线作为实验图像,通过实验结果观察调整因子 c 的取值变化和曲率变化对投票的影响。

为了对实验结果量化评估,我们用投票后图像中目标曲线上各点特征显著度的均值 μ_S、方差 V_S 来评估张量投票对目标曲线的显著度的影响,分别如式(6-3-8)、式(6-3-9)所示,其中 cNum 表示目标曲线包含的总像素数;λ_{i1} 为曲线上第 i 点的张量矩阵最大特征值;λ_{i2} 为曲线上第 i 点的张量矩阵最小特征值;用投票产生的非目标曲线上的杂散点(即不在目标曲线上的点)数量比 R_π;杂散点显著度均值 Z_S 来量化投票产生的干扰。杂散点数量比为投票后曲线周围新增的不在曲线上的点占曲线点总数的百分比,杂散点显著度均值为新增杂散点的特征显著度均值,分别为式(6-3-10)和式(6-3-11),其中 nNum 为特征显著度大于整体均值的非曲线上的点的总数,λ_{i1} 和 λ_{i2} 为其中各杂散点的张量矩阵的最大特征值和最小特征值。

$$\mu_S = \frac{1}{\text{cNum}} \sum_{i=1}^{\text{cNum}} (\lambda_{i1} - \lambda_{i2}) \tag{6-3-8}$$

$$V_S = \frac{1}{\text{cNum}} \sum_{i=1}^{\text{cNum}} (\lambda_{i1} - \lambda_{i2} - \mu_S)^2 \tag{6-3-9}$$

$$R_r = \frac{\text{nNum}}{\text{cNum}} \tag{6-3-10}$$

$$Z_S = \frac{1}{\text{nNum}} \sum_{i=1}^{\text{nNum}} (\lambda_{i1} - \lambda_{i2}) \tag{6-3-11}$$

当曲率调整因子 c 发生变化时,对各类曲线的实验结果比较相似。图 6.3.12显示曲率调整因子取值不同时对曲线 $y = 5\sin x$ 的投票结果,c 依次取值 1、10、100、200、300、400、500、550、600、650、700、750、800、850、900、950、1000、10000、100000、1000000、10000000、100000000、1000000000、10000000000、100000000000、1000000000000。图 6.3.13 显示在此过程中特征显著度、杂散度的变化。从这组实验结果可以看出,当 $c \leqslant 100$ 时,产生的杂散点较多,且杂散点的显著度较大,虽然从数值上不占优势,但依据图像主观观察可以看到曲线被杂散点所包围,呈管状;当 $10000 \geqslant c > 300$ 时,依据图像主观观察可以看到曲线周围的杂散点"消失"了,沿线的特征显著度无明显变化,但从量化指标可以看到杂散点数量百分比无变化,只是显著度对比度的变化,随着 c 的增加,曲线上各点的特征显著度均值变化不大,方差逐渐增加;当 $c > 10000$ 之后,曲线上各点的特征显著度均值和方差不再变化,但从量化指标可以看到杂散点数量百分比开始下降到 6.8462 并保持稳定。这些实验现象和数据一方面说明了张量投票方法对曲率调整因子 c 这一参数的变化不敏感;另一方面说明曲率调整因子 c 一般取经典值 950(即 $B = 2.85$)即可,其改变对投票结果影响不大,后续可通过极值曲线提取清除曲线周围的杂散点。

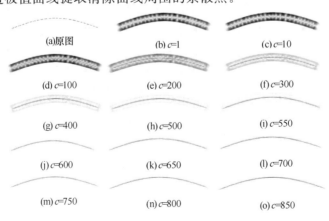

(a)原图　　(b) $c=1$　　(c) $c=10$
(d) $c=100$　　(e) $c=200$　　(f) $c=300$
(g) $c=400$　　(h) $c=500$　　(i) $c=550$
(j) $c=600$　　(k) $c=650$　　(l) $c=700$
(m) $c=750$　　(n) $c=800$　　(o) $c=850$

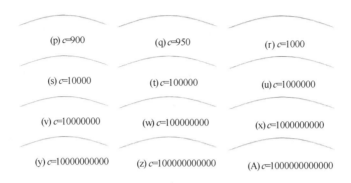

(p) c=900	(q) c=950	(r) c=1000
(s) c=10000	(t) c=100000	(u) c=1000000
(v) c=10000000	(w) c=100000000	(x) c=1000000000
(y) c=10000000000	(z) c=100000000000	(A) c=1000000000000

图 6.3.12　曲率调整因子取值不同时对曲线 $y=5\sin x$ 的投票结果

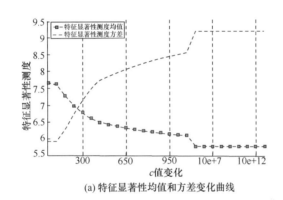

(a) 特征显著性均值和方差变化曲线

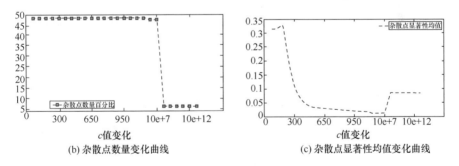

(b) 杂散点数量变化曲线　　　　　　　　(c) 杂散点显著性均值变化曲线

图 6.3.13　曲率调整因子对显著度和杂散度的影响

　　因其他曲线的实验结果与这组实验类似,在此不加赘述。对不同曲线的实验结果,无论通过主观观察还是通过量化指标分析,都无法得出曲率变化率对投票结果的影响,但目标曲线上各点的曲率不同时,却可发现投票结果的差别。于是我们根据离散曲线上各点切线角的不同对前面提出的四个量化指标进行了统计,统计结果如图 6.3.14 所示,其中,图(a)～(d)依次为特征显著度均值变化曲线、特征

显著度方差变化曲线、杂散点数量比变化曲线和杂散点显著度均值变化曲线。从
这组统计数据中可以看出:各项指标均随倾角变化而波动;当切线角为 0°、90°及其
附近 10°以内变化时,投票直接产生的曲线点的特征显著度较高,而且方差变化较
小,投票产生的杂散点的数量和显著度都偏低,其中 0°和 90°取向最为突出;当切
线角在 40°～ 80°或 100°～ 140°之间变化时,投票直接产生的曲线点的特征显著度
较低,而且方差变化较大,投票产生的杂散点的数量和显著度都偏高;当切线角在
其他方向变化时,各项指标均居中。根据本书第三章中对投票过程的描述,我们不
难分析出,这主要是由于投票过程涉及投票域的旋转,加之在投票过程中不可避免
的离散化误差的影响。投票取向为 0°和 90°时可以免受离散化误差的影响,投票
取向会比较一致,矢量叠加结果不易出现偏差,故而效果最好;其他取向上由于投
票域旋转和取向估计难以摆脱离散化误差的影响,加上估计方法本身的估计误差,
叠加结果会不可避免地产生偏差。这一点可以参见本章 6.4 节根据矩阵特征值摄
动理论所作的误差分析为补充。

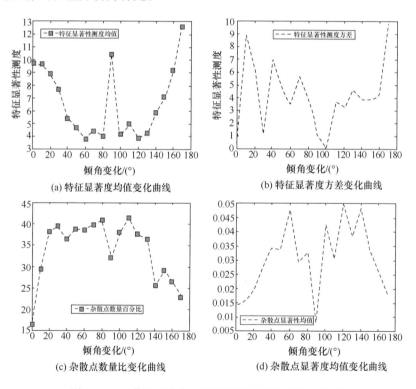

图 6.3.14　曲线切线角变化对显著度和杂散度的影响

从上述各种简化和调整方法的相关实验中可以看出,对计算公式和相关参数的简单调整,并不能从根本上改善张量投票的投票域,使之自适应于目标曲线的曲率。下一小节我们将介绍通过曲率信息调整投票域形状的思路和实验结果。

6.3.3　投票域的变形

无论是对于空间的曲线还是曲面,曲率都是一个重要的形状描述参量,它具有视点不变性,支持曲面/曲线的重建(例如,根据曲线上各点的曲率特征就可以重绘曲线)。曲线或曲面的曲率信息是计算机图形学、计算机动画、流体仿真、模式匹配、形状分析、几何建模、纹理识别、人脸识别、散乱点云数据处理[40]、虹膜识别[41]等应用领域中经常利用的重要信息之一,在与曲线或曲面的几何特性相关的应用中更为重要。在这类应用中,曲线或曲面上的点通常是离散的、不规则的,因此可靠的曲率估计成为一项基本需求。

那么,如果引入曲率估计,对于张量投票算法有什么改善呢? 首先如图 6.3.15所示,如果用常规的棒形投票域进行投票来修复一个缺失四分之一圆的圆周,所得的结果并不是一个圆,而是一个梨形轮廓[39]。

图 6.3.15　用常规的棒形投票域修复 1/4 圆的实验结果

于是,Tang 等在投票过程中增加一次张量投票在取向估计的基础上提取曲率信息,然后利用曲率信息优化投票域的计算[6];Fischer 等提出基于取向的曲率估计方法并加入曲率方向信息计算的投票域[7];上述研究者用实验说明了加入曲率估计会有效改善投票的结果。下面,我们就分别对这两项改进工作具体介绍。

Tang 等对张量投票方法加入曲率估计是在投票过程中增加一次张量投票在取向信息的基础上提取曲率信息,算法整体流程如图 6.3.16[6]所示。

图 6.3.16 所描述的计算流程中,有四个关键步骤。

Step1,通过常规的张量投票方法获取各数据点的法向信息 e_1(即由张量最大特征值所对应的特征矢量),从而可以计算出新一轮张量投票的取向和大小,如表 6.3.1所示。

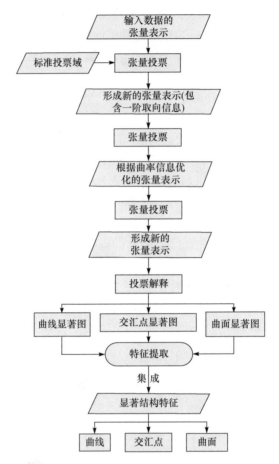

图 6.3.16　张量投票加入曲率估计的计算流程

表 6.3.1　加入法向信息的投票取向和大小

	正半平面上的点 P	x 轴上的点 Q	负半平面上的点 R
取向矢量	$\dfrac{1}{\sqrt{2}}\begin{bmatrix}1\\1\end{bmatrix}$	$\begin{bmatrix}0\\1\end{bmatrix}$	$\dfrac{1}{\sqrt{2}}\begin{bmatrix}-1\\1\end{bmatrix}$
大小	$\dfrac{\left\|\dfrac{e_P}{\|e_P\|}\cdot\dfrac{e_{OP}}{\|e_{OP}\|}\right\|}{l_{OP}}$	$\dfrac{\left\|\dfrac{e_Q}{\|e_Q\|}\cdot\dfrac{e_{OQ}}{\|e_{OQ}\|}\right\|}{l_{OQ}}$	$\dfrac{\left\|\dfrac{e_R}{\|e_R\|}\cdot\dfrac{e_{OR}}{\|e_{OR}\|}\right\|}{l_{OR}}$

表 6.3.1 中,正半平面、x 轴上的点和负半平面分别是指以接收点 O 为中心的平面直角坐标系下,y 坐标为正的半平面、x 轴和 y 坐标为负的半平面;l 表示距离,其下标表明起点和终点;e_P 表示 P 点张量本身的法向量;e_{OP} 表示 P 点相对于

O 点投票时的旋转后投票域的法向;其余以此类推。

　　Step2,根据 Step1 计算出的投票方向及大小进行投票叠加之后,可计算每一点的均值 μ 和协方差矩阵 Cov,计算公式分别如式(6-3-12)和式(6-3-13)所示,即

$$\mu = \frac{\dfrac{1}{n}\sum_{P\in N(O)}\mathrm{TV}_x(P)}{\dfrac{1}{n}\sum_{P\in N(O)}\mathrm{TV}_x(P)} \triangleq \frac{\mu_x}{\mu_y} \tag{6-3-12}$$

其中,$N(O)$ 代表 O 点的邻域;$\mathrm{TV}_x(P)$ 和 $\mathrm{TV}_y(P)$ 分别是邻域中投票点投票方向矢量的 x 和 y 分量;n 为邻域点数目。

$$\mathrm{Cov} = \frac{1}{n-1}\boldsymbol{B}\boldsymbol{B}^{\mathrm{T}} \tag{6-3-13}$$

式中,$\boldsymbol{B}=[\mathrm{TV}_1-[\mu_x,\mu_y],\mathrm{TV}_2-[\mu_x,\mu_y],\cdots,\mathrm{TV}_n-[\mu_x,\mu_y]]$。

　　令 $\zeta=\mathrm{tr}(\mathrm{Cov})$,计算出上述均值和方差矩阵后,即可根据这两个值对各点进行几何解释,如表 6.3.2 所示。

表 6.3.2　不同均值和方差的几何解释

均值和方差 矩阵值的情况	$\|\mu\|\approx 0$ $\zeta\approx 0$	$\|\mu\|\not\approx 0$ $\zeta\approx 0$	$\|\mu\|\approx 0$ $\zeta\not\approx 0$	$\|\mu\|\not\approx 0$ $\zeta\not\approx 0$
几何解释	O 为平面点 或直线点	O 点在某椭圆上	O 为离群点或不连 续点或双曲线点	O 为抛物面点

　　Step3,计算各点的曲率,即

$$\kappa_\phi = \kappa_{\max}\cos^2(\phi-\alpha) + \kappa_{\min}\sin^2(\phi-\alpha) \tag{6-3-14}$$

式中,α 为最大曲率的法向角;ϕ 是该点相对于给定坐标系的方向角;$\kappa_{\max}$ 和 $\kappa_{\min}$ 分别是该点张量用椭圆表示时,该椭圆的最大最小曲率。注意这里隐含了一个假设条件,即各点曲率都是遵循椭圆分布的。

　　Step4,根据曲率信息优化投票域计算。如果推断出某点为双曲线点、离群点或不连续点,则采用普通的棒形投票域投票;如果推断某点为平面点或直线点,则将棒形投票域中随高曲率的衰减值增大;如果推断出某点在椭圆上或抛物面上,则只接收该点正半平面的投票,即不接收法向矢量点积小于零的投票[6]。

　　Fischer 等[7]提出根据曲率估计结果优化投票域计算的另一种解决思路,对投票域的影响如图 6.3.17 所示,该方法对张量投票加入曲率估计及迭代的计算流程如图 6.3.18 所示。

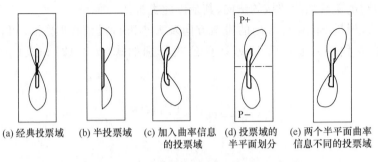

图 6.3.17　曲率信息对投票域的改善示意图

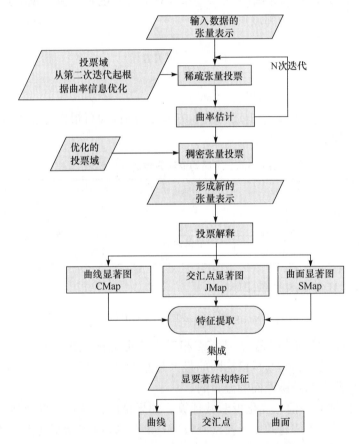

图 6.3.18　张量投票加入曲率估计及迭代的计算流程

　　图 6.3.17 中,图 6.3.17(a)是未加入曲率信息的经典投票域,其内外轮廓标识的分别是投票值为投票最大值的 50% 和 5% 的投票点的连线;图 6.3.17(b)展示了经典投票域的一半;图 6.3.17(c)是加入曲率信息的投票域示意图;

图 6.3.17(d)～（e）是文献[5]提出的计算方法的进一步说明，该方法将投票域分成两半（如图 6.3.17 (d)所示），分别用 P＋和 P-表示，并对每个半投票域分别计算一个加权平均值 γ_i（i 表示＋或-），即

$$\gamma_i(A) = \frac{\sum_{B \in P_i(A)} (\lambda_1(B) - \lambda_2(B)) \mathrm{TV}(A,B) \rho(A,B)}{\sum_{B \in P_i(A)} (\lambda_1(B) - \lambda_2(B)) \mathrm{TV}(A,B)} \tag{6-3-15}$$

其中，$\lambda_1(B)$ 和 $\lambda_2(B)$ 表示 B 点张量的两个特征值，$\rho(A,B)$表示两点之间圆弧的曲率；$\mathrm{TV}(A,B)$表示两点之间用经典张量投票方法计算出的投票值。

这一加权平均的计算方式与张量投票方法中投票值的计算相似，也用到了棒形投票域的显著度（$\lambda_1 - \lambda_2$）。当曲率变化很小，即 $\lambda_1/\lambda_2 < 3.5$ 时，将其 γ_i 置零。根据式(6-3-15)，图 6.3.17(c)是取 $\gamma^+ = \gamma^- = 0.06$，加入曲率信息计算的投票域；图 6.3.17(d)是取 $\gamma^+ 0.09$，$\gamma^- 0.03$，加入曲率信息计算的投票域；图 6.3.17 (e) 是将图 6.3.17(d)的投票域的一半以中轴线的垂线为轴进行镜像翻转之后得到的投票域，即 $\gamma^+ = 0.06$，$\gamma^- = -0.06$。

如果采用迭代式张量投票方法，可以用上一次计算出的 γ_i 来更新投票值，即

$$\mathrm{TV}(A,B) = \exp\left(-s^2 \left(\frac{1}{\sigma_s^2} + \frac{(\rho(A,B) - \gamma_i(A))^2}{4\sigma_\theta^2} \right) \right) \tag{6-3-16}$$

文献[42]提出另一种基于三维张量投票的方法，计算流程如图 6.3.19 所示，这一方法可以处理非结构性含噪数据，只计算单一尺度下的高斯曲率，同样不涉及二阶导。

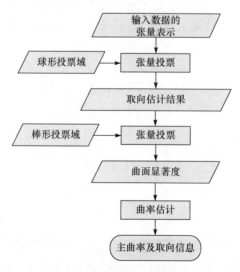

图 6.3.19　张量投票进行曲率估计的计算流程

图 6.3.20[6] 给出了曲率信息应用示例,最上面一排为输入的原始图像,分别对一组圆环曲面点集加入 200%、300%、400%、800% 和 1200% 的噪声;中间一排为加入曲率估计后的重建结果,最下面一排为未加入曲率估计的重建结果,可以看出未加入曲率估计的情况下算法处理结果随噪声增加降质速度较快。

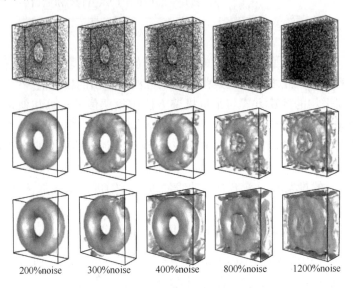

200%noise　　300%noise　　400%noise　　800%noise　　1200%noise

图 6.3.20　曲率信息应用示例

图 6.3.21[6] 给出了基于曲率的张量投票与原始算法的比较,其中图 6.3.21(a) 表示原始图像;图 6.3.21(b) 表示原始张量投票算法的处理结果;图 6.3.21(c) 表示文献[6]提出的改进方法的处理结果;图 6.3.21(d) 表示文献[5]提出的改进措施的处理结果。

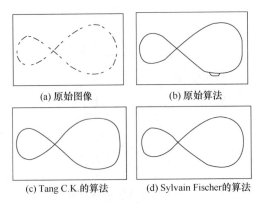

(a) 原始图像　　　　　(b) 原始算法

(c) Tang C.K.的算法　　　(d) Sylvain Fischer的算法

图 6.3.21　加入曲率信息的张量投票与原始算法的比较(一)

从这两组实验结果可以看出,加入曲率信息之后,变化了的投票域的投票修复结果更加平滑,与人眼感知的结果更为符合。

6.4　投票过程的调整

针对张量投票过程的调整,目前主要有两种改进思路。一种改进思路是致力于计算效率的提高,如 Moreno 等[10]对投票进行数值近似,并在保留原始张量投票的感知意义前提下简化计算公式;Min 等[11]提出的基于 GPU 的张量投票方法,使得该算法可以利用 GPU 的并行计算优势和现代 GPU 的优越计算能力,实验结果表明这一改进措施可使张量投票在五维空间 sigma＝15 的情况下计算速度较传统基于 CPU 的方法提高 30 倍。另一种改进思路是对这种原本不需要迭代的算法加入迭代过程,如 Fischer 等[5]提出的迭代式张量投票,我们在早期的研究工作中也尝试过通过迭代改善张量投票的处理效果[43]。下面,我们针对迭代式张量投票展开讨论。

6.4.1　迭代的引入

我们在应用张量投票算法修复主观轮廓图形中的较大缺失边界时发现效果并不理想,实验结果如图 6.4.1 所示。

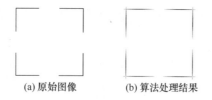

(a) 原始图像　　　　(b) 算法处理结果

图 6.4.1　原始张量投票算法处理结果

在实验中,底层取向估计采用的是正交滤波的方法[37],投票参数 $\sigma＝18, c＝950$。由图 6.4.1 可以看出,对于较大的缺失边界(即缺口大于投票域的长度,实验中是大于 20 个像素的情况),在投票尺度不变的情况下,原始算法并不能很好地修复。

针对这一问题,我们对张量投票方法进行了改进,对这种原本不需要迭代的方法加入迭代。这一改进的目的有两个:一是克服尺度参数的影响;二是通过迭代加强显著结构特征的显著度,并修复比较大的缺口。首先对主观轮廓的经典图形之一 Kanizsa 矩形(原始图像大小 256×256)进行了实验,并得到了比较理想的结果,如图 6.4.2 所示。

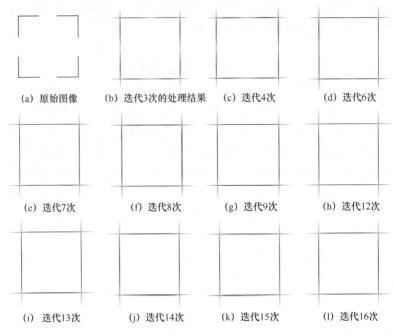

(a) 原始图像　　(b) 迭代3次的处理结果　　(c) 迭代4次　　(d) 迭代6次

(e) 迭代7次　　(f) 迭代8次　　(g) 迭代9次　　(h) 迭代12次

(i) 迭代13次　　(j) 迭代14次　　(k) 迭代15次　　(l) 迭代16次

图 6.4.2　对 Kanizsa 矩形的迭代结果

但是,对 Kanizsa 三角(原始图像大小 256×256)做同样的实验时却没有得到同样好的实验结果,迭代几次后,反而把欲保留的轮廓信息"淹没了",如图 6.4.3 所示。

(a) 原始图像　　(b) 迭代1次的处理结果　　(c) 迭代3次　　(d) 迭代6次

图 6.4.3　对 Kanizsa 三角的迭代结果

6.4.2　迭代产生的问题分析

首先引入代数特征值摄动理论[44],根据特征值的摄动原理可知,代数矩阵的任一元素的微小变化,都会引起矩阵特征值的变化,即设 A 和 B 是两个同型矩阵且满足 B 的元素 $b_{ij} \in (-1, 1)$,则 $(A + B)$ 的特征值一定会相对于 A 的特征值发生变化。目前已有的摄动理论都分析了矩阵元素摄动时特征值相应摄动的上限,而下限还无法给出。

通过对图 6.4.2 和图 6.4.3 所示的实验现象进行分析,可以发现主要是图像数字化和计算误差带来的影响,使得各计算步骤的正确计算结果被相应地加上一个误差矩阵,引起用于取向估计和投票解释的矩阵特征向量和特征值的摄动。这两种误差的具体说明如下。

① 设图像点 (x,y) 数字化误差为 δ_x,δ_y,对于输入图像 $I(x,y)$,即

$$I(x,y)=I(x_c+\delta_x,y_c+\delta_y) \tag{6-4-1}$$

其中,(x_c,y_c) 表示连续条件下无误差的像素位置坐标;δ_x 和 δ_y 表示 x_c 和 y_c 各自对应的数字化误差且满足 $\{\delta_{x,y}|\delta_{x,y}\in(0,0.5]\}$,这一误差就涉及当今越来越引起研究者重视的亚像元技术。

② 设计算误差为浮点误差,即误差因子 ε 满足[44]

$$(1-2^{-n})^m\leqslant1+\varepsilon\leqslant(1+2^{-n})^m \tag{6-4-2}$$

其中,n 为计算机浮点表示的字长;m 满足 $m\times2^{-n}<0.1$。

这两种误差的影响对张量投票算法的影响主要表现在三个方面。

首先,张量投票需要输入数据的取向信息,在进行取向估计时,由于存在上述两种误差,不可避免地带来估计误差,即使在同一直线的点,其取向估计结果也不会一致,进而会使生成的投票域取向不一致,使得本应叠加到同一点的能量因分散而消减。

采用文献[37]的方法进行取向估计的误差累积结果为

$$\boldsymbol{T}'=\sum_{k=1}^{\frac{n(n+1)}{2}}H_k(u)I_c(u)\boldsymbol{N}'_k+\sum_{k=1}^{\frac{n(n+1)}{2}}(\delta^h\cdot I_c+H_k\cdot\delta^d+\delta^h\cdot\delta^d)\boldsymbol{N}'_k \tag{6-4-3}$$

其中,$\boldsymbol{T}'$ 为用于估计取向的张量;$H_k(u)$ 为的 k 个正交滤波器的滤波函数;若 $\boldsymbol{N}_k=\boldsymbol{n}_k\boldsymbol{n}_k^{\mathrm{T}}$ 为滤波器引导向量 $\boldsymbol{n}_k$ 构造的张量,要求 $\{\boldsymbol{N}_k,k=1,2,3\}$ 要构成对称矩阵空间的基或是框架;$\{\boldsymbol{N}'_k,k=1,2,3\}$ 则是其对偶基或对偶框架;δ^h 表示滤波矩阵 $H_k(u)$ 的计算误差。

实际还要考虑噪声的影响,一般对张量 $\boldsymbol{T}'$ 的矩阵进行对角化,并取较大特征值对应的特征向量用于取向估计,这时由于计算过程中的一系列误差的影响,不可避免地引起矩阵特征值及相应特征向量的摄动,从而产生估计误差。

其次,在计算张量的投票域时,需要对基本的投票域进行平移和旋转,这里的旋转是矢量的旋转,需要首先对坐标系进行变换,然后对向量进行变换,这样一方面会受到取向估计误差的影响,另一方面也会受到数字化误差的影响。这些误差的累积也会使得后继投票过程中本应累加到一点的信息分散到多点或者本应累加到一个方向的信息分散到多个方向,从而逐渐"淹没"需要保留的轮廓信息。

令EF_{basic}表示基本投票域,EF_{TV}表示输入张量的投票域,R为旋转矩阵(θ为旋转角度的精确值,$\delta\theta$为前面提到的估计误差),M为平移矩阵,它们之间的关系为

$$EF_{TV} = R \cdot M \cdot EF_{basic} \tag{6-4-4}$$

$$R = \begin{bmatrix} \cos(\theta+\delta\theta) & \sin(\theta+\delta\theta) \\ -\sin(\theta+\delta\theta) & \cos(\theta+\delta\theta) \end{bmatrix} = \begin{bmatrix} \cos\theta & \sin\theta \\ -\sin\theta & \cos\theta \end{bmatrix} + \begin{bmatrix} \delta_c & \delta_s \\ -\delta_s & \delta_c \end{bmatrix} \triangle R_c + \delta^R$$

$$\tag{6-4-5}$$

在实际计算中,还要考虑误差的影响,使得$EF_{TV} \rightarrow EF'_{TV}$,即

$$EF'_{TV} = (R_c + \delta^R)M(EF_{basic} + \delta^f) \tag{6-4-6}$$

其中,δ^f为浮点计算误差。

由于上述误差的存在,最后对张量投票的结果进行解释时,需对各点的输出矩阵进行特征值分解,同样会造成特征值的摄动,摄动的结果往往使矩阵的特征值之差变小,从而降低特征点的显著度。

综合上述分析可知,投票的效果会受到包括取向估计误差、数字化误差等各种误差的影响。当图像中存在水平或者垂直方向的直线时,由于这两个方向不但不会受到数字化的影响,而且投票累加的能量也相对集中,因此投票之后投票点的显著度明显大于其他取向的直线,一般情况下为不使像素灰度值超出范围,投票之后对灰度进行归一化处理,这样也会抑制其他取向的信息。因此,采用迭代方式需要有效处理计算过程的各种误差,避免误差造成矩阵特征值的过大摄动。

6.4.3 迭代的改进

根据前面的分析,我们对迭代过程进行了调整,底层取向估计采用6.2节提出的取向直方图法,设置$r_v = 10$,$\sigma = 18$,$c = 950$。在每次迭代之后,都在极值曲线提取的基础上对处理结果进行二值化操作。

加入上述改进措施后对图6.4.3中的 Kanizsa 三角的实验结果如图6.4.4所示,其中图6.4.4(a)～图6.4.4(f)分别对应迭代1～6次的处理结果。从这些实验结果可以看出,上述改进措施将累积误差控制在主观感受容许的范围之内,在尺度参数不变的情况下,可以通过迭代逐步修复轮廓缺口,显现轮廓的整体特征。

为进一步观察尺度参数对迭代的影响,我们对图6.2.9(d)所示图像分别取$\sigma = 5$和$\sigma = 18$进行了迭代处理,实验结果分别如图6.4.5和图6.4.6所示。其中,图6.4.5显示迭代1～5次的实验结果,图6.4.6给出迭代1～4次的实验结果。从这两组实验结果可以看出,如果尺度参数取得较小,需迭代更多次数才能较好地修复轮廓缺口,而且轮廓线会有局部变形;如果尺度参数适中,可以用较少的迭代次数达到较好的修复效果。

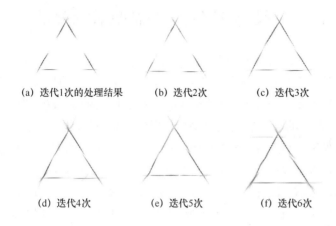

(a) 迭代1次的处理结果　　　(b) 迭代2次　　　(c) 迭代3次

(d) 迭代4次　　　(e) 迭代5次　　　(f) 迭代6次

图 6.4.4　改进后对 Kanizsa 三角的迭代结果

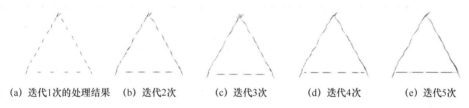

(a) 迭代1次的处理结果　(b) 迭代2次　(c) 迭代3次　(d) 迭代4次　(e) 迭代5次

图 6.4.5　改进后对图 6.2.9(d)所示图像的迭代结果($\sigma=5$)

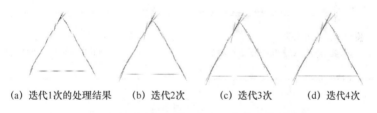

(a) 迭代1次的处理结果　　(b) 迭代2次　　(c) 迭代3次　　(d) 迭代4次

图 6.4.6　改进后对图 6.2.9(d)所示图像的迭代结果($\sigma=18$)

　　从上述实验结果可以看出,张量投票这一原本不需要迭代的算法对于迭代方式不是完全排斥的,引入迭代可以在某些情况下有效改善算法的处理效果。另外,在迭代过程中出现的诸多数字化问题既体现了一些图像处理中的一些基本问题,同时也为改进张量投票算法提供了新的思路。目前,迭代次数需预先设定,而且未与自适应尺度相结合,这些可作为进一步改进的方向。

6.5　投票解释——特征显著性度量

我们在第 3 章曾将张量投票方法的主要思想概括为两个方面,即数据的张量表示和特征的计算。数据采用张量表示之后,张量矩阵特征值的大小和相对关系就可以作为计算特征的显著性程度的基础。鉴于特征的显著度是特征提取的依据,因此特征显著度的度量成为投票解释过程中的关键问题之一。

针对特征的显著性度量,我们共做了三组实验。第一组是测试投票点密度不同的各种典型轮廓线的特征显著度变化,实验结果如图 6.5.1 所示。第二组是对含噪图像所做的实验,如图 6.5.2 所示。第三组是针对角点检测所做的实验,如图 6.5.3～图 6.5.5 所示。在这些实验中,底层的取向估计采用的都是本章 6.2 节提出的取向直方图法。

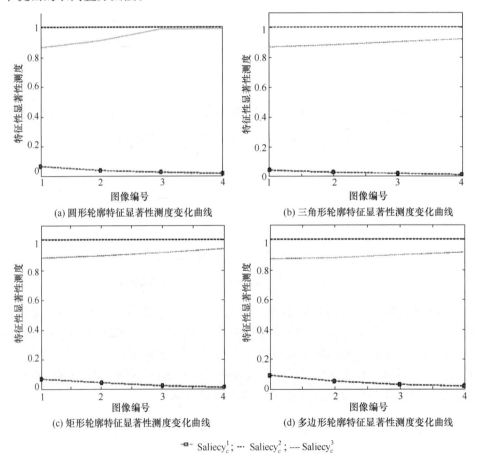

(a) 圆形轮廓特征显著性测度变化曲线　　　(b) 三角形轮廓特征显著性测度变化曲线

(c) 矩形轮廓特征显著性测度变化曲线　　　(d) 多边形轮廓特征显著性测度变化曲线

$\blacksquare$ Saliecy$_c^1$; $\cdots$ Saliecy$_c^2$; --- Saliecy$_c^3$

图 6.5.1　不同投票点密度的曲线特征显著度实验

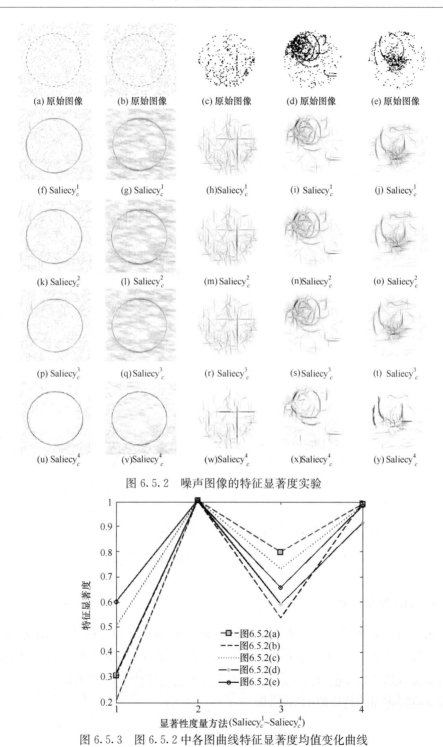

(a) 原始图像　　(b) 原始图像　　(c) 原始图像　　(d) 原始图像　　(e) 原始图像

(f) $Saliecy_c^1$　　(g) $Saliecy_c^1$　　(h)$Saliecy_c^1$　　(i) $Saliecy_c^1$　　(j) $Saliecy_c^1$

(k) $Saliecy_c^2$　　(l) $Saliecy_c^2$　　(m) $Saliecy_c^2$　　(n)$Saliecy_c^2$　　(o) $Saliecy_c^2$

(p) $Saliecy_c^3$　　(q)$Saliecy_c^3$　　(r) $Saliecy_c^3$　　(s)$Saliecy_c^3$　　(t) $Saliecy_c^3$

(u) $Saliecy_c^4$　　(v)$Saliecy_c^4$　　(w)$Saliecy_c^4$　　(x)$Saliecy_c^4$　　(y) $Saliecy_c^4$

图 6.5.2　噪声图像的特征显著度实验

图 6.5.3　图 6.5.2 中各图曲线特征显著度均值变化曲线

(a) 初始图像　　　(b) 曲线的显著度图　　(c) 原算法交汇点显著度　(d) 改进后的交汇点显著度

图 6.5.4　角点特征的显著性度量的实验结果

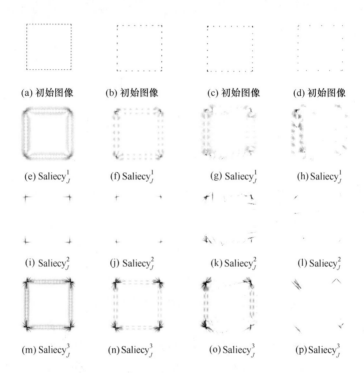

(a) 初始图像　　(b) 初始图像　　(c) 初始图像　　(d) 初始图像

(e) Saliecy$_J^1$　　(f) Saliecy$_J^1$　　(g) Saliecy$_J^1$　　(h) Saliecy$_J^1$

(i) Saliecy$_J^2$　　(j) Saliecy$_J^2$　　(k) Saliecy$_J^2$　　(l) Saliecy$_J^2$

(m) Saliecy$_J^3$　　(n) Saliecy$_J^3$　　(o) Saliecy$_J^3$　　(p) Saliecy$_J^3$

图 6.5.5　不同点密度的矩形轮廓的角点显著度图

6.5.1　曲线特征显著度

第一组实验中采用的三种曲线特征显著度 Saliecy$_c^1$、Saliecy$_c^2$ 和 Saliecy$_c^3$ 的计算公式分别如式(6-5-1)~式(6-5-3)所示，λ_1 和 λ_2 分别为投票所得张量矩阵的最大特征值和最小特征值，$\overline{(\lambda_1-\lambda_2)}$ 表示图像中各点矩阵特征值之差的均值，$\overline{\lambda_1}$ 表示图像各点最大矩阵特征值的均值，即

$$\text{Saliecy}_c^1 = \lambda_1 - \lambda_2 \tag{6-5-1}$$

$$\text{Saliecy}_c^2 = (\lambda_1 - \lambda_2)\sqrt{(\lambda_1 - \lambda_2)} \tag{6-5-2}$$

$$\text{Saliecy}_c^3 = (\lambda_1 - \lambda_2)\sqrt{\lambda_1} \tag{6-5-3}$$

根据表 3.3.1 给出的二维结构类型及特征度量的对应关系可知,对于二维张量投票,原始文献中一般都采用$(\lambda_1 - \lambda_2)$作为曲线的显著度,即式(6-5-1)所示的 Saliecy_c^1;其余两种特征显著度为本书提出。

图 6.5.1 是对图 6.2.1(a)~图 6.2.1(d)和图 6.2.4(a)~图 6.2.4(d)的各组不同密度点的典型轮廓的特征显著度的计算结果的比较。在各组实验中,取 $1/\sigma^2$ 为 0.003,$r_V = 10$,$\theta_\eta = 10°$,$\theta_\phi = 10°$;三角形轮廓、矩形轮廓和多边形轮廓的后两幅图像取 $r_V = 40$,其余参数不变。从图 6.5.1 可以看出,如果采用 Saliecy_c^1 度量图中曲线的显著性,则特征的显著度受投票点密度的影响很大,随着投票点密度的下降而变小,而且整体数值偏小;如果采用 Saliecy_c^2 度量图中曲线的显著性,特征的显著度不受投票点密度的影响,有归一化的效果;如果采用 Saliecy_c^3 度量图中曲线的显著性,则可以克服特征的显著度受投票点密度的影响,使之随着投票点密度的下降而变大,而且整体数值较大。

6.5.2　含噪曲线特征显著度

第二组实验对一组含噪图像进行,为抑制噪声,这里提出另一种特征显著度 Saliecy_c^4,即

$$\text{Saliecy}_c^4 = \frac{\lambda_1 - \lambda_2}{\overline{\lambda_1 - \lambda_2}} \cdot \frac{\text{vNum}}{\max(\text{vNum})} \cdot \frac{1}{\text{var}(\theta_v)} \tag{6-5-4}$$

其中,λ_1 和 λ_2 分别为投票所得张量矩阵的最大特征值和最小特征值;$\overline{(\lambda_1 - \lambda_2)}$ 表示图像中各点矩阵特征值之差的均值;$\overline{\lambda_1}$ 表示图像各点矩阵最大特征值的均值;vNum 表示该点接收到的投票数;$\max(\text{vNum})$ 为图像中各点接收到的投票数的最大值;$\text{var}(\theta_v)$ 表示各投票点取向相对于投票后该点取向的方差。

图 6.5.2 给出了第二组实验结果。其中,图 6.5.2(a)为添加了密度为 0.1 的椒盐噪声的合成图像,图 6.5.2(b)是对(a)进行了模糊化处理的图像,图 6.5.2(c)~图 6.5.2(e)是在某生产线的末端拍摄的粒子轨迹图像,这些初始图像的共同特点是含有噪声干扰,只是程度不同;图 6.5.2(f)~图 6.5.2(j)是采用 Saliecy_c^1 计算图中曲线显著度获得的显著度图;图 6.5.2(k)~图 6.5.2(o)采用 Saliecy_c^2 计算图中曲线显著度获得的显著度图;图 6.5.2(p)~图 6.5.2(t)采用 Saliecy_c^3 计算图中曲线显著度获得的显著度图;图 6.5.2(u)~图 6.5.2(y)是应用 Saliecy_c^4 计算曲线显著

度获得的显著度图。从图 6.5.2 可以看出,由于 Matlab 在显示图像时会自动根据图像各灰度等级调整灰度大小,前三种显著性度量方法的投票结果看起来没有明显差别,只有 $Saliecy_c^4$ 度量的显著性增强了目标曲线相对于噪声的对比度。

图 6.5.3 给出了图 6.5.2(a)～图 6.5.2(e)采用 $Saliecy_c^1 \sim Saliecy_c^4$ 度量曲线的特征显著度的均值变化曲线,横轴对应四种不同的显著度计算方法,纵轴的数值表示特征显著度的相对大小。从各曲线的走势可以看出,采用 $Saliecy_c^1$ 作为曲线的显著度,所得的曲线显著度均值最低;如果用其他三种特征显著度,均可不同程度地增强曲线的特征显著度,增强效果排序为 $Saliecy_c^2 > Saliecy_c^4 > Saliecy_c^3$。结合图 6.5.2 可知,对于含噪图像,$Saliecy_c^4$ 的综合效果最佳,虽然其特征显著度均值略低于 $Saliecy_c^2$,但在增强目标曲线显著度的同时可抑制噪声。

6.5.3　角点/交汇点特征显著度

第三组实验是针对角点/交汇点检测进行的。起源于我们早期的实验中发现用乘积 $\lambda_2(\lambda_1-\lambda_2)$ 作为交汇点显著性度量,会取得更好的检测结果[45],实验结果如图 6.5.4 所示。

根据表 3.3.1 给出的二维结构类型及特征度量的对应关系可知,对于二维张量投票,原始文献中一般都采用 λ_2(即张量矩阵的较小特征值)作为交汇点的显著度,即

$$Saliecy_J^1 = \lambda_2 \tag{6-5-5}$$

图 6.5.4(a)为初始图像,可以看到由离散小线段构成的椭圆形边界线和与之交汇的一条弧线、一条直线,以及图像中夹杂了许多噪声;图 6.5.4(b)为张量投票处理之后获得的曲线显著度图;图 6.5.4 (c)为采用 $Saliecy_J^1$ 作为交汇点的显著性度量获得的交汇点显著度图;图 6.5.4 (d) 为采用 $\lambda_2(\lambda_1-\lambda_2)$ 作为交汇点显著度,可以看到其归一化后的对比度明显大于原始算法的度量效果。

于是,针对角点/交汇点检测,实验提出两种与原始算法不同的特征显著度计算公式,即

$$Saliecy_J^2 = \lambda_2 \cdot (\lambda_1-\lambda_2) \tag{6-5-6}$$

$$Saliecy_J^3 = \frac{\lambda_2 \cdot (\lambda_1-\lambda_2)}{\overline{\lambda_1-\lambda_2}} \cdot \left[\frac{\sum_{i=1}^{N}|\theta_{h_i}|}{\max\{|\theta_{h_i}|\}}-1\right] \tag{6-5-7}$$

在式(6-5-5)～式(6-5-7)中,λ_1 和 λ_2 分别为投票所得张量矩阵的最大特征值和最小特征值;$\overline{(\lambda_1-\lambda_2)}$ 表示图像中各点矩阵特征值之差的均值;θ_{h_i} 表示该点取向直方图中第 i 个非零输出;$|\theta_{h_i}|$ 表示 θ_{h_i} 的模;$\max\{|\theta_{h_i}|\}$ 即为所有非零输出中的最大

值；N 是取向直方图中非零值的数目。

式(6-5-7)将角点/交汇点取向直方图的多峰值特征考虑在内。

为验证上述角点/交汇点特征性测度的实际度量效果，我们定义了四种计算指标，即

$$\mu_J = \frac{1}{\text{jNum}} \sum_{i=1}^{\text{jNum}} \text{Saliecy}_j^n(i), \quad n = 1,2,3 \tag{6-5-8}$$

$$V_J = \left(\frac{1}{\text{jNum}} \sum_{i=1}^{\text{jNum}} (\text{Saliecy}_j^n(i) - \mu_J)^2\right)^{\frac{1}{2}}, \quad n = 1,2,3 \tag{6-5-9}$$

$$R_{nj} = \frac{\text{nNum}}{\text{jNum}} \tag{6-5-10}$$

$$Z_{nJ} = \frac{1}{\text{pNum}} \sum_{i=1}^{\text{pNum}} (\text{Saliecy}_j^n(i)), \quad n = 1,2,3 \tag{6-5-11}$$

其中，μ_J 为图像中真实角点/交汇点的特征显著度均值；真实角点的数目 jNum 和位置由人眼识别结果而定；$\text{Saliecy}_j^n(i)$ 对应所选的特征显著性度量方法所得的特征显著度图中第 i 个点的值；V_J 为真实角点/交汇点的特征显著度方差，各符号含义与式(6-5-8)相同；R_{nj} 为图像中特征显著度高于 μ_J 的"伪角点"的数目 nNum 与 jNum 的比值；Z_{nJ} 为图像中的非角点/交汇点的特征显著度均值，pNum 为图像中所有的目标像素点数目减去角点数目，各点的特征显著度数值根据所选度量方法计算出的特征显著度图获得。

图 6.5.5 为对不同点密度的矩形轮廓获取的角点显著度图。其中，图 6.5.5(a)～图 6.5.5(d)展示了原始图像；图 6.5.5(e)～图 6.5.5(h)是采用 Saliecy_j^1 度量角点显著性获得的显著图；图 6.5.5(i)～图 6.5.5(l)是采用 Saliecy_j^2 度量角点显著性获得的显著图；图 6.5.5(m)～图 6.5.5(p)是采用 Saliecy_j^3 度量角点显著性获得的显著图。从这组实验可以看到，采用 Saliecy_j^1 度量角点显著性，在投票点密度较大时效果尚可，如图 6.5.5(e)～图 6.5.5(f)所示，当投票点密度较低时，基本不显现角点的显著性，如图 6.5.5(g)～图 6.5.5(h)所示；采用 Saliecy_j^2 度量角点显著性，在投票点密度较大时效果较前者好，如图 6.5.5(i)～图 6.5.5(j)所示，但是会增强一些曲线点的显著性，而且当投票点密度下降到一定程度时也不会突显角点特征；采用 Saliecy_j^3 度量角点显著性，受投票点密度影响最小，只是会产生一些杂散点，即使投票点密度很低，也会在角点处有一定响应。

图 6.5.6 给出了图 6.5.5 中各角点显著度图的量化指标随投票点密度的变化曲线，图中横轴对应图 6.5.5(a)～图 6.5.5(d)，纵轴为各量化指标的数值，图 6.5.6(a)为式(6-5-8)中 μ_J 的变化曲线；图 6.5.6(b)为式(6-5-9)中 V_J 的变化

曲线;图 6.5.6（c）为式(6-5-10)中 R_{nJ} 的变化曲线;图 6.5.6（d）为式(6-5-10)中 Z_{nJ} 的变化曲线。可以看出,三种角点显著性度量方法获得的角点显著度均值都会随投票点密度的下降而降低,但整体上 $\text{Saliecy}_J^3 > \text{Saliecy}_J^2 > \text{Saliecy}_J^1$;三种角点显著性度量方法获得的角点显著度方差都会随投票点密度的下降而起伏,整体呈上升趋势,但当投票点密度下降到一定程度时由于整体数值偏低而下降;显著度高于 μ_J 的点数在多数情况是 $\text{Saliecy}_J^3 > \text{Saliecy}_J^2 > \text{Saliecy}_J^1$,但当投票点密度下降到一定程度后 Saliecy_J^1 算法产生的显著度高于 μ_J 的杂散点会骤然增加;图像中非角点的显著度大小排序与 μ_J 相同,说明三种度量方法对角点和非角点的显著度的影响是同向变化的,只是相对大小不同。

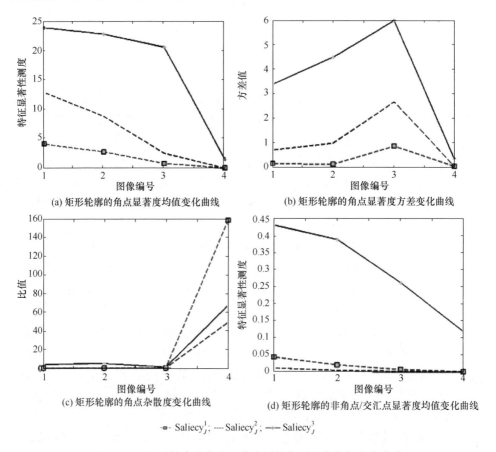

(a) 矩形轮廓的角点显著度均值变化曲线
(b) 矩形轮廓的角点显著度方差变化曲线
(c) 矩形轮廓的角点杂散度变化曲线
(d) 矩形轮廓的非角点/交汇点显著度均值变化曲线

■- Saliecy_J^1;---- Saliecy_J^2;—+— Saliecy_J^3

图 6.5.6　矩形轮廓的角点显著度图的各项量化指标变化曲线

　　图 6.5.7 为对不同点密度的多边形轮廓的角点显著度图。其中,图 6.5.7(a)～图 6.5.7(d)是原始图像;图 6.5.7(e)～图 6.5.7(h)是采用 Saliecy_J^1 度量角点显著

性获得的显著图;图 6.5.7(i)～图 6.5.7(l)是采用 $\mathrm{Saliecy}_J^2$ 度量角点显著性获得的显著图;图 6.5.7(m)～图 6.5.7(p)是采用 $\mathrm{Saliecy}_J^3$ 度量角点显著性获得的显著图。从这组实验可以得到与前组实验类似的结论,不同点体现在杂散点数目增多,这主要是由于图像中各点的取向角不再是 $0°$ 和 $90°$ 这两个离散化误差较小的方向。

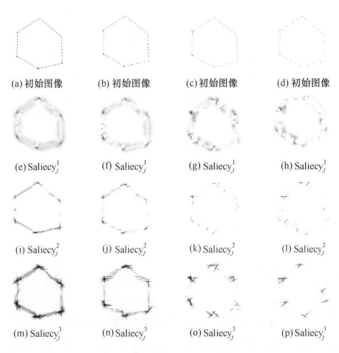

(a) 初始图像 (b) 初始图像 (c) 初始图像 (d) 初始图像

(e) $\mathrm{Saliecy}_J^1$ (f) $\mathrm{Saliecy}_J^1$ (g) $\mathrm{Saliecy}_J^1$ (h) $\mathrm{Saliecy}_J^1$

(i) $\mathrm{Saliecy}_J^2$ (j) $\mathrm{Saliecy}_J^2$ (k) $\mathrm{Saliecy}_J^2$ (l) $\mathrm{Saliecy}_J^2$

(m) $\mathrm{Saliecy}_J^3$ (n) $\mathrm{Saliecy}_J^3$ (o) $\mathrm{Saliecy}_J^3$ (p) $\mathrm{Saliecy}_J^3$

图 6.5.7   不同点密度的多边形轮廓的角点显著度图

图 6.5.8 给出了图 6.5.7 中各角点显著度图的量化指标随投票点密度的变化曲线,图中横轴图像编号 1～4 对应图 6.5.7(a)～图 6.5.7(d),纵轴为各量化指标的数值,图 6.5.8 (a)为式(6-5-8)中 μ_J 的变化曲线;图 6.5.8 (b) 为式(6-5-9)中 V_J 的变化曲线;图 6.5.8 (c) 为式(6-5-10)中 R_{nJ} 的变化曲线;图 6.5.8 (d) 为式(6-5-10)中 Z_{nJ} 的变化曲线。可以看出,三种角点显著性度量方法获得的角点显著度均值都会随投票点密度的下降而降低,但整体上 $\mathrm{Saliecy}_J^3 > \mathrm{Saliecy}_J^2 > \mathrm{Saliecy}_J^1$;三种角点显著性度量方法获得的角点显著度方差都会随投票点密度的变化而起伏;显著度高于 μ_J 的点数在多数情况是 $\mathrm{Saliecy}_J^3 > \mathrm{Saliecy}_J^2 > \mathrm{Saliecy}_J^1$,但当投票点密度下降到一定程度后 $\mathrm{Saliecy}_J^1$ 算法产生的显著度高于 μ_J 的杂散点会骤然增加;图像中非角点的显著度大小排序与 μ_J 相同,说明三种度量方法对角点和非角点的显著度的影响是同向变化的,只是相对大小不同。

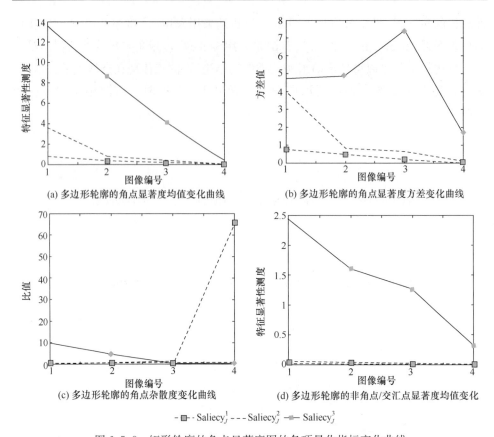

(a) 多边形轮廓的角点显著度均值变化曲线　　　(b) 多边形轮廓的角点显著度方差变化曲线

(c) 多边形轮廓的角点杂散度变化曲线　　　(d) 多边形轮廓的非角点/交汇点显著度均值变化

$- \blacksquare -$ Saliecy$_J^1$ $- - -$ Saliecy$_J^2$ $- \blacktriangle -$ Saliecy$_J^3$

图 6.5.8　矩形轮廓的角点显著度图的各项量化指标变化曲线

图 6.5.9 是对一些典型测试图像在边缘提取基础上获得的角点显著度图。其中,图 6.5.9(a)~图 6.5.9(d)是原始图像;图 6.5.9(e)~图 6.5.9(h)是采用 Saliecy$_J^1$ 度量角点显著性获得的显著图;图 6.5.9(i)~图 6.5.9(l)是采用 Saliecy$_J^2$ 度量角点显著性获得的显著图;图 6.5.9(m)~图 6.5.9(p)是采用 Saliecy$_J^3$ 度量角点显著性获得的显著图。从这组实验可以看到,采用 Saliecy$_J^1$ 度量角点显著性,除在钝角形成的角点处没有形成局部极大值外(图 6.5.9(e)),基本上在其余种类的角点处均有局部极值响应;采用 Saliecy$_J^2$ 度量角点显著性,会增强很多曲线点的显著度而使角点的显著度并不突出,如图 6.5.9(i)~图 6.5.9(l)所示;采用 Saliecy$_J^3$ 度量角点显著性,整体上的显著度高于其他两种计算方法,在图 6.5.9(a)中还检测出一个钝角形成的角点,如图 6.5.9(m)所示,只是在角点处会产生一些杂散点。

图 6.5.10 给出了图 6.5.9 中各子图的角点显著度图的量化指标相对于不同显著度度量方法的变化曲线,横轴对应显著度计算方法 Saliecy$_J^1$~Saliecy$_J^3$,纵轴为各量化指标的数值;各图中角点显著性均值对应式(6-5-8)中 μ_J 的变化曲线,角点

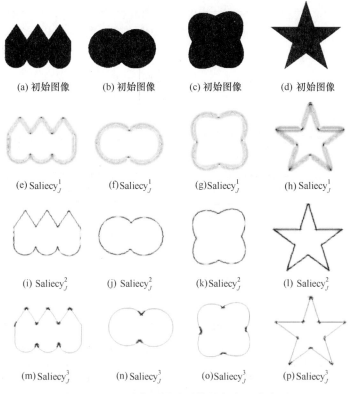

(a) 初始图像　　　(b) 初始图像　　　(c) 初始图像　　　(d) 初始图像

(e) Saliecy$_J^1$　　(f) Saliecy$_J^1$　　(g) Saliecy$_J^1$　　(h) Saliecy$_J^1$

(i) Saliecy$_J^2$　　(j) Saliecy$_J^2$　　(k) Saliecy$_J^2$　　(l) Saliecy$_J^2$

(m) Saliecy$_J^3$　　(n) Saliecy$_J^3$　　(o) Saliecy$_J^3$　　(p) Saliecy$_J^3$

图 6.5.9　四种典型测试图像的角点显著度图

显著度方差为式(6-5-9)中 V_J 的变化曲线,杂散度比值是式(6-5-10)中 R_{nj} 的变化曲线,非角点特征显著性均值为式(6-5-10)中 Z_{nJ} 的变化曲线。综合各子图的曲线变化规律可知,三种角点显著度算法获得的角点显著度均值和方差的相对关系为 Saliecy$_J^3$＞Saliecy$_J^2$＞Saliecy$_J^1$;显著度高于 μ_J 的点数在多数情况是 Saliecy$_J^2$＞Saliecy$_J^3$＞Saliecy$_J^1$,采用 Saliecy$_J^2$ 算法产生的显著度高于 μ_J 的杂散点会骤然增加,使得杂散度变化曲线均呈三角形的尖峰;图像中非角点的显著度大小排序与 R_{nj} 相同,只是相对变化比较平缓。

从上述实验可以看出,对于同一特征,采用不同的显著度的度量效果是不同的。例如,对二维平面上的曲线特征,如果采用理论上的特征值之差 Saliecy$_c^1$ 来度量,就易受到投票点密度及噪声等因素的影响,使得特征的显著度偏低;如果用 Saliecy$_c^2$ 或 Saliecy$_c^3$ 来度量,即采用特征值之差与最大特征值的均值或特征值之差的均值的比值来度量,就可以不同程度地克服其他因素的影响,使得特征的显著度比较稳定,并增大其显著度。我们可从上述实验结果得到启示,在实际应用中根据具体图像的特点来设计不同的特征显著性测量函数,从而改善算法的运行效果。

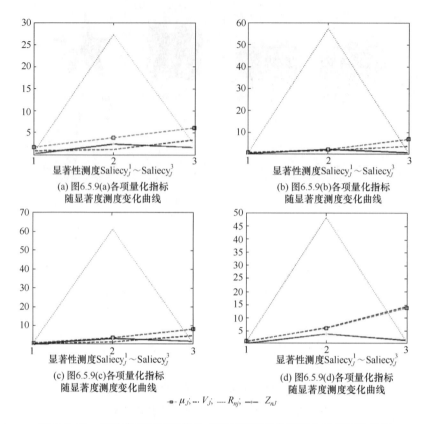

图 6.5.10 四种典型测试图像角点显著度图的各项量化指标变化曲线

6.6 本 章 小 结

本章在总结张量投票方法相关改进工作的基础上,与本书第三章遥相呼应,在以下四个方面开展了进一步的研究。

① 底层取向估计方法,主要比较了采用张量叠加、矢量叠加和取向直方图计算的估计结果和计算精度。

② 投票域设计与优化,通过实验分析了尺度参数、曲率调整因子的影响,并讨论了投票域的调整和变形。

③ 投票过程的调整,主要是迭代的加入及其相关问题的分析。

④ 投票解释过程中的特征显著性度量,提出三种曲线特征显著度和两种角点/交汇点特征的显著度,通过实验对各种显著度的度量效果进行了主观比较和量化分析。

　　总体说来,本章的研究工作致力于解决张量投票方法各环节涉及的一些基础性的问题,可以作为第 3 章的拓展,加深对张量投票方法的理解。本章的研究工作局限在二维,目前张量投票已被扩展到五维,尚未开发出张量投票的全部潜力,这一方法还可以向更高维空间扩展,获得更为广泛的应用。

参 考 文 献

[1] Gong D,Medioni G. Probabilistic tensor voting for robust perceptual grouping//Proceedings of thd IEEE Computer Society Conference on Computer Vision and Pattern Recognition Workshops. 2012：1-8.

[2] Wu T P,Yeung S K,Jia J Y ,et al. A closed-form solution to tensor voting：theory and applications. IEEE Transactions on Pattern Analysis and Machine Intelligence,2012 ,34(8)：1482-1495.

[3] Maggiori E,Lotito P,Manterola H ,et al. Comments on "a closed-form solution to tensor voting：theory and applications". IEEE Transactions on Pattern Analysis and Machine Intelligence,2014 ,PP (99)：1-12.

[4] Massad A,Babos M,Mertsching B. Application of the tensor voting for perceptual grouping to grey-level images. Pattern Recognition-Lecture Notes in Computer Science, 2002, 2449 (1)：306-314.

[5] Massad A,Babos M,Mertsching B. Perceptual grouping in grey-level images by combination of gabor filtering// Proceedings of the 16th International Conference on Pattern Recognition, 2002：677-680.

[6] Tang C K,Medioni G,Curvature-augmented tensor voting for shape inference from noisy 3D data,IEEE Transaction on Pattern Analysis Machine Intelligence,2002,24 (6)：858-864.

[7] Fischer S,Bayerl P,Neumann H,et al. Iterated tensor voting and curvature improvement. Signal processing,2007,87(11)：2503-2515.

[8] Tong W S,Tang C K,Mordohai P. First order augumentation to tensor voting for boundary inference and multiscale analysis in 3D. IEEE transactions on Pattern Analysis and Machine Intelligence,2004,26(5)：594-608.

[9] 叶爱芬. 基于自适应张量投票的视觉特征结构提取研究. 苏州：苏州大学硕士学位论文,2011.

[10] Moreno R,Garcia M A ,Puig D ,et al. On improving the efficiency of tensor voting. IEEE Transactions on Pattern Analysis and Machine Intelligence,2011,33 (11)：2215-2228.

[11] Changki M,Medioni G. Tensor voting accelerated by graphics processing units (GPU)// Proceedings of thd 18th International Conference on Pattern Recognition,2006：1103-1106.

[12] Loss L A,Bebis G,Parvin B. Iterative tensor voting for perceptual grouping of ill-defined curvilinear structures. IEEE Transactions on Medical Imaging,2011,30(8)：1503-1513.

[13] 郭永彩,单伟,高潮. 改进的张量投票算法实现红外人体破碎目标复原. 光电工程,2012,39 (11): 42-48.

[14] Leandro Loss,George Bebis,Mircea Nicolescu,et al. Perceptual grouping based on iterative multi-scale tensor voting// Proceedings of the Second international conference on Advances in Visual Computing-Volume Part II,2006: 870-881.

[15] You R J. Tensor voting algorithm for geometric feature extraction from LIDAR data. TaiNan: National Cheng Kung University(Technical report),2006.

[16] ENS-Lyon. Nonlinear analysis on Riemannian manifolds and its application in digital image processing. Shanghai: East China Normal University(PhD thesis),2008.

[17] Jia J Y,Tang C K. Tensor voting for image correction by global and local intensity alignment. IEEE Transaction Pattern Anal. Mach. Intelligence,2005,27(1): 36-50.

[18] Rashwan H A ,Garcia M A,Puig D. Variational optical flow estimation based on stick tensor voting. IEEE Transactions on Image Processing,2013,22 (7): 2589-2599.

[19] Dinh T,Medioni G. Two-frames accurate motion segmentation using tensor voting and graph-cuts. IEEE Workshop on Motion and video Computing,2008,1(1): 1-8.

[20] Guo S Q,Fan H H,Inba M ,et al. Motion detection in ultrasound image-sequence using tensor voting. IEEE Ultrasonics Symposium,2008,1(1): 1294-1297.

[21] Bo Y H,Luo S W ,Zou Q,et al. The combination of sse and tensor voting for salient points detection in natural images //International Symposium on Computer Science and Computational Technology,2008: 330-334.

[22] Hyung Il Koo,Nam Ik Cho. Graph cuts using a Riemannian metric induced by tensor voting//IEEE 12th International Conference on Computer Vision,2009: 514-520.

[23] Kulkarni M,Rajagopalan A N. Tensor voting based foreground object extraction// 2011 Third National Conference on Computer Vision,Pattern Recognition-Image Processing and Graphics,2011: 86-89.

[24] Moreno R,Garcia M A,Puig D. Robust Color Image Segmentation through Tensor Voting//2010 20th International Conference on Pattern Recognition,2010: 3372-3375.

[25] Jonghyun Park,GiHong Kim,Toan Nguyen Dinh,et al. Second Order Tensor voting in 3D and mean shift method for image segmentation //International Conference on Advanced Language Processing and Web Information Technology,2008: 226-229.

[26] Toan Nguyen Dinh,Jonghyun Park,ChilWoo Lee,et al. Tensor Voting Based Color Clustering //2010 20th International Conference on Pattern Recognition,2010: 597-600.

[27] Liu S Z,Shi W Z,Zhu G X. Road central contour extraction from high resolution satellite image using tensor voting framework //2006 International Conference on Machine Learning and Cybernetics,2006: 3248-3253.

[28] Loss L A,Bebis G,Parvin B. Tunable tensor voting improves grouping of membrane-bound macromolecules //IEEE Conference on Computer Vision and Pattern Recognition Work-

shops, 2009: 72-78.

[29] Jonghyun Park, Nguyen Trung Kien , Gueesang Lee. Optic disc detection in retinal images using tensor voting and adaptive mean-shift// 2007 IEEE International Conference on Intelligent Computer Communication and Processing, 2007: 237-241.

[30] Risser L, Plouraboue F, Descombes X. Gap filling of 3-D microvascular networks by tensor voting. IEEE Transactions on Medical Imaging, 2008, 27(5): 674-687.

[31] Leng Z, Korenberg J R, Roysam B, et al. A rapid 2-D centerline extraction method based on tensor voting// 2011 IEEE International Symposium on Biomedical Imaging: From Nano to Macro, 2011: 1000-1003.

[32] Ishida H, Kidono K , Kojima Y , et al. Road marking recognition for map generation using sparse tensor voting// 2012 21st International Conference on Pattern Recognition, 2012: 1132-1135.

[33] 耿博,张慧娟,王衡,汪国平. 离散曲面的近似 Poisson 盘采样. 中国科学: 信息科学, 2012, 42(6): 703-716.

[34] Liu M, Pomerleau F , Colas F , et al. Normal estimation for pointcloud using GPU based sparse tensor voting//IEEE International Conference on Robotics and Biomimetics, 2012: 91-96.

[35] Tang C K, Medioni G, Lee M S. Epipolar geometry estimation by tensor voting in 8D // Proc. IEEE International Conference. Computer Vision, 1999: 502-509.

[36] Tang C K, Medioni G, Lee M S. N-dimensional tensor voting and application to epipolar geometry estimation. IEEE Transactions on Pattern Analysis And Machine Intelligence, 2001, 23(8): 829-845.

[37] Granlund G H, Knutsson H. Signal Processing for Computer Vision. Boston: Kluwer Academic Publisher, 1995.

[38] Guy G. Inference of Multiple Curves and Surfaces from Sparse Data. Southern California: USCIRIS (Technical Report), 1996.

[39] Medioni G, Lee M S, Tang C K. A Computational Framework for Feature Extraction and Segmentation(2nd). The Netherlands: Elsevier Science, 2002.

[40] Zhang X P, Li H J, Cheng Z L, et al. Robust curvature estimation and geometry analysis of 3D point cloud surfaces. Journal of Computational Information Systems, 2009, 6 (5): 1983-1990.

[41] Thitiporn Chanwimaluang, Guoliang Fan, Gary G Yen, et al. 3-D retinal curvature estimation. IEEE Transactions on Information Technology in Biomedicine, 2009, 13 (6): 997-1005.

[42] Tong W S, Tang C K. Robust estimation of adaptive tensors of curvature by tensor voting. IEEE Transactions on Pattern Analysis and Machine Intelligence, 2005, 27(3): 434-449.

[43] 邵晓芳,孙即祥,姚伟. 改进的张量投票算法,计算机辅助设计与图形学学报, 2006, 18(7):

1028-1031.

[44] 威尔金森 J H. 代数特征值问题. 北京：科学出版社，2001.

[45] 姚伟,邵晓芳,孙即祥. 基于张量投票的连续平滑边界提取,计算机应用,2004,1(1)：158-160.

附录 二维张量投票算法的 Matlab 代码

```
function result=TensorVote(oAngle,img)
% 张量投票的主函数,输入为取向估计结果 oAngle 和待处理图像 img,要求图像目标像素值为
1,背景像素值为 0;输出为投票结果
[row,col]=size(oAngle); % 计算图像大小
[temp1,temp2,values]=find(oAngle); % 搜索非零点,即目标像素
index=[temp1,temp2,values];  % 建立目标像素的索引
iRow=size(index,1);
% 计算投票域,中心位于(i0,j0)
i0=16;j0=20; o=zeros(2,2,row,col);
temp=ExtFld(i0,j0);
for i=1:iRow
    % 计算图像中相应投票点的平移并旋转过的投票域
    tmp=TransEF(BiasedEF(index(i,3),temp),index(i,1:2),[row,col]);
    % 计算张量叠加
    o(1,1,:,:)=o(1,1,:,:)+img(index(i,1),index(i,2))* reshape(tmp(:,:,1).^
    2,1,1,row,col);
    o(1,2,:,:)=o(1,2,:,:)+img(index(i,1),index(i,2))* reshape(tmp(:,:,1).
    * tmp(:,:,2),1,1,row,col);
    o(2,2,:,:)=o(2,2,:,:)+img(index(i,1),index(i,2))* reshape(tmp(:,:,2).^
    2,1,1,row,col);
end
o(2,1,:,:)=o(1,2,:,:);
tmp=zeros(row,col,2);
for i=1:row
    for j=1:col
        temp=schur(o(:,:,i,j)); % 特征值分解
        tmp(i,j,1)=max(temp(1,1),temp(2,2)); % 最大特征值
        tmp(i,j,2)=min(temp(1,1),temp(2,2)); % 最小特征值
    end
end
result=tmp;


function out=ExtFld(i0,j0)
```

```
% 计算投票域,中心位于(i0,j0)
out=zeros(2* i0+1,2* j0+1,2);
A=0.003;B=2.85;   % 取经典常数,对应公式(3-4-7)
for i=-i0:i0
    for j=-j0:j0
        % 对应公式(3-4-7)
        if i==0
            out(i0+1,j+j0+1,:)=exp(-A* (j.^2))* [1,0];
        else
            R=(i^2+j^2)/2/i;
            out(i+i0+1,j+j0+1,:)=exp(-A* (j.^2)-B* atan2(abs(i),abs(j)))
            * [j,i]/R;
        end
    end
end


function out=BiasedEF(alpha,EF)
% 根据取向角 alpha 对投票域 EF 进行旋转
[m,n,k]=size(EF);m0= (m-1)/2;n0= (n-1)/2;
out=zeros(m+n+1,m+n+1,2);i0= (m+n)/2; % 输出矩阵初始化为方阵
ConvertMatrix=[cos(alpha),sin(alpha);-sin(alpha),cos(alpha)]; % 根据取向角
alpha 计算的旋转矩阵
for i=-m0:m0
    for j=-n0:n0
        % 根据取向角 alpha 对投票域 EF 进行旋转,即与旋转矩阵卷积运算,得到新的
        投票域矩阵
        temp=round([j,i]* ConvertMatrix);
        jj=temp(1); ii=temp(2);
        tmp=[EF(i+m0+1,j+n0+1,1),EF(i+m0+1,j+n0+1,2)]* ConvertMatrix;
        out(ii+i0+1,jj+i0+1,1)=tmp(1);   out(ii+i0+1,jj+i0+1,2)=tmp
(2);
    end
end


function out=TransEF(BiasEF,Coord,ImgSize)
% 对旋转后的矩阵进行平移的函数,输入为旋转后的矩阵、坐标和图像大小
[m,m,tmpk]=size(BiasEF); % 输出矩阵初始化
EFonExtImage=zeros(m* 2+ImgSize(1),m* 2+ImgSize(2),2); % 平移矩阵初始化
```

```
left    =m+Coord(2)-(m-1)/2;   % 计算左边界
right   =m+Coord(2)+(m-1)/2;   % 计算右边界
top     =m+Coord(1)-(m-1)/2;   % 计算上边界
bottom  =m+Coord(1)+(m-1)/2;   % 计算下边界
```

EFonExtImage(top:bottom,left:right,:)=BiasEF; % 将旋转后的矩阵元素赋给平移矩阵的相应元素

out=EFonExtImage((m+1):(m+ImgSize(1)),(m+1):(m+ImgSize(2)),:); % 输出平移矩阵中的被赋值部分

后　记

　　写这本书,最初的目的是完成做博士课题期间的一些遗留问题,然而,利用七年业余时间探索、实践、撰文之后,却产生了很多新的问题和思考。面对图像处理和机器视觉领域时不我待的发展势头,更是深感时间精力有限的无奈,于是只好带着遗憾把现有的内容抛出。

　　本书侧重于张量投票方法的基础:在第 3 章中以二维、三维张量投票为例力图详尽描述张量投票方法的整个流程;第 4 章、第 5 章介绍张量投票在图像处理、机器视觉领域的应用,亦是努力对各个领域的研究工作进行全面概述和定性分析;第 6 章与第 3 章介绍的算法流程基本对应,通过对投票各环节的改进工作力争使读者对张量投票有更深的理解。

　　数学与科学的价值,不仅仅存在于它们创造出的工具中,也同样存在于它们的哲学中。张量投票的价值,也不仅仅局限于它在图像处理和机器视觉领域所做的贡献。张量投票方法中的“投票”很容易使人联想到民主生活中的投票,对应开来,可将张量投票方法中的投票点比作现实生活中有参政资格的公民;投票域和投票过程类似于不同民主制度下的投票规则;投票解释对应了后续对投票的处理。不同的是,张量投票中的投票点是图像或多维空间的数据点,具有自己相对固定的位置和一些可量化的属性,相对于现实生活中的人来说是更为客观的存在,其投票规则完全由投票域和投票过程设定,投票解释也是由可计算的规则来完成。在民主生活中,对“投票”相关因素的控制,要复杂得多。正因为此,张量投票能用简单有效的方法从大量噪声中增强曲线、交汇点等特征的显著度,而人类社会想形成一段理想的发展轨迹却非常艰难。不过,张量投票方法还是在很多方面给出一些重要启示。

　　第一,就“投票”本身而言,张量投票方法的处理过程中,属于某一特征的投票点越多,投票之后该特征的显著度越强,从科学角度说明了投票可起到积少成多的作用,而且对张量投票而言,投票点在投票域所包含的连续律和邻近律等感知规律的综合作用下,对抗噪声的能力很强,少量噪声可忽略不计,在许多实际应用中甚至能对抗三倍以上的噪声,这说明投票点只要能准确发挥作用,不但可以增强有意义的特征,而且能对抗噪声的干扰。但是,“投票”虽然是一种很好的方法,也有不可忽略的弊端,张量投票过程中不可避免存在着噪声点的投票干扰,当噪声足够强时,投票处理的结果也会一片模糊,现实生活中,5000 万人的投票也可能是错的。因为很多人都可能用詹何度牛的方式来臆测客观事实。张量投票向高维的发展,并通过多次投票来获得更理想的处理结果，在某些具体应用中还需要进行一些预处理或后处理工作等。这些都在启示我们：①不要成为仓促做决定的人；②直觉或思考的结果，需要检验并复检；③尊重自然规律，对已经过时间验证仍然存在的客观事物，改变要慎之又慎。总体来说，投票是一种很好的集思广益的方法，可以聚集起不可忽视的力量，但也不可忽略推理检验这个步骤，欲速则不达，稳步改善才是持续发展之道。

　　第二，对于投票点，张量投票方法的"投票"过程是一视同仁的，不会因为投票点所在位置或自身属性的不同而区别对待，故而各投票点可在程序设定的规则下独立自由地向邻域传递自己的信息，全体投票的张量叠加形成投票结果，投票域和投票规则的这种作用方式不禁令人想起"道法自然"、"大道无为"的道家哲学。只有充分尊重投票者的自然属性和个体差异，设定符合科学规律的投票规则，才能无需做规范个体行为的细节工作，使每个投票者在独立自由的前提下，自觉遵守投票规则，形成有意义的代表群体取向的投票结果，恰如张量投票中每一投票点独立自由地通过投票域相互作用，在信息叠加的过程中增强自身所具特征的显著度，同时使得离群点、噪声点因无邻域信息的支持而被相对削弱，达到符合视觉感知规律的特征提取结果。当然，这需要很高的智慧去"求同存异"，老子所说的"大道无为"想来就是尽量用少量的"同"来规范个体的"异"。如张量投票，用投票域和投票叠加规则的"同"来处理每个投票点的"异"。从我国古人所说的"不患寡而患不均"到现代一些发达国家所做的"取消大多数行业的收入差别，只对少数特殊行业加薪"，很多事实案例都在启示我们什么该"同"，什么该"异"，因为过分求同，只会压抑个体的活力和创造性，不利于"大同"的保持；而过分求异，会造成时间和精力的浪费。另一方面，张量投票方法中的每个数据点，都会接受自己在图像或多维空间中业已固定的位置，也会接受自己的天然属性和算法赋予的"社会"属性，在投票过程中根据投票规则投出自己"真诚"的一票，为整体特征的突显贡献自己的力量。正是每个投票点的独立和"忠于职守"，才使得投票算法寓视觉的感知规律于简单的计算之中，在图像处理和机器视觉中解决了很多实际问题并获得广泛的应用。由此我联想到庄子的寓言中曾提到东海有一种叫"意怠"的鸟，这种鸟不能独飞、不能独立、同类相扶、胆怯懦弱。意怠者无心，没有任何向心力可言；意怠者形同槁木，心如死灰，像行尸走肉，没有活着的乐趣。俗话说：哀莫大于心死。可以想象，没有独立意识和独立能力的人，对自己都负不起责任，何谈对其他事负责？这样的群体，又谈何团结，谈何战斗力？由此我联想到成语"滥竽充数"中的"南郭先生"，尽管他狼狈逃走的悲剧不完全是他个人造成的，有专制制度的影响，也包含了君王的昏庸，但几千年来"南郭先生"一直是众多讲述者嘲笑和贬低的对象。"南郭先生"没有保持自己独立的能力，难道不是他个人悲剧的主观因素吗？由此我联想到美国历史上第一位进入内阁的华裔女性赵小兰的家庭教育，如台湾作家刘墉先生概括的那样:"将中国传统的孝悌忠信与西方社会的组织管理方法结合! 既培养个人的独立个性,更要求每个人对家庭的参与,透过沟通后产生的共同意识,达成期望的目标"。正如张量投票算法,既保留了每个投票点的独立性,又通过投票域使得每个点都参与信息的沟通和交流,通过投票增强整体特征的显著度,达到算法期望的目标。投票点需要规范,也需要独立和自由,最好能像"赵家姐妹"那样,既有纪律与服从,更有个性的独立和对"共荣圈"的使命感,每个点都这么有向心力,自然会形成理想的投票轨迹。

第三,张量投票的底层预处理工作所起的作用是找准投票的取向,使得每一投票点在取向一致的投票域的作用下投票。这使人想起"南辕北辙"这一成语,生动地说明了把握好方向的重要性。在现实生活中,无论做什么事,都需要先找准方向,有的放矢地去努力。从本书第四、五、六章中我们可以看到,投票过程可以变化,原始是无迭代的,但加入迭代有时也可以改善处理效果,本来不迭代的算法也可以加入迭代,提醒我们要当心那些"默认"的想法,让自己变得更理性、更灵活。

第四,投票域主要对投票点的投票起到了类似"规则"的作用,不同的计算规则和约束条件,可以导致不同的计算结果,从本书前几章的内容可以看出,原始的基本投票域是依据邻近律和连续律使投票大小随距离和曲率变化,上下左右都是对称的;变形的投票域可以随曲率变化成多种形式,简单的变化可以是参数的调整,复杂的变化可以结合曲率估计结果进行变形。无论投票域如何变化,它都是起到"指导"投票点投票的作用,对现实生活中的规则的制定和维护有一定的参考价值,即规则演化成功的条件是因地制宜地设计合理并且有实验的验证。由此我想起了和氏献璧的故事,虽然和氏做这件事情本身的意义有待商榷,但是他执著地让一块宝玉为世人所认可,正类似于张量投票中迭代处理的效果,通过不懈的努力使得宝玉的"特征"得以显现,修正了以往人们对宝玉的鉴别规则。可见,规则的演化,不仅仅需要科学的严谨,有时还需要人性的执著。由此我想到了鲁迅的"路":希望本无所谓有,无所谓无的,这正如地上的路,地上本没有路,走的人多了,便成了路。张量投票方法本来也是不存在的,被提出以后,研究工作多了,便形成了体系,获得了改进和应用,可见,规则的演化更需要探索。由此我想到了我国春秋时期子贡赎人的故事,其实一个人如果能在力所能及的情况下不让自己受损失而去做善事已经是符合善良的标准了,如果肆意抬高这个标准,要求每个人都必须舍己为人,那会让很多人因为做不到而放弃做。因此,规则是不能轻易改变的,尤其是经过时间考验的规则更是要慎之又慎地保护。如果破坏了合理的规则,往往会有超乎想象的恶果,相信大家都有机会体会到恢复被打乱的秩序有多难,也都有机会体会到生病和恢复健康,哪个过程更漫长。如果想达到投票的理想目标,需要正确的规则发挥合理的作用;规则也可以因地制宜地改进,但需要用科学的态度步步为营,在改进中对实际效果进行理性地评估和检验;规则更需要保护,一旦混乱无序,局中元素早晚都会受到混乱影响。

第五，张量投票中尺度参数的选择可谓从科学角度说明了"中庸"的道理。从6.3节对尺度参数的实验结果中可以看到，尺度参数的设置需要符合"中庸"之道，如果设置过大，会使轮廓变形；如果设置过小，则使投票"鞭长莫及"，因而，尺度参数必须适当，于是为了适当，很多研究者开展了"自适应尺度"的探索。此外，尺度参数的"适当"值不是唯一的，而是隶属于一个值域范围，因而，"中庸"之道不需要"增之一分则太长，减之一分则太短"的苛刻，只需在一定范围内即可。张量投票尺度参数的选择从科学和数学的角度印证了"中庸之道"，虽然孔子慨叹中庸之行难，但是只要每个人心中都有"适可而止"的概念，将自己的欲望和行为控制在一定范围之内，还是有望达到比较和谐的状态的。

第六，本书在第一章介绍了张量投票的历史沿革，可以说，张量投票的发展过程正是现代许多国家科技发达过程的一个案例，这个过程既可以引用牛顿的"巨人肩膀"理论来说明，可以说，西方正是以叠罗汉式的战略一步步超越了单打独斗的东方巨人。张量投票兼顾多种特征提取还可让人联想到我国唐代经济学家刘晏的"经济哲学"，他的经济学思想的核心就是用"双赢、多赢"的思路解决问题，正是因为他制定经济政策和执行财政规划时都考虑到了多方的利益，兼顾了全局的利益平衡，所以他的政策和措施总是能得到多方的支持，不仅执行起来阻力很小，而且执行之后的收益很大。刘晏的这种"经济哲学"也是历史上很多成功人士做人、做事的"潜台词"。远古时代，大禹治水的成功之处在于他不仅仅考虑到人的需求，还考虑到水的需求，疏而不堵，人和水都开心；千古称颂的唐太宗李世民，治国时深谋远虑，不仅仅成了国家的"大治"，而且成就了众多文臣武将的功名和事业，所以唐代始祖几乎没杀过一个开国功臣，而且使很多功臣都能继续为国事鞠躬尽瘁；唐代发明地动仪的张衡，不也是把个人的科研兴趣与地震预报的需求结合起来才有此重大发明吗？此种事例不胜枚举，只有寻求共赢、心怀天下的能人才能实现真正值得称颂的骄人成绩。

我国的哲学一直是深刻而含蓄，强调"自悟"，总喜欢说"可意会而不可言传"，虽然领会某一知识、某一技能或某一智慧都需要"自悟"，但是过分强调"自悟"，就会使得很多东西变得模糊，变得遥不可及，所以我国历史上有很多优秀的技艺和方法会失传，有很多圣贤的思想被曲解。故而笔者认为，对哲学的研究需要引入一些数学的方法，做一些具体的工作，使得很多看似高深的道理和方法变得"可意会更可言传"。这样才能在社会科学中减少盲从，因为在数学中不只是引用权威，还可以用数学的方法去推理或验证权威的理论，所以数学中的引用或者相信更具理性。

以多变量解析函数论而留下世界性功绩的日本数学家冈洁（1901—1978）有一句名言：数学的目标是在真实中的和谐，艺术的目标是在美中的和谐。按照这一逻辑，张量投票方法创造了民主决议的和谐，它充分尊重每一投票点的独立性，又发掘了其遵守投票规则的参与性；它制定了符合感知组织规律的投票规则，通过尺度参数约束了投票点和投票规则的适度性；它依照科学的发展规律不断改进和完善自己，在改进和完善中用实践结果检验自己的正确性和适用性……因其能"寓视觉感知规律于简单计算之中"，张量投票方法具有很大的开发潜力和广阔的应用前景。张量投票方法值得研究的问题还有很多：在底层，该方法涉及图像数字化的一些基础性问题的解决和取向、曲率等重要信息的提取；在中层，该方法可以根据具体应用灵活地调整投票域和投票过程，融合多尺度分析等相关技术，从而适应性改变视觉元素之间的作用方式；在高层，该方法提供了多种特征的显著度和分层表示模式，可在此基础上进行感知组织和目标识别等；张量投票向更高维的扩展也是未来的研究方向之一……正是因为如此之多的问题需要探索，才由原来的一个遗憾变成了多个遗憾。

　　我自认本书的完成并不圆满，但是还是要感谢本书的开始和创作过程，它使我静下心来阅读了大量的技术资料和各类感兴趣的书籍，了解了很多从前未知的领域，发现了自己的兴趣所在，更得到了一个表达个人部分哲学思想的机会。

　　希望本书能起到抛砖引玉的作用！衷心感谢各位读者的陪伴！